AF388074

Patrick Waibel

Konzeption von Verfahren zur kamerabasierten Analyse und Optimierung von Drehrohrofenprozessen

Schriftenreihe des
Instituts für Angewandte Informatik / Automatisierungstechnik
am Karlsruher Institut für Technologie
Band 49

Eine Übersicht über alle bisher in dieser Schriftenreihe erschienenen Bände
finden Sie am Ende des Buches.

Konzeption von Verfahren zur kamera-basierten Analyse und Optimierung von Drehrohrofenprozessen

von
Patrick Waibel

Dissertation, Karlsruher Institut für Technologie (KIT)
Fakultät für Maschinenbau
Tag der mündlichen Prüfung: 11. April 2014
Referenten: Prof. Dr.-Ing. habil. Georg Bretthauer
Prof. Dr.-Ing. habil. Jürgen Wernstedt, Prof. Dr.-Ing. habil. Ralf Mikut

Impressum

Scientific
Publishing

Karlsruher Institut für Technologie (KIT)
KIT Scientific Publishing
Straße am Forum 2
D-76131 Karlsruhe

KIT Scientific Publishing is a registered trademark of Karlsruhe
Institute of Technology. Reprint using the book cover is not allowed.

www.ksp.kit.edu

Print on Demand 2014

ISSN 1614-5267
ISBN 978-3-7315-0214-2
DOI: 10.5445/KSP/1000040670

Konzeption von Verfahren zur kamerabasierten Analyse und Optimierung von Drehrohrofenprozessen

Zur Erlangung des akademischen Grades

Doktor der Ingenieurwissenschaften

der Fakultät für Maschinenbau
Karlsruher Institut für Technologie (KIT)

genehmigte

DISSERTATION

von

Dipl.-Ing. Patrick Waibel

geboren am 28. Juli 1980 in Heidelberg

Hauptreferent:	Prof. Dr.-Ing. habil. Georg Bretthauer
Korreferenten:	Prof. Dr.-Ing. habil. Jürgen Wernstedt
	Prof. Dr.-Ing. habil. Ralf Mikut
Tag der mündlichen Prüfung:	11. April 2014

Danksagung

Die vorliegende Dissertation entstand während meiner Tätigkeit am Institut für Angewandte Informatik des Karlsruher Instituts für Technologie.

Für die Möglichkeit, diese Arbeit anzufertigen zu können sowie die kritischen und wertvollen Hinweise beim Verfassen der Arbeit, möchte ich Herrn Professor Bretthauer herzlich danken.

Herrn Professor Wernstedt danke ich für die Übernahme eines Korreferats meiner Arbeit.

Ein besonderer Dank gilt Herrn Professor Ralf Mikut für die Übernahme eines weiteren Korreferats. Seine Unterstützung beim Verfassen dieser Arbeit in Form von Diskussionen, Ratschlägen und Korrekturen waren eine sehr große Hilfe.

Mein Dank gilt auch Herrn Dr. Hubert B. Keller, der mir als Leiter der Projektgruppe Innovative Prozessführung hervorragende Rahmenbedingungen für meine wissenschaftliche Arbeit bot und mich fachlich stets unterstützt hat.

Herrn Dr. Jörg Matthes möchte ich für die ausgezeichnete fachliche Betreuung ganz herzlich danken. Die Möglichkeit, jederzeit fachliche Diskussionen führen zu können, die zahlreichen Korrekturen sowie die fachlichen Hinweise waren immer enorm hilfreich und haben sehr zum Gelingen dieser Arbeit beigetragen.

Herrn Rüdiger Alshut danke ich für wertvolle und unterhaltsame Diskussionen sowie die wöchentlichen Bildverarbeitungsseminare während der gemeinsamen Bürozeit. Für viele fachliche Diskussionen und Hinweise danke ich Herrn Dr. Lutz Gröll.

Weiterhin danke ich allen Studenten, die mich unterstützt haben. Herrn Stefan Widmann möchte ich für die konstruktive Zusammenarbeit bei der Entwicklung von DREHSINE besonders danken.

Schlussendlich gilt ein großer Dank meiner Frau Yvonne sowie meinen Eltern und meiner Schwester Christina für die Unterstützung und das fleißige Korrekturlesen.

Karlsruhe, im April 2014 *Patrick Waibel*

Inhaltsverzeichnis

1 Einleitung

1.1 Einordnung der Arbeit

Drehrohrofenprozesse besitzen im industriellen Bereich eine hohe Bedeutung bei der thermischen Umwandlung unterschiedlichster Materialien. Aufgrund des Einsatzes von fossilen sowie Ersatzbrennstoffen und einem erheblichen Energieumsatz sind sie durch hohe Emissionen gekennzeichnet. So ist beispielsweise einer der wichtigsten Drehrohrofenprozesse, die Zementherstellung, für fünf bis sieben Prozent der weltweiten anthropogenen CO_2-Emissionen verantwortlich. Lässt sich durch eine Verbesserung der Prozessführung jener Anteil um nur 0.1% reduzieren, entspricht das bereits einer Einsparung von 36 Mio. Tonnen CO_2 pro Jahr, dem jährlichen Ausstoß eines großen Kohlekraftwerks [18]. Eine Prozessoptimierung bei Drehrohröfen bietet großes Potential, folgende ökologisch sowie ökonomisch erstrebenswerte Ziele zu erreichen:

- eine höhere Energieeffizienz,

- eine Reduktion von schädlichen Emissionen,

- eine Erhöhung der Produktqualität und

- eine Erhöhung von Anlagenstandzeiten.

Eine geeignete Prozessoptimierungsstrategie erfordert die schnelle und zuverlässige Erfassung des Prozesszustands im Drehrohrofen. Eine Schwierigkeit besteht dabei darin, dass die Prozesse im Drehrohrofen räumlich verteilt ablaufen und sich dadurch mit konventioneller punktweise messender Sensortechnik nur unzureichend und meist nur mit hoher Zeitverzögerung erfassen lassen. In den letzten Jahren werden daher zunehmend Kamerasysteme bei den verschiedensten Drehrohrofenprozessen eingesetzt. Sie dienen zunächst nur der visuellen Prozessbeurteilung durch das Wartenpersonal. Häufig ungenutzt bleibt dabei jedoch die Möglichkeit, mit Hilfe eines Bildverarbeitungssystems automatisiert Kenntnisse über das Prozessverhalten zu ermitteln und die extrahierten Kenngrößen zur Optimierung der Prozessregelung einzusetzen. In der vorliegenden Arbeit werden daher neue Verfahren zur Gewinnung bildbasierter Kenngrößen aus Bildaufnahmen von Drehrohrofenprozessen entwickelt. Für die kamerabasierte Prozessoptimierung stellt das den Baustein mit den größten Herausforderungen dar.

1.2 Grundlagen und Entwicklungsstand

Im Folgenden werden der Aufbau und die Funktionsweise von Drehrohrofensystemen näher erläutert. Nach einer kurzen Einführung zur Bildakquise werden bildverarbeitungstechnische Grundlagen sowie eingesetzte Verfahren dargestellt, soweit es zum Verständnis der Arbeit notwendig ist. Abschließend wird auf bestehende Lösungsansätze zur kamerabasierten Analyse von thermischen verfahrenstechnischen Prozessen und im Speziellen bei Drehrohröfen eingegangen.

1.2.1 Drehrohrofen

Allgemeines

Drehrohröfen werden verfahrenstechnisch genutzt, um Materialien unter hohen Temperaturen und kontinuierlicher Durchmischung in das gewünschte Endprodukt umzuwandeln. Der Einsatzbereich umfasst dabei Prozesse wie die Zement- und Kalkherstellung, die Reduktion von Erzoxiden, die Sonderabfallverbrennung sowie die Aufarbeitung metallhaltiger Reststoffe. Drehrohröfen sind bei den genannten Prozessen sehr stark verbreitet, da sie den Einsatz von Aufgabematerialien mit variablen Eigenschaften (von Schlämmen bis zu körnigem Material mit stark schwankenden Partikelgrößen) erlauben. Des Weiteren bieten sie die Möglichkeit, unterschiedliche Prozessumgebungen wie reduzierende Bedingungen im Feststoffbett mit einem oxidierenden Freiraum gemeinsam in einem System zu realisieren [8].

Ein Drehrohrofen ist ein bis zu 200 m langer horizontal geneigter $(1-3°)$ aus Stahl gefertigter Zylinder. Die Drehbewegung des Ofens wird in der Regel durch die Lagerung auf angetriebenen Laufrollen realisiert und beträgt typischerweise $1-2$ Umdrehungen pro Minute. Eine hitzebeständige Ausmauerung im Inneren des Drehrohrofens erhöht dessen Lebensdauer. Am oberen Ende des Drehrohrofens wird über eine Zuführeinrichtung das Aufgabematerial eingegeben, welches sich danach im sogenannten *Feststoffbett* im

Drehrohrofen sammelt. Bei konstanter Rotationsbewegung des Drehrohrs und damit verbundener Durchmischung wandert das Aufgabematerial unter Durchlaufen verschiedener Wärmetauschprozesse und chemischer Reaktionen bis zum unteren Drehrohrende, wo es wieder ausgetragen wird. In Abb. 1.1 ist ein typischer Drehrohrofen skizziert.

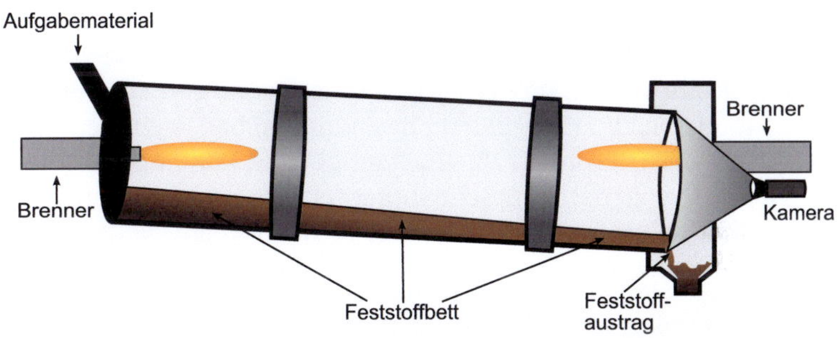

Abbildung 1.1: Skizze eines typischen Drehrohrofens mit zwei Brennern sowie einer typischen Kameraeinbauposition

Je nach Anwendung sind im Ofen Temperaturen bis zu 1600 °C notwendig, um die gewünschten Reaktionen und eine vollständige Verarbeitung des zugeführten Materials zu erreichen. Die hohen Temperaturen entstehen durch die Zugabe von Brennstoff in das Aufgabematerial, über einen am oberen und/oder unteren Ende des Drehrohrs installierten Brenner oder durch exotherme Reaktionen des Aufgabematerials. Die Durchlaufzeit des Materials durch den Drehrohrofen kann je nach Anwendung mehrere Stunden betragen.

Die vom Feststoffbett durchlaufenen Wärmetauschprozesse lassen sich üblicherweise in vier Zonen aufteilen. Zunächst wird in der Trocknungszone das im Aufgabematerial enthaltene Wasser mit Hilfe der heißen Ofenatmosphäre verdampft. Anschließend wird in der Aufheizzone die Temperatur des Materials so weit erhöht, dass in der folgenden Vorreaktionszone die Kohlenstoffverbrennung einsetzt und erste Reduktionsreaktionen stattfinden können. In der Hauptreaktionszone erreicht das Material die höchste Temperatur und die prozessspezifischen Reaktionen setzen ein. Nach der vollständigen Umwandlung des Aufgabematerials wird das Feststoffbett am unteren Ende des

Drehrohrs ausgetragen. Je nach Anwendung handelt es sich bei dem *Feststoffaustrag* um das gewünschte Endprodukt (z. B. gebrannter Klinker zur Zementherstellung) oder um ein Abfallprodukt (z. B. zu deponierende Reststoffe) des Prozesses. In letzterem Fall kann sich das Endprodukt in der Verbrennungsatmosphäre befinden (z. B. Zinkoxidstaub beim Zinkrecyclingprozess), aus der es über eine Abscheideeinrichtung herausgefiltert wird.

Der Drehrohrofen stellt die zentrale Einheit in einem Gesamtsystem dar, welches neben der Zuführeinrichtung zur Eingabe der Materialien in den Ofen, der Abscheideeinrichtung zur Filterung von Gasen und Partikeln, einem optionalen Brenner auch aus weiteren anwendungsabhängigen Elementen in der Peripherie des Ofens wie z. B. Trocknungs- und Kühlungseinheiten besteht. In Kapitel 4 wird bei der Beschreibung der untersuchten Drehrohrofenprozesse näher auf prozessspezifische Gegebenheiten eingegangen [8, 52].

Neben den oben aufgeführten positiven Eigenschaften beim Einsatz eines Drehrohrofens existieren auch daraus resultierende Nachteile. So ist die thermische Effizienz im Vergleich zu anderen Ofentypen wie Rostfeuerungsanlagen niedriger und es kann prozessabhängig zu starken Staubentwicklungen im Ofen kommen. Einen weiteren Nachteil stellt auch die trotz langer Verweilzeiten im Ofen oft ungleichmäßige Produktqualität dar, welche z. B. auf Agglomerationen, d. h. einem Zusammenbacken von Partikeln im Feststoffbett, zurückzuführen ist. Agglomerationen können sich ebenfalls an der Drehrohrinnenwand bilden, was bis zum Zuwachsen des Drehrohrofens führen kann. Das Einstellen eines optimalen Prozesszustands stellt sich aufgrund wenig verfügbarer und konstruktiv bedingt schwer erfassbarer Messgrößen als schwierig dar, was zu einer verminderten Produktqualität und Effizienz führt. Zudem existiert nur eine eingeschränkte Zahl an Stellgrößen, um den Prozess zu beeinflussen.

Eigenschaften des Feststoffbetts

Für eine vollständige Umwandlung des Aufgabematerials im Drehrohrofen muss eine entsprechende Wärmeübertragung in das Feststoffbett gewährleistet sein. Eine große Rolle spielt hierbei das Bewegungsverhalten des Feststoffbetts. Die Bewegung des Feststoffs im Drehrohrofen besitzt sowohl eine axiale als auch eine transversale Komponente. Die axiale Bewegung bestimmt die Verweilzeit des Materials im Drehrohr. Die wichtigsten Parameter, die die Verweilzeit beeinflussen, sind Länge, Durchmesser, Neigung sowie Drehzahl des Drehrohrs. Daneben werden in manchen Drehrohröfen noch spezielle Dämme und Hubschaufeln eingesetzt, welche die Verweilzeit im Drehrohr weiter erhöhen. Ebenfalls relevant sind die Geschwindigkeit der Gasphase[1], die Zuführrate des Aufgabematerials und Materialeigenschaften wie z. B. die Partikelgröße. Es wird insgesamt eine Verweilzeit im Drehrohr angestrebt, bei der eine vollständige Umsetzung des zugeführten Materials erfolgen kann. Die Bewegung in transversaler Richtung bestimmt das Mischverhalten und dadurch hauptsächlich die Wärmeübertragung und die Reaktionsrate im Feststoffbett. Ebenso kann die transversale Bewegung auch das axiale Voranschreiten des Feststoffs beeinflussen. Die folgenden sechs transversalen Grundbewegungsformen des Feststoffbetts im Drehrohr können unterschieden werden [76]:

Gleiten Bei geringer Reibung zwischen Feststoff und Drehrohrwand sowie bei niedrigen Füllhöhen tritt die Gleitbewegung auf. Das Drehrohr rotiert unter dem Feststoffbett, welches nur einen sehr geringen Auslenkwinkel aufweist. Das Material gleitet an der Wand des Rohres und es tritt keine Scherbewegung im Feststoffbett auf. (Abb. 1.2a)

Stürzen Das Material wird an der Drehrohrwand bis zu einem bestimmten Winkel mitgeführt. Anschließend rutscht es lawinenartig ab. Das derartige Verhalten erfolgt beim Stürzen zyklisch. (Abb. 1.2b)

Rollen Bei höheren Drehzahlen geht die Stürzbewegung in eine kontinuierliche Rollbewegung des Materials über. Der Winkel, bis zu dem das Material an der Drehrohrwand mitgeführt wird, bleibt hier konstant. (Abb. 1.2c)

Kaskadenbewegung Die Kaskadenbewegung ist ähnlich zur rollenden Bewegung. Hierbei befindet sich jedoch ein Teil des Feststoffbetts in der oberen Rohrquerschnittshälfte. Das Feststoffbett besitzt in einer Vorderansicht nicht mehr die Form eines Kreissegments, sondern bildet vielmehr eine S-ähnliche Form. (Abb. 1.2d)

Kataraktbewegung Die Feststoffpartikel fallen bei einer Kataraktbewegung ohne dauerhaften Feststoff-Feststoff-Kontakt im freien Gasraum. (Abb. 1.2e)

Zentrifugieren Das Zentrifugieren tritt nur bei sehr hohen Drehzahlen auf. Die Zentrifugalkraft ist hierbei größer als die Schwerkrafteinwirkung. Das Feststoffbett verteilt sich über den kompletten Drehrohrumfang. (Abb. 1.2f)

---

[1] Üblicherweise wird ein Drehrohrofen im Gegenstromprinzip betrieben, d. h. die Richtung des Feststoffbetts im Ofen und die Richtung der Luftführung sind gegenläufig.

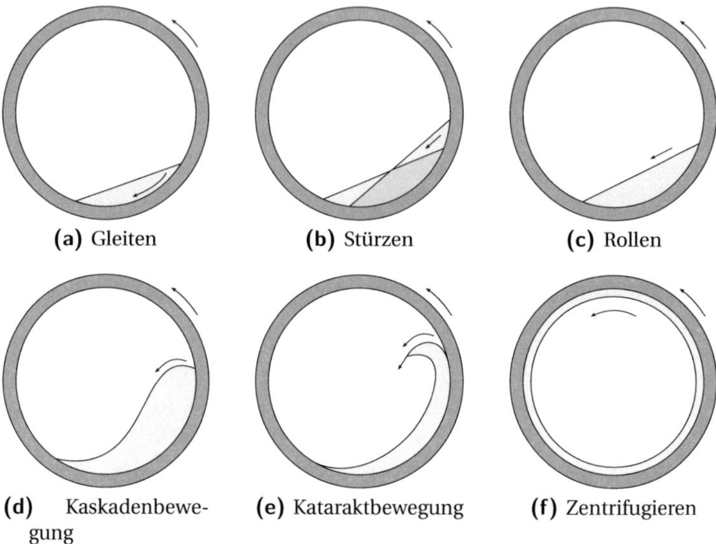

Abbildung 1.2: Transversale Bewegungsformen des Feststoffbetts (Feststoff in hellgrau) [49]

Neben den oben genannten Bewegungsformen existieren außerdem noch Mischbewegungen, die an den Übergängen der Grundbewegungsformen auftreten [101]. Die geeignetste Bewegungsform hängt von der Anwendung ab. In den meisten Fällen ist jedoch die Rollbewegung optimal, da hier die beste Durchmischung des Materials erfolgt [8, 76]. Durch eine bei den meisten Anwendungen kontinuierliche Abnahme der Füllhöhe des Feststoffbetts vom Drehrohreintritt bis zum Austritt kann die Bettbewegung in axialer Richtung von der Kaskadenbewegung, Rollen oder Stürzen bis hin zum Gleiten führen. Die genaue Analyse der Bewegung einzelner Feststoffpartikel ist sehr komplex, da sie von vielen Variablen des Materials (Größe, Form, Dichte, Zersetzungsgrad) und des Ofens abhängig ist [2, 115]. Zur Beschreibung solcher Bewegungen existieren mehrere analytische Modelle, bei denen jedoch eine homogene Feststoffzusammensetzung vorausgesetzt wird. Auf den Betrieb eines Drehrohrofens trifft das jedoch häufig nicht zu, weil die Feststoffeigenschaften auch nach einer Vorverarbeitung sehr stark variieren können. So kann es z. B. aufgrund von Agglomerationen im Feststoffbett zu einer starken Erhöhung der Partikelgrößen während des Prozesses kommen.

Zur Charakterisierung des Feststoffbetts sowie dessen Bewegungsform anhand von Bildaufnahmen werden einige geläufige geometrische Größen eingeführt. In Abb. 1.3 sind die geometrischen Merkmale des Feststoffbetts am Beispiel einer rollenden Bewegungsform aufgeführt. Die Füllhöhe h_{Fb} des Betts im Drehrohr wird üblicherweise über den Füllwinkel β angegeben. Ein Füllwinkel von 0° bedeutet, dass das Drehrohr leer ist. Bei einem Füllwinkel von 90° ist das Drehrohr halb gefüllt. Der Zusammenhang zwischen beiden Größen lässt sich mittels Gleichung (1.1) herstellen.

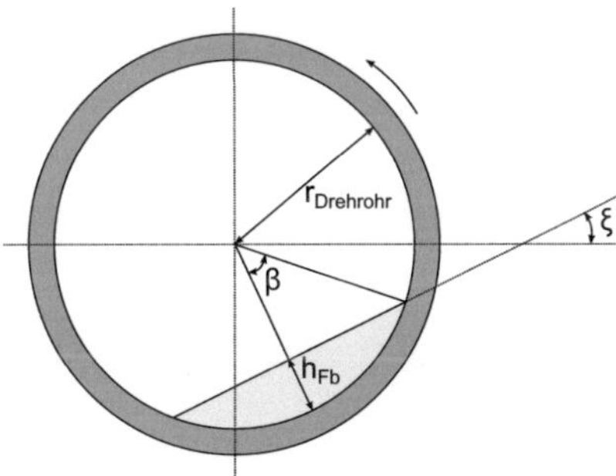

Abbildung 1.3: Geometrische Merkmale des Feststoffbetts (basierend auf [8])

$$\beta(z) = \arccos\left(\frac{r_{\mathrm{Drehrohr}} - h_{\mathrm{Fb}}(z)}{r_{\mathrm{Drehrohr}}}\right) \tag{1.1}$$

Hierbei entspricht r_{Drehrohr} dem Innenradius des Drehrohrs. Da die Füllhöhe bzw. der Füllwinkel in axialer Richtung abnehmen können, sind sie von der Tiefe z im Drehrohr abhängig.[2,3] Bei der Bestimmung des Füllwinkels wird von der vereinfachenden Annahme ausgegangen, dass die Form des Feststoffbetts einem Kreissegment entspricht. Wie Abb. 1.2 zu entnehmen ist, gilt diese Vereinfachung für die Kaskaden- und Kataraktbewegung nur noch näherungsweise.

Der dynamische Schüttwinkel ξ stellt den Winkel der Feststoffbettoberfläche zur Waagrechten dar. Er ist sowohl abhängig von interpartikulären Kräften

---

[2] Eine weitere Größe, welche in der Literatur zur Charakterisierung der Füllmenge eines Drehrohrs verwendet wird, ist der Füllgrad $f(z)$. Der Füllgrad wird anteilig von 0 bis 1 angegeben (Ein Füllgrad von 1 entspricht hierbei einer vollständigen Füllung des Drehrohrs). Die Gleichung $f(z) = \frac{1}{\pi}(\beta(z) - \sin\beta(z)\cos\beta(z))$ beschreibt die Umrechnung des Füllwinkels in den Füllgrad.

[3] In der vorliegenden Arbeit wird ausschließlich der Füllwinkel zur Beschreibung der Füllmenge des Drehrohrs verwendet.

des Feststoffs als auch von Eigenschaften des Drehrohrs wie z. B. der Drehzahl.[4,5] Der dynamische Schüttwinkel lässt Rückschlüsse auf die Bewegungsform des Betts zu und ist damit auch ein Indikator für die Materialeigenschaften. Zyklisch stark schwankende dynamische Schüttwinkel können z. B. auf eine Stürzbewegung hinweisen. In [50] und [77] wird gezeigt, dass sich die Bewegungsform des Feststoffbetts bei einer homogenen Materialzusammensetzung auf eine Funktion von Partikelgröße, Partikelform, statischem Schüttwinkel, Innenradius des Drehrohrs, Drehzahl und lokalem Füllwinkel zurückführen lässt. Geometrische Merkmale des Feststoffbetts bilden damit einen Ansatzpunkt für eine optische Analyse des Prozesszustands. In Abschnitt 3.2 wird darauf näher eingegangen.

1.2.2 Bildakquise

Die Umwandlung elektromagnetischer Strahlung mittels eines Kamerasystems in interpretierbare diskrete Datenwerte wird als Bildakquise bezeichnet. Die wichtigsten Bestandteile eines Kamerasystems sind die Optik und der Sensorchip. Die Optik wird benötigt, um den Strahlengang aus dem dreidimensionalen Raum auf eine Ebene abzubilden. Sie sollte so ausgewählt werden, dass möglichst die gesamte interessierende Szene auf die komplette Chipfläche abgebildet wird. Der Sensorchip, der sich in der Bildebene befindet, reagiert auf unterschiedliche starke Strahldichten proportional mit entsprechenden elektrischen Signalen, welche er anschließend weitergibt. Im visuellen Spektralbereich werden überwiegend CCD- und CMOS-Sensoren [53, 71] eingesetzt, die auch Farbaufnahmen erlauben. Im nahen und mittleren Infrarotbereich werden Mikrobolometerarrays [6] verwendet, welche die direkte Ermittlung von Temperaturen ermöglichen. Mit Hilfe von Spektralfiltern kann der untersuchte Wellenlängenbereich eingeschränkt werden, um das spektrale Verhalten von Gasen im Infrarotbereich auszunutzen. In Abschnitt 2.2 werden Strahlungseigenschaften genauer betrachtet. Detaillierte Informationen über die strahlungsphysikalischen Grundlagen sind im Anhang A.2 zu finden.

---

[4] Die Abhängigkeit von Drehrohreigenschaften unterscheidet ihn vom statischen Schüttwinkel, welcher ausschließlich eine inhärente Eigenschaft eines Materials ist und durch Aufschütten eines Kegels auf eine ebene Fläche ermittelt wird.

[5] Im Folgenden ist bei der Verwendung des Begriffs Schüttwinkel immer der dynamische Schüttwinkel im Drehrohr gemeint.

Die analogen elektrischen Signale werden zur digitalen Weiterverarbeitung diskretisiert, wobei der Wertebereich üblicherweise 8 bit beträgt. Zur genaueren Darstellung der ermittelten Temperaturen (Auflösung von 1 K) wird bei Infrarotkameras ein 16 bit-Format eingesetzt. Der Dynamikbereich, der von der Kamera erfasst werden kann, spielt eine Rolle bei Szenen mit großen Helligkeitsunterschieden. Ein hoher Dynamikumfang ermöglicht eine kontrastreiche Erfassung von hellen und dunklen Bereichen, da es nicht zu einem Über- bzw. Unterbelichten kommt. Die räumliche Auflösung der Kamera ist abhängig vom Sensorchip und stellt den begrenzenden Parameter bei der Erfassung von Details der projizierten Szene dar. Bei Infrarotkameras, die speziell für den Einsatz in Drehrohröfen sowie anderen Feuerräumen entwickelt wurden, sind zum derzeitigen Stand vergleichsweise geringe räumliche Auflösungen mit maximal 384 × 288 Bildpunkten verfügbar [31].

Die zeitliche Auflösung des Kamerasystems ist durch die Abtastrate gegeben, die in fps (Frames pro Sekunde) angegeben wird. Die Abtastrate muss entsprechend hoch gewählt sein, um bei der Bildverarbeitung dynamische Eigenschaften der beobachteten Objekte anhand von Bildsequenzen berücksichtigen zu können. Sowohl die Abtastrate als auch räumliche Auflösung, Anzahl der Bildkanäle und Wertebereich des Kamerasystems beeinflussen die Datenmenge, die dem Bildverarbeitungssystem zur Verfügung steht. In Kapitel 2 werden für die Anwendung an Drehrohröfen relevante Punkte der Bildakquise erörtert [44, 58, 99].

1.2.3 Bildverarbeitung

Ziel eines Bildverarbeitungssystems ist die Gewinnung von Informationen aus den erfassten Bilddaten. Das entspricht einer Reduktion des Merkmalsraums (der Bilddaten) auf wenige aussagekräftige Kenngrößen, die den Prozesszustand beschreiben können. In einem mehrstufigen Prozess können dabei unterschiedlichste Bildverarbeitungsalgorithmen zum Einsatz kommen. So erfolgt nach der Bildakquise in der Regel eine Bildvorverarbeitung, bei der z. B. Bildstörungen erkannt und gegebenenfalls korrigiert, bildverbessernde Verfahren eingesetzt oder geometrische Transformation der Bilder durchgeführt werden. Im nächsten Verarbeitungsschritt können Merkmalsbilder z. B. zur Hervorhebung von Texturen oder des dynamischen Verhaltens einzelner Bildpunkte erzeugt werden, auf deren Basis eine Identifikation der gesuchten Bildobjekte möglich ist. Die eigentliche Identifikation der Bildobjekte erfolgt im Segmentierungsschritt. Dabei werden Merkmalsbilder aber auch Vorwissen über die gesuchten Objekte genutzt, um eine möglichst zuverlässige Zuordnung einzelner Bildpunkte zu den jeweiligen Objekten zu realisieren. Basierend auf den gefundenen Objekten können dann die gewünschten Kenngrößen, z. B. über Geometrie, Intensität oder Dynamik zur Charakterisierung der Objekte extrahiert werden. Eine typische Abfolge von Bildverarbeitungsstufen ist in Abb. 1.4 dargestellt [7, 34, 44, 58, 99, 111].

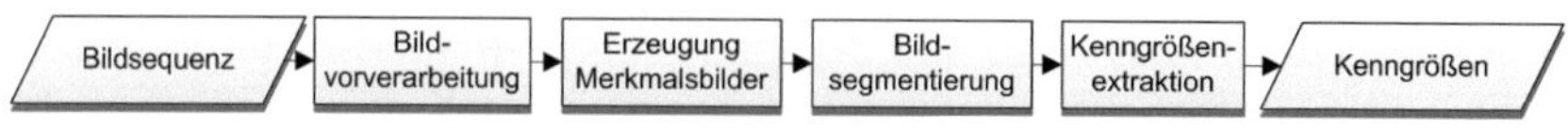

Abbildung 1.4: Typische Bildverarbeitungskette

Bildvorverarbeitung

Die Bildvorverarbeitung stellt den ersten Punkt in der Bildverarbeitungskette dar. Im dauerhaften Praxiseinsatz eines Kamerasystems muss im Bildvorverarbeitungsschritt zunächst überprüft werden, ob plausible Bilddaten zur Verfügung stehen, d. h. es findet eine Bildgütebewertung statt [43, 106, 132]. Liegt z. B. eine Verschmutzung der Linse oder ein kompletter Bildausfall vor, muss das erkannt werden, damit das Bedienpersonal informiert werden kann bzw. die folgenden Bildverarbeitungsschritte entsprechend angepasst werden können. Eine Möglichkeit, Störungen einzelner Bilder zu überbrücken, ist z. B. das nochmalige Verwenden der zuletzt positiv bewerteten Aufnahme. Hierbei muss jedoch berücksichtigt werden, dass letzteres u. a. bei der Nutzung dynamischer Bildmerkmale zur Segmentierung problematisch sein kann. Bildausfälle über einen längeren Zeitraum lassen sich softwarebasiert nicht hinreichend kompensieren. Mit Hilfe von Verfahren zur Bildrestauration lassen sich kleinere Störungen in Bildern korrigieren [99]. Dazu zählen z. B. defekte Bildpunkte, aber auch prozessbedingte Störungen wie Partikelflug in den Aufnahmen. Ein weiterer Punkt, der zur Bildvorverarbeitung gezählt werden kann, sind geometrische Transformationen, wodurch sich die Bildaufnahmen oder Teile davon perspektivisch für die weitere Verarbeitung geeigneter darstellen lassen können.

Merkmalsbilder

In komplexeren Bildszenen ist es meist nicht möglich, ein Objekt anhand einer einzelnen Eigenschaft wie z. B. des Grauwerts zu identifizieren. Aufgrund dessen kann es notwendig sein, bestimmte Eigenschaften einzelner

Bildpunkte in sogenannten Merkmalsbildern zusammenzufassen. Intensitätsbasierte Merkmale wie z. B. Temperaturinformation oder RGB[6]-Werte bei Farbaufnahmen sind direkt verfügbar. Demgegenüber müssen Merkmale, die Nachbarschaftsinformationen (z. B. Kanten, Textur) oder zeitliche Informationen (z. B. Optischer Fluss, Variation) berücksichtigen, zunächst mit Hilfe von Filteroperationen oder aufwendigeren Algorithmen ermittelt werden. Im Folgenden werden Berechnungsverfahren von Merkmalsbildern kurz vorgestellt.

Intensität Die Intensität einzelner Bildpunkte stellt das am einfachsten zu bestimmende Merkmal in Bildaufnahmen dar. Der Intensitätswert $g(\mathbf{x}, t)$ ist der Helligkeitswert eines Bildpunkts $\mathbf{x} = (x, y)$ im Bild zum Zeitpunkt t. Es gilt dabei $\mathbf{x} \in \mathbb{R}^2$ und $g \in \mathbb{R}$. Im Falle einer Infrarot-Aufnahme kann der Intensitätswert direkt die gemessene Oberflächentemperatur des betrachteten Objekts widerspiegeln. Die Analyse der Intensitätswerte aller Bildpunkte in einem Grauwerthistogramm ermöglicht u. a. das Auffinden von Schwellwerten, die bei der Segmentierung genutzt werden können [86], oder Maßnahmen zur Verbesserung des Bildkontrasts (z. B. über Histogrammspreizung). Eine Reduktion auf den interessierenden Bildbereich kann ebenfalls auf Basis der Intensitätswerte erfolgen, wenn sich der Bereich z. B. wegen einer deutlich höheren Strahlungsintensität vom Hintergrund unterscheidet.

Nachbarschaftsinformationen Unter Nachbarschaftsinformationen sind die Grauwertänderungen in der lokalen Umgebung von Bildpunkten zu verstehen. Durch deren Berücksichtigung können z. B. Bildbereiche mit spezifischen Mustern, Texturen und Linien voneinander unterschieden oder Bildstörungen korrigiert werden. Die Einbeziehung der Nachbarschaften erfolgt zumeist mit Hilfe von linearen Filtern über diskrete Faltungsoperationen des Eingangsbildes $g(\mathbf{x})$ mit speziellen Filtermasken $h(\mathbf{x})$ (Gleichung (1.2)). Das Ergebnis der Faltungsoperation ist ein Merkmalsbild, in dem bestimmte Effekte des Originalbildes hervorgehoben sind. Über die Größe der Filtermaske r_F kann die Anzahl der berücksichtigten Nachbarschaftspixel beeinflusst werden.

$$g_h(x, y) = g(x, y) * h(x, y) = \sum_{m=-r_F}^{r_F} \sum_{n=-r_F}^{r_F} h(m, n) g(x - m, y - n) \tag{1.2}$$

---

[6] RGB steht für die Grundfarben Rot, Grün, Blau.

Gradienten Im einfachsten Fall, bei Bildbereichen mit zueinander unterschiedlichen aber in sich homogenen Grauwerten, ermöglichen Gradientenfilter die Ermittlung der Grenze zwischen den Bildbereichen. Gradientenfilter nutzen die Ableitungen der Grauwerte, um starke Grauwertänderungen hervorzuheben und konstante Grauwertbereiche zu unterdrücken. Kanten entsprechen dann Maxima des betragsmäßigen Gradientenvektors $\nabla g(\mathbf{x})$

$$\nabla g(\mathbf{x}) = \left(g_x(\mathbf{x}), g_y(\mathbf{x})\right)^{\mathrm{T}}, \tag{1.3}$$

wobei $g_x(\mathbf{x}) = \frac{\partial g(\mathbf{x})}{\partial x}$ und $g_y(\mathbf{x}) = \frac{\partial g(\mathbf{x})}{\partial y}$ gilt. Die Berechnung der Ableitungen wird mit Hilfe von diskreten Approximationen über Differenzenquotienten realisiert, die sich in der verwendeten Filtermaske widerspiegeln. Zu den bekanntesten Gradientenfiltern zählen der SOBEL-Operator, der SCHARR-Operator und der ROBERTS-Operator [70, 91]. Des Weiteren existieren Gradientenfilter wie der LAPLACE-Filter oder LAPLACE-OF-GAUSSIAN, die auf der zweiten Ableitung basieren und den LAPLACE-Operator approximieren [58]. Kanten entsprechen dann Nulldurchgängen im gefilterten Merkmalsbild.

Textur Die Texturanalyse wird eingesetzt, um periodische Muster in Bildern aufzufinden und ein Bestimmtheitsmaß für Texturen zu ermitteln. Bei der Texturanalyse nach LAWS [67] wird ebenfalls auf die Faltung von Filtermasken mit dem Eingabebild zurückgegriffen. Aus fünf Basisvektoren können über die Bildung dyadischer Produkte 25 Filtermasken erstellt werden. Nach der Faltung mit dem Eingabebild werden abhängig von der eingesetzten Filtermaske unterschiedliche Texturen (z. B. Kanten, Wellenförmigkeit, lokale Punkte) hervorgehoben. Die Ergebnisse der Faltungen können als Texturmaß eingesetzt werden.

Eine weitere Methode zur Analyse von Texturen ist die Strukturtensordarstellung. Diese Darstellung ermöglicht die Bestimmung der Vorzugsrichtung der Grauwertänderungen in einer Nachbarschaft und erlaubt die Unterscheidung von konstanten Umgebungen von solchen ohne lokale Orientierung. Der Strukturtensor J_W basiert auf den ersten Ableitungen g_x und g_y des Eingabebilds, die mit einer Fensterfunktion W (z. B. GAUSS-Filter) gefaltet werden.

$$J_W = W * \left(\nabla g \nabla g^{\mathrm{T}}\right) = \begin{pmatrix} W * g_x^2 & W * \left(g_x g_y\right) \\ W * \left(g_x g_y\right) & W * g_y^2 \end{pmatrix} \tag{1.4}$$

Aus dem Strukturtensor kann die Orientierung der Textur ermittelt werden. Die Spur des Strukturtensors $\mathrm{Spur}(\boldsymbol{J}_W) = \boldsymbol{J}_{W,11} + \boldsymbol{J}_{W,22}$ gibt die Länge des Gradienten wieder. Zusätzlich können aus den Eigenwerten des Strukturtensors Aussagen über die Nachbarschaften wie z. B. konstante Umgebung ($\lambda_1 = \lambda_2 = 0$) oder isotrope Struktur ($\lambda_1 > 0$ und $\lambda_2 > 0$) abgeleitet werden. Der nichtlineare Strukturtensor vermeidet den Nachteil des klassischen Ansatzes, bei dem Kanten durch die GAUSS-Filterung abgeschwächt werden. Indem eine nichtlineare Diffusion zur Glättung angewendet wird, ist in der Nähe von Kanten die Glättung reduziert [13, 14].

GABOR-Filter [30] sind ebenfalls eine Möglichkeit, Texturen in Bildern zu berücksichtigen. Dabei handelt es sich um Filtermasken, die aus der Multiplikation einer symmetrischen GAUSS-Funktion mit einer orientierten Sinusfunktion berechnet werden können. Für die Unterscheidung von Texturen ist es notwendig, mehrere GABOR-Filter mit unterschiedlichen Frequenzen und Orientierungen zu verwenden.

Eine Übersicht und ein Vergleich verschiedener Verfahren zur Texturanalyse ist in [24] gegeben. Weiterführende Informationen zur Texturanalyse finden sich in [16, 46, 59, 84].

Neben den linearen, auf Faltung basierenden Nachbarschaftsoperatoren, die Grauwerte benachbarter Bildpunkte gewichten und akkumulieren, existieren nichtlineare Rangordnungsfilter, welche die Grauwerte in der Nachbarschaft sortieren und anschließend einen Wert selektieren. Zu den Rangordnungsfiltern zählt z. B. der Medianfilter, der häufig eingesetzt wird, um Salt-and-Pepper-Rauschen in den Aufnahmen herauszufiltern, ohne dabei eine Kantenglättung zu bewirken [44, 58].

Zeitliche Information Die Verwendung von Bildsequenzen bietet über die Nutzung statischer Bildmerkmale, wie Intensität und Nachbarschaftsinformationen, hinaus auch die Möglichkeit, dynamische Eigenschaften bei der Ermittlung von Merkmalsbildern zu berücksichtigen. Eine Bildsequenz besteht aus Bildern, die mit einer konstanten Abtastzeit ΔT erfasst werden. Ein bestimmter Abtastzeitpunkt t_k ist dann durch $t_k = k \cdot \Delta T$ definiert. Unter Dynamik kann zum einen eine Bewegung von A nach B in Bildsequenzen betrachtet werden, wie z. B. die Bewegung einzelner Partikel. Bewegung wird üblicherweise über die Ermittlung des Optischen Flusses anhand von zeitlich aufeinanderfolgenden Aufnahmen bestimmt. Zum anderen können aber auch die zeitlichen Grauwertänderungen aufgrund intrinsischer Eigenschaften eines Objekts genauer analysiert werden, worunter z. B. die dynamischen Eigenschaften von Flammen (Flackern) zu zählen sind. Zur Beschreibung jener Eigenschaften eignet sich beispielsweise die temporale Variation.

Optischer Fluss Bei der Berechnung des Optischen Flusses wird für jeden Bildpunkt (x, y) ein Bewegungsvektor (u, v) geschätzt, der die Verschiebung vom Zeitpunkt t zum Zeitpunkt $t + 1$ beschreibt. Es handelt es sich dabei um ein schlecht gestelltes Problem[7]. Es muss daher die zusätzliche Annahme getroffen werden, dass sich die Grauwerte der Objekte während des betrachteten Zeitraums nicht ändern, d. h. die Beleuchtungsverhältnisse konstant bleiben (Brightness Constancy Constraint). Unter der zusätzlichen Restriktion, dass nur kleine Bewegungen zwischen aufeinanderfolgenden Aufnahmen erlaubt sind, ergibt sich dann folgende zu lösende Gleichung [54]:

$$\frac{\partial g}{\partial x} u + \frac{\partial g}{\partial y} v + \frac{\partial g}{\partial t} = 0 \tag{1.5}$$

Die Berechnung der Gleichung kann über die Minimierung eines Energiefunktionals erfolgen. Es existieren hierzu zahlreiche Ansätze in der Literatur [5, 12, 54, 72]. Die Bestimmung des Optischen Flusses wird sehr oft eingesetzt, um sich bewegende Objekte in Szenen zu erkennen und um deren Geschwindigkeiten zu ermitteln [108].

Variation Aus der pixelweisen absoluten Differenz zweier Eingangsbilder $g(\mathbf{x}, t_k)$ und $g(\mathbf{x}, t_{k-p})$, die p Abtastschritte voneinander entfernt sind, lassen sich zeitlich konstante Bereiche von Regionen, in denen Grauwertänderungen statt finden, unterscheiden. Bei der Summe aufeinanderfolgend ausgeführter Differenzbildungen handelt es sich mathematisch betrachtet nach einer Definition von Jordan [61] um die Bestimmung der Variation. Sie ist ein Maß für das lokale Schwingungsverhalten einer Funktion. Im Bereich der Bildverarbeitung sind auch andere Bezeichnungen geläufig, wie z. B. akkumulierte Differenzbilder. Um eine beliebige Anzahl von Bildern berücksichtigen zu können, bietet es sich an, auf die Anzahl verwendeter Bilder N_B zu normieren und damit die mittlere Variation $v(\mathbf{x}, t_n)$ im hierzu betrachteten Zeitraum zu berechnen:

$$v(\mathbf{x}, t_n) = \frac{1}{N_B + 1} \sum_{k=0}^{N_B} |g(\mathbf{x}, t_{n-k}) - g(\mathbf{x}, t_{n-k-1})| \qquad \text{mit } p = 1 \tag{1.6}$$

---

[7] Ohne weitere Randbedingungen existieren allein auf Basis der Bilddaten mehr als eine mögliche Lösung (auch *ill-posed problem*) [15].

Bildsegmentierung

Die Segmentierung stellt die Zerlegung eines Bildes in N_R interpretierbare Bildregionen Ω_i dar. Handelt es sich bei $\Omega \subset \mathbb{R}^2$ um den Definitionsbereich eines Bildes und bei $\{\Omega_i\}_{i=1}^{N_R}$ um N_R disjunkte Teilmengen aus Ω dann muss gelten:

$$\Omega = \bigcup_{i=1}^{N_R} \Omega_i \tag{1.7}$$

$$\Omega_i \cap \Omega_j = \emptyset \quad \text{für} \quad i \neq j \tag{1.8}$$

Die Zuordnung der Bildpunkte zu den Regionen erfolgt unter Verwendung der zu jedem Bildpunkt zugehörigen Merkmalsausprägungen in den Merkmalsbildern, wobei Homogenität der Bildmerkmale innerhalb der Regionen und hohe Unterschiede der Bildmerkmale zwischen den Regionen gefordert sind. Im einfachsten Fall findet eine binäre Unterscheidung von Objekt und Hintergrund im Bild statt. Auf Basis der Segmentierung können Kenngrößen über Form, Grauwertverteilung o. Ä. der Objekte extrahiert werden.

Die Bildsegmentierung kennt zwei unterschiedliche Herangehensweisen: Einfachere *lokale Verfahren* betrachten nur den einzelnen Bildpunkt und dessen Merkmalsausprägung. Sie erfordern oft eine Nachbearbeitung des Segmentierungsergebnisses z. B. mit morphologischen Operatoren [47, 105], um unplausible Zuordnungen der Bildpunkte zu korrigieren. *Globale Verfahren* verwenden das Bild in seiner Gesamtheit und können damit auch Vorwissen über die gesuchten Regionen, wie z. B. die Form eines Objekts direkt im Segmentierungsschritt mit berücksichtigen. Im Folgenden werden die verwendeten Verfahren kurz vorgestellt und deren Vor- und Nachteile ausgeführt [44, 58, 87, 99].

Lokale Verfahren Zu den lokalen Verfahren zählen die nachfolgend vorgestellten und bei der vorliegenden Arbeit angewandten Schwellwertverfahren und Regionenwachstumsverfahren [44, 58].

Schwellwertverfahren Hierbei handelt es sich um ein rein pixelorientiertes Verfahren. Die Zuordnung eines Bildpunkts zu einem Objekt erfolgt dahingehend, ob seine Merkmalsausprägung ober- oder unterhalb eines bestimmten Schwellwerts liegt. Häufig sind feste Schwellwerte nicht anwendbar, da sich insgesamt das Merkmalsausprägungsniveau in den Aufnahmen über der Zeit ändern kann. Abhilfe schafft hier ein adaptives Verfahren [44], das z. B. einen Schwellwert abhängig von der mittleren Merkmalsausprägung des Bildes festlegt. Mit Hilfe adaptiver ortsvarianter Schwellwerte ist es z. B. möglich, lokale Helligkeitsunterschiede in den Aufnahmen zu berücksichtigen. Des Weiteren können bei einer eindimensionalen Bildmerkmalsausprägung die Minima im Merkmalshistogramm als Schwellwerte definiert werden, um möglichst wenige Fehlsegmentierungen zu erhalten, was auch automatisiert für jedes Einzelbild erfolgen kann. Bei mehrdimensionalen Bildmerkmalsausprägungen wird meist ein Clustering-Verfahren wie z. B. der k-Means-Algorithmus [62] oder Mean-Shift [26] eingesetzt, um die Segmentierung durchzuführen. Ein Nachteil pixelorientierter Verfahren ist, dass die ermittelten Bildregionen nicht zwangsläufig zusammenhängend sind und dass sich geometrisches Vorwissen über die gesuchten Objekte nicht verwenden lässt.

Regionenwachstumsverfahren Das Regionenwachstumsverfahren bezieht auch Nachbarschaften einzelner Bildpunkte bei der Segmentierung mit ein, so dass als Ergebnis zusammenhängende Regionen entstehen. Ausgehend von einem sogenannten Keim- oder Initialpunkt werden benachbarte Bildpunkte iterativ zur Region hinzugefügt, wenn sie einem bestimmten Homogenitätskriterium genügen. Als Initialpunkte werden Bildpunkte gewählt, die sicher in den gesuchten Regionen liegen.

Globale Verfahren Globale Verfahren erlauben die Verknüpfung von lokaler mit globaler Information, indem sie Gebrauch von Modellannahmen über die Objekte bzw. Regionen im Bild machen. Grundidee der meisten globalen Verfahren [19, 81, 107] ist, dass das Bild als störungsbehaftete Messung eines Modells angesehen wird und die Segmentierung die Rekonstruktion des Modells hieraus ist. Eine typische Modellannahme ist dabei, dass eine hohe Homogenität der Bildmerkmale innerhalb einer Region bei gleichzeitig hoher Verschiedenheit zwischen Bildmerkmalen unterschiedlicher Regionen besteht. Zudem wird eine hohe Kompaktheit von Regionen vorausgesetzt, um Fehlsegmentierungen zu reduzieren.

Neben diesen Anforderungen soll eine hohe Ähnlichkeit zwischen Modell und den bildbasierten Daten bestehen. Da eine perfekte Übereinstimmung von Modell und Bilddaten im Allgemeinen nicht möglich und aufgrund von z. B. Rauschen auch nicht erwünscht ist, wird die Segmentierungsaufgabe als globales Optimierungsproblem formuliert. Der Ansatz als Optimierungs-problem führt zu der Aufgabe, ein Energie- oder Fehlerfunktional zu mini-mieren. Obige Anforderungen werden im Energiefunktional nach MUMFORD und SHAH erfüllt [80, 81]:

$$E_{\mathrm{MS}}\left(u(\mathbf{x}),\Gamma\right) = \gamma_1 \int_\Omega \left(g(\mathbf{x}) - u(\mathbf{x})\right)^2 \mathrm{d}\mathbf{x} + \gamma_2 \int_{\Omega\backslash\Gamma} |\nabla u(\mathbf{x})|^2 \mathrm{d}\mathbf{x} + \gamma_3 \int_\Gamma \mathrm{d}s \quad (1.9)$$

$$
\begin{aligned}
u(\mathbf{x}) : \quad & \text{stückweise glatte Funktion zur Approximation von } g(\mathbf{x}) \\
\Gamma : \quad & \text{Menge aller Trennkurven/Menge der Kantenpunkte} \\
\gamma_1,\gamma_2,\gamma_3 : \quad & \text{Gewichtungsfaktoren } (\gamma_1 + \gamma_2 + \gamma_3 = 1)
\end{aligned}
$$

Mit dem ersten Term wird die Ähnlichkeitsforderung zwischen Modell und Daten berücksichtigt. Der zweite Term zielt auf eine glatte Approximation des Bildes abseits der Kanten. Die Forderung nach kompakten Regionen wird im dritten Term durch Integration der Gesamtlänge aller Trennkurven er-füllt. Gesucht werden ein $\Gamma_{\min}$ sowie die modellierten Merkmalsausprägun-gen $u_{\min}(\mathbf{x})$ in den Regionen, die obiges Energiefunktional minimieren:

$$(u_{\min}(\mathbf{x}),\Gamma_{\min}) = \underset{u\in\Omega,\Gamma\in\Omega}{\arg\min}\, E_{\mathrm{MS}}\left(u(\mathbf{x}),\Gamma\right) \quad (1.10)$$

In der Literatur sind viele Ansätze zu finden, die sich mit der Minimierung des Energiefunktionals (1.9) auseinandersetzen. Ein weit verbreitetes Ver-fahren, das bisher in zahlreichen Anwendungen gewinnbringend eingesetzt wurde, ist die Level-Set-Methode [85].

Die Level-Set-Methode ermöglicht eine nichtparametrische Beschreibung und Verfolgung komplexer geometrischer Objekte im n-dimensionalen Raum (hier wird nur der zweidimensionale Fall betrachtet). Ein Objekt bzw. die Kontur Γ eines Objekts ist dabei implizit durch den Schnitt durch die Nul-lebene (Zero-Level-Set) der sogenannten Level-Set-Funktion $\phi(\mathbf{x})$ gegeben. Die Level-Set-Funktion ist über eine vorzeichenbehaftete Abstandsfunktion $\mathrm{dist}(\mathbf{x},\Gamma)$ definiert, die jedem Punkt $\mathbf{x}$ den Abstand (z. B. Euklidischer Ab-stand) zum nächstgelegenen Punkt auf der Kontur zuweist [73]:

$$\phi(\mathbf{x}) := \begin{cases} -\mathrm{dist}(\mathbf{x},\Gamma) & \text{wenn } \mathbf{x} \text{ außerhalb von } \Gamma \\ \mathrm{dist}(\mathbf{x},\Gamma) & \text{sonst} \end{cases} \quad (1.11)$$

Die durch die Level-Set-Funktion $\phi(\mathbf{x})$ bestimmte Kontur Γ ist wie folgt gege-ben [73, 85]:

$$\Gamma = \{\mathbf{x} \in \Omega\,|\,\phi(\mathbf{x}) = 0\} \quad (1.12)$$

Die Modifikationen der Level-Set-Funktion hinsichtlich der Minimierung eines Energiefunktionals erfolgt über eine Variationsrechnung [73, 85]. Die zeitliche Veränderung der Kontur (Gleichung (1.13)) in Richtung der Normalen $\mathbf{n}(s)$ der Kontur Γ im Punkt s mit der ortsvariablen Geschwindigkeit v kann mit Hilfe einer partiellen Hamilton-Jacobi-Differentialgleichung (Gleichung (1.14)), der sogenannten Level-Set-Gleichung, beschrieben werden.

$$\frac{\mathrm{d}\Gamma}{\mathrm{d}t} = v\mathbf{n} \tag{1.13}$$

$$\frac{\mathrm{d}\phi}{\mathrm{d}t} = -v|\nabla\phi| \tag{1.14}$$

Topologische Veränderungen wie Teilen (Splitting) und Verschmelzen (Merging) von Objekten können dann durch entsprechende Änderungen von $\phi(\mathbf{x})$ unkompliziert bewältigt werden. Eine aufwendige Repositionierung von Stützstellen, wie bei expliziten Konturrepräsentationen (z. B. Snakes) vorgesehen, ist nicht notwendig. Anhand des Vorzeichens von $\phi(\mathbf{x})$ kann sofort erkannt werden, ob sich ein Bildpunkt innerhalb oder außerhalb eines Objekts befindet.

Als Grundlage für die Ermittlung der Modifikationsvorschrift der Level-Set-Gleichung gibt es Ansätze mit kantenbasierten Energiefunktionalen, die Gradientenbilder des Originalbildes berücksichtigen, um die Level-Set-Funktion entsprechend anzupassen (z. B. Geodesic Active Contours [88, 89, 90]). Der Rand des gewünschten Objekts bzw. der Gradient dient hier als Stoppkriterium für die sich adaptierende Kontur der Level-Set-Funktion. Sind keine eindeutigen Kanten im Originalbild zu erkennen, weil es z. B. verrauscht ist, andere Störungen auftreten oder es sich um stark texturierte Regionen handelt, eignen sich kantenbasierte Energiefunktionale nicht für die Segmentierung. Dann ist es zweckmäßiger auf regionenbasierte Energiefunktionale zurückzugreifen, welche kein gradientenbasiertes Kriterium verwenden. Ein Ansatz, der dabei regionenbasiert vorgeht, um ein leicht abgeändertes MUMFORD-SHAH-Energiefunktional zu minimieren, ist das Verfahren von CHAN und VESE [20, 21]. Durch die Annahme von stückweise konstanten Funktionen innerhalb der Regionen sowie der Vereinfachung auf zwei Regionen ($\Omega = \Omega_1 \cup \Omega_2$ und $\Omega_1 \cap \Omega_2 = \emptyset$), was einer Trennung von Objekt und Hintergrund entspricht, lässt sich Ansatz (1.9) wie folgt darstellen [20]:

$$E_{\mathrm{CV}}(\Gamma) = \int_{\Omega_1} \left(g(\mathbf{x}) - \mu_1\right)^2 \mathrm{d}\mathbf{x} + \int_{\Omega_2} \left(g(\mathbf{x}) - \mu_2\right)^2 \mathrm{d}\mathbf{x} + v\int_{\Gamma} \mathrm{d}s \tag{1.15}$$

Dabei entsprechen μ_1 und μ_2 den mittleren Intensitätswerten innerhalb der Regionen Ω_1 und Ω_2. Aus dem Energiefunktional (1.15) lässt sich über ein

Gradientenabstiegsverfahren die folgende Vorschrift zur Modifikation der Level-Set-Funktion in (1.14) ableiten [20]:

$$v = \left(g - \mu_2\right)^2 - \left(g - \mu_1\right)^2 + v\,\mathrm{div}\left(\frac{\nabla\phi}{|\nabla\phi|}\right) \tag{1.16}$$

Der letzte Term berücksichtigt die Krümmung der Kontur, deren Minimierung zu einer Reduktion der Konturlänge führt. Es existieren für das Verfahren von CHAN und VESE zahlreiche Erweiterungen, wie z. B. auf mehrkanalige Merkmalsbilder [23], auf die Erkennung von mehreren Regionen [116] und zur Modellierung der Intensitätswerte innerhalb von Regionen mit komplexeren Funktionen [13]. Des Weiteren gibt es Optimierungen, die eine schnellere Konvergenz des Verfahrens ermöglichen. Die Narrow-Band-Methode [73] berücksichtigt bei der Modifikation der Level-Set-Funktion nur einen schmalen Bereich ε um die Kontur ($|\phi(\mathbf{x})| < \varepsilon$), was eine deutlich geringere Anzahl an Rechenoperationen erfordert. Ein Resampling der Bilder auf geringere Auflösungen, wie bei einer GAUSS-Pyramide [11], reduziert das Risiko lokaler Minima und senkt weiter die benötigte Rechendauer. Möglichkeiten, auch Vorwissen über die Form des gesuchten Objekts bei der Optimierung mit zu berücksichtigen, werden z. B. in [22, 28] vorgestellt. Eine Übersicht zu Level-Set-basierter Segmentierung findet sich in [27].

Kenngrößenextraktion

Der letzte Schritt in der Bildverarbeitung ist die Gewinnung von Kenngrößen, die eine Charakterisierung einzelner Objekte bzw. des Prozesszustands erlauben. Das Ziel ist hierbei, zuverlässige, physikalisch interpretierbare und aussagekräftige Kenngrößen zu finden. Die Kenngrößen lassen sich allgemein untergliedern in

- geometrische,
- intensitätsbasierte und
- dynamische Größen.

Zu den einfachen geometrischen Kenngrößen zählen u. a. die Fläche (Anzahl der Bildpunkte), der Umfang, die Kompaktheit, die Anzahl der Löcher in einer Region oder die Anzahl nichtzusammenhängender Regionen. Prozessspezifische geometrische Kenngrößen, die mit Hilfe von Vorwissen über den Prozess bestimmt werden können, sind z. B. der Schüttwinkel sowie der Füllwinkel.

Intensitätsbasierte Größen sind der Mittelwert, die Standardabweichung oder der Median der Intensitätswerte einer Region. Daneben sind auch noch weitere Kenngrößen, welche die Textur von Regionen beschreiben, wie statistische Momente oder die Entropie ermittelbar [55].

Geschwindigkeiten von Regionen oder die Variation der Grauwerte gehören zu den dynamischen Kenngrößen. Darüber hinaus sind noch weitere prozessspezifische Kenngrößen denkbar.

Die berechneten Kenngrößen müssen vor der weiteren Verwendung noch in Zusammenhang mit dem Prozesszustand gebracht werden. Gerade bei Aufnahmen aus so stark variierenden Umgebungsbedingungen, wie sie in Drehrohröfen vorherrschen, gilt es zu klären, ob überhaupt ein Zusammenhang zwischen bildbasierten Kenngrößen und Prozesszuständen besteht, und wie sich der Zusammenhang beschreiben lässt. Um direkte lineare Zusammenhänge zu identifizieren, kann dazu eine Kreuzkorrelationsanalyse eingesetzt werden. In vielen Fällen sind aber auch nur qualitative Aussagen zu Zusammenhängen möglich (vgl. Kapitel 4). Die ermittelten charakteristischen Kenngrößen sollen für die Prozessanalyse, das Prozessmonitoring oder zur Prozessregelung eingesetzt werden können.

1.2.4 Existierende Lösungsansätze zur kamerabasierten Analyse und Optimierung thermischer verfahrenstechnischer Prozesse

Abb. 1.5 zeigt ein Konzept zur kamerabasierten Optimierung von Drehrohrofenprozessen, welches bildbasierte Prozesskenngrößen zur Verbesserung der Prozessregelung einsetzt. Analoge Konzepte wurden bereits für andere thermische verfahrenstechnische Prozesse erfolgreich entwickelt und industriell angewendet [63, 122, 134].

Die Entwicklung des Bildverarbeitungssystems stellt bei der Umsetzung des Konzepts in Abb. 1.5 den wesentlichen Punkt dar. Das Bildverarbeitungssystem muss in der Lage sein, anhand der akquirierten Bildaufnahmen charakteristische Kenngrößen zu liefern, die eine Bewertung des Prozesszustands in Echtzeit ermöglichen. Hierbei kann es sich beispielsweise um Kenngrößen handeln, die sich auf Geometrie, Intensität oder Dynamik der verschiedenen Regionen im Drehrohr wie das Feststoffbett, die Drehrohrwand, den Feststoffaustrag oder den Brenner beziehen. Eine große Herausforderung an

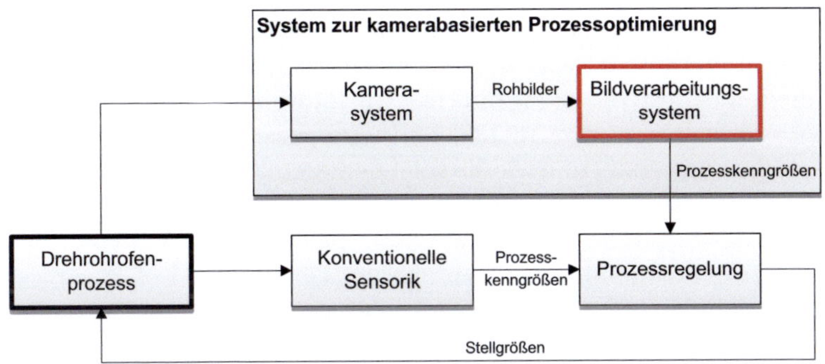

Abbildung 1.5: Integration eines Systems zur kamerabasierten Optimierung in die Prozessregelung eines Drehrohrofenprozesses. Der Schwerpunkt der vorliegenden Arbeit ist rot umrandet.

das Bildverarbeitungssystem sind dabei u. a. die schlechte Sicht im Drehrohrofen, die sich ständig wechselnden Prozessbedingungen oder die unterschiedlichen Kameraeinbaupositionen aufgrund anlagenspezifischer Restriktionen, die einen Einfluss auf die Robustheit und Zuverlässigkeit der Bildverarbeitungsverfahren aber auch auf die potentiell identifizierbaren Kenngrößen haben.

Bekannte Bildverarbeitungsverfahren zur Erzeugung von Merkmalsbildern aus den Rohaufnahmen, zur Bildsegmentierung sowie zur Kenngrößenextraktion müssen für das gegebene anspruchsvolle Anwendungsszenario umgesetzt, kombiniert und modifiziert sowie deren Anwendbarkeit untersucht werden. Essentielle Bedeutung hat dabei auch, wie sich spezielles Vorwissen über den Prozess in die Bildverarbeitungskette integrieren lässt, um eine Verbesserung der Ergebnisse, gerade im Hinblick auf die Robustheit und Geschwindigkeit der Algorithmen, zu erzielen. Bisher existieren nur sehr wenige Ansätze, die sich mit der Anwendung von Bildverarbeitungsverfahren auf Bilddaten von Drehrohröfen auseinandersetzen.

Im Folgenden wird zunächst ein kurzer Überblick über einige Arbeiten im Bereich Bildverarbeitung in der thermischen Verfahrenstechnik gegeben, bei denen Bildverarbeitungssysteme zur Analyse und zur Optimierung der Prozessregelung genutzt werden. Im Anschluss daran wird speziell auf Veröffentlichungen im Bereich Bildverarbeitung bei Drehrohrofenprozessen eingegangen.

Bei Rostfeuerungsanlagen, die z. B. zur Müllverbrennung eingesetzt werden, können Infrarotaufnahmen des Rostes genutzt werden, um die Feuerlage oder die Temperaturverteilung mit Hilfe von Bildverarbeitungsmethoden online zu ermitteln. In [65, 124, 133, 134] wird gezeigt, welche bildbasierten Kenngrößen verwendet und wie ein solches System zur Optimierung der Prozessregelung eingesetzt werden kann. In [75] ist ein Verfahren zur Erkennung der Rostbeladung beschrieben. Ein System zur kamerabasierten Optimierung des Ausbrands einer Rostfeuerungsanlage wird in [63] vorgestellt. Anhand von Videoaufnahmen der Ausbrandzone wird automatisiert die Ausbrandreserve bestimmt und an das Prozessleitsystem übergeben. Über entsprechende Stellgrößenänderungen kann dadurch ein unvollständiger Ausbrand des Feststoffbetts verhindert werden.

Ein weiteres Anwendungsgebiet stellt die Analyse von Brennern mit Hilfe eines Bildverarbeitungssystems dar. In [40, 41, 121] wird gezeigt, wie die Flamme eines Mehrstoffbrenners mit Hilfe eines Kamerasystems analysiert werden kann. Aus den Bilddaten werden geometrische, intensitätsbasierte und dynamische Kenngrößen der Flamme gewonnen und zur Untersuchung des Flammenverhaltens genutzt. [66] zeigt, wie in Kohlekraftwerken bildbasierte Informationen verwendet werden können, um Anbackungen an der Ofenwand zu detektieren. Mittels gezielter Luftspülungen auf Basis der örtlichen Information können die Anbackungen automatisiert entfernt werden. Aufgrund der Variabilität der Prozesse, die unter die Definition thermische Verfahrenstechnik fallen, kann die präsentierte Übersicht nicht dem Anspruch der Vollständigkeit genügen. Sie soll jedoch zeigen, dass in letzter Zeit Bilddaten zunehmend auch bei großtechnischen Anlagen gewinnbringend als zusätzliche Informationsquelle sowohl bei der Prozessanalyse als auch bei der Prozessregelung eingesetzt werden.

In vielen Drehrohrofenanlagen werden Kameras bisher nur zur rein visuellen Brennraumüberwachung durch das Bedienpersonal herangezogen. Die Bilddaten werden hierbei dem Personal im Prozessleitstand zur Verfügung gestellt, die dadurch einen optischen Eindruck von den Vorkommnissen im Drehrohr erhalten. Bildverarbeitungssysteme, die automatisiert aus den Kamerabildern Kenngrößen extrahieren, die dann zur Prozessanalyse oder -überwachung, aber auch zur direkten Anbindung an die Prozessregelung genutzt werden können, haben bisher nur eine geringe Verbreitung gefunden. Im Folgenden werden Veröffentlichungen aus dem Forschungsbereich Bildverarbeitungssysteme für Drehrohrofenprozesse aufgeführt und diskutiert:

Eine Möglichkeit zur Detektion des Schüttwinkels in einem Drehrohrofen wird in [48] vorgestellt. Dabei erfolgt die Segmentierung auf Basis eines Fuzzy C-means-Algorithmus und morphologischen Operationen. Der Schüttwinkel wird anschließend mit Hilfe einer linearen Regression anhand der Kante des Feststoffbetts bestimmt. Fuzzy C-means als Clustering-Verfahren berücksichtigt nicht die räumlichen Eigenschaften der gesuchten Objekte und basiert hier rein auf den Intensitätswerten der Bildpunkte. In [109] wird ebenfalls der Fuzzy C-means-Algorithmus eingesetzt, um eine Segmentierung von Videoaufnahmen aus dem Inneren eines Drehrohrofens durchzuführen. Neben dem Intensitätswert werden dabei auch Texturmerkmale, die mit Hilfe von Gabor-Filtern ermittelt werden, genutzt. In den Videoaufnahmen werden Flammenbereich, Feststoffbett, eine sogenannte Beleuchtungszone sowie der Hintergrundbereich voneinander getrennt. Die Berechnungszeit für die Iterationen ist sehr hoch und Aussagen zur Robustheit bei wechselnden Prozessbedingungen werden nicht getroffen. In [129] werden Bildaufnahmen eines Drehrohrofens mit Hilfe eines Abstandsmaßes basierend auf intensitäts- und texturbasierten Bildmerkmalen sowie geometrischer Merkmale mit Referenzbildern aus einer Datenbank verglichen. Das Ziel ist eine Zuordnung zu bereits bekannten Prozesszuständen. Bildverarbeitungsmethoden in Verbindung mit einer Modellprädiktivregelung werden in [131] vorgeschlagen, um die Temperatur des Feststoffbetts zu regeln. Auf die verwendeten Algorithmen wird jedoch nicht näher eingegangen. [102] verwendet ein Bildverarbeitungssystem in Verbindung mit einem Künstlichen Neuronalen Netz zur Prozessregelung von Zementdrehrohröfen. Details der Bildverarbeitungsalgorithmen werden nicht ausgeführt. In [68] wird ein Verfahren beschrieben, das auf eine Bildsegmentierung verzichtet. Anhand von Referenzbilder werden durch eine Hauptkomponentenanalyse Eigenvektoren und -werte ermittelt, die mit den akquirierten Bildern verglichen werden. Das ermöglicht den Autoren, Rückschlüsse auf die aktuelle Verbrennungssituation im Drehrohr zu ziehen. Von Nachteil ist hierbei jedoch, dass keine physikalisch interpretierbaren Kenngrößen zur Verfügung stehen. Zur Erkennung der Flammenkontur in Aufnahmen aus einem Drehrohrofen wird in [130] die Nutzung geometrischer Merkmale mit Künstlichen Neuronalen Netzen und Support Vector Machines vorgeschlagen. Beide Verfahren erfordern eine Trainingsphase mit Referenzbildern. [125] zeigt einen Überblick über Bildverarbeitungsverfahren zur Optimierung der Prozessregelung von Drehrohrofenprozessen auf Basis von Bildverarbeitungsmethoden. Es wird jedoch ausschließlich auf Systeme des chinesischen Marktes eingegangen. Parallel zur Analyse von Bildaufnahmen aus dem Innern eines Drehrohrofens existieren auch Systeme, welche die Untersuchung des Drehrohraußenmantels ermöglichen. Derartige Systeme verwenden meist Infrarotscanner, um eine Temperaturüberwachung des Mantels durchführen zu können. Ein solches Verfahren wird in [128] beschrieben.

1.3 Offene Probleme

Wie oben beschrieben, existieren bereits einige Ansätze zur Verwendung von Bildverarbeitungsmethoden bei Drehrohrofenprozessen. Die vorgestellten Ansätze sind jedoch auf sehr spezielle Anwendungsszenarien beschränkt, betrachten nicht die Robustheit bei wechselnden Bedingungen oder liefern keine physikalisch interpretierbaren Kenngrößen. Der Einfluss der Ofenatmosphäre sowie die Wahl des Kamerasystems auf die gewonnen Bilddaten ist nur unzureichend berücksichtigt. Abb. 1.6 zeigt zwei Aufnahmen der gleichen Drehrohrofenanlage für einen Metallrecyclingprozess, einmal mit einer Videokamera im visuellen Spektralbereich und einmal mit einer Infrarotkamera mit einem Spektralfilter aus unterschiedlichen Einbaupositionen aufgenommen. Es ist leicht zu erkennen, dass beide Aufnahmen ganz unterschiedliche Möglichkeiten bezüglich eines darauf aufbauenden Bildverarbeitungssystems bieten (vgl. hierzu auch Kapitel 2). Welche Kenngrößen

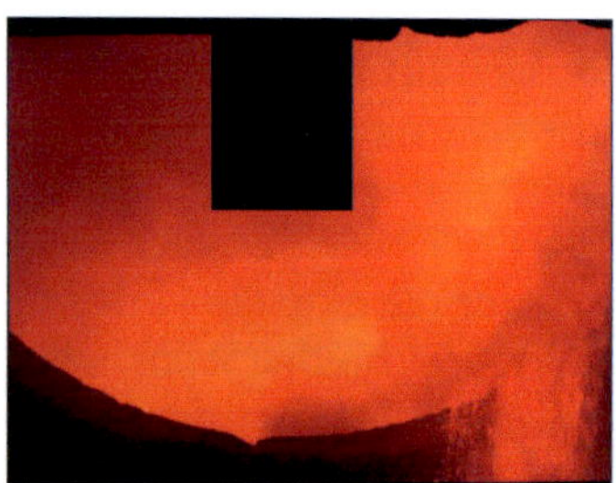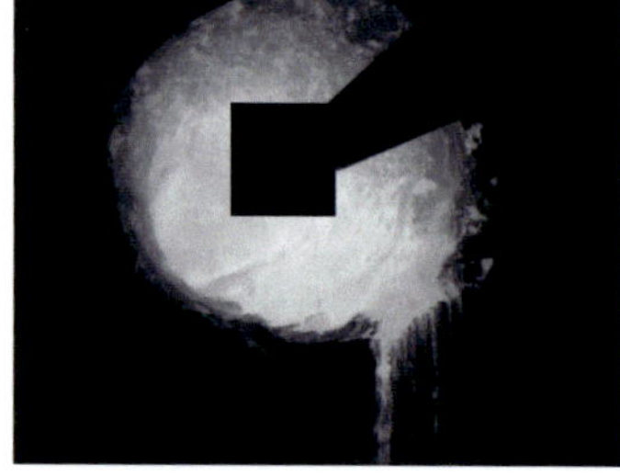

Abbildung 1.6: Beispielaufnahmen eines Drehrohrofens für das Metallrecycling mit einer Videokamera im visuellen Spektrum (links) und einer Infrarotkamera mit Spektralfilter (rechts). Ein Teil der Aufnahmen wurde aus Vertraulichkeitsgründen ausgeschwärzt.

überhaupt aus Aufnahmen von so unterschiedlichen Drehrohrofenprozessen wie der Zementherstellung, dem Metallrecycling oder der Sondermüllbeseitigung gewonnen werden können, ist bisher nicht umfassend geklärt.

Teilweise herrschen sehr unterschiedliche Prozessbedingungen, so dass genauer untersucht werden muss, inwieweit sich Bildverarbeitungsalgorithmen jeweils adaptieren lassen und welche prozessspezifischen Algorithmen Potential für die Prozessanalyse bieten. Des Weiteren ist bisher unklar, welche Bildverarbeitungsalgorithmen eingesetzt werden können, um eine robuste und zuverlässige Extraktion von Kenngrößen zu gewährleisten. Speziell im Bereich der Bildsegmentierung können dabei die ständig variierenden Bedingungen (z. B. Lichtverhältnisse, Partikelbeladung in der Verbrennungsatmosphäre, Agglomerationen im Feststoffbett) einen deutlichen Einfluss auf die Segmentierungsergebnisse haben und eine zuverlässige Extraktion von Kenngrößen verhindern. Die Möglichkeit, Vorwissen bei der Bildsegmentierung von Drehrohraufnahmen anzuwenden, um die Robustheit zu erhöhen, wurde bisher nur bedingt genutzt. Ein weiterer offener Punkt sind die Zusammenhänge zwischen den bildbasierten Kenngrößen und dem Prozesszustand. Prinzipiell sind sehr viele bildbasierte Kenngrößen realisierbar, ob sie jedoch auch den Prozesszustand beschreiben und damit zur Prozessanalyse genutzt werden können, ist damit noch nicht bekannt und muss untersucht werden.

1.4 Ziele und Aufgaben

Zusammenfassend ergeben sich für die vorliegende Arbeit folgende Ziele:

1. Die Ableitung von Aussagen zum Einsatz von Kamera- und Bildverarbeitungssystemen bei Drehrohrofenanlagen. Das umfasst die Analyse der strahlungsphysikalischen Bedingungen in Drehrohröfen (Einfluss von Feststoffpartikeln und Verbrennungsgasen auf das Transmissionsverhalten) sowie Aussagen zu Vor- und Nachteilen verschiedener Kameraeinbaupositionen.

2. Die Entwicklung von Bildsegmentierungsverfahren zur Detektion relevanter Bildregionen in Drehrohröfen unter Berücksichtigung statischer Bildmerkmale, wie Temperatur und Textur sowie dynamischer Bildmerkmale, wie Optischer Fluss und Variation.

3. Die Entwicklung von Methoden zur Optimierung der Bildsegmentierungsverfahren unter Einbringung von Vorwissen (z. B. Form, Position) über die zu segmentierenden Bildregionen.

4. Die Entwicklung von Verfahren zur Extraktion physikalisch interpretierbarer Kenngrößen aus Bildaufnahmen von Drehrohrofenanlagen auf Basis der Bildsegmentierung.

5. Die Realisierung eines Software-Tools zur Offline-Analyse von Bildsequenzen aus Drehrohranlagen, das die Visualisierung, den Vergleich der Segmentierungsergebnisse und die Kenngrößenextraktion ermöglicht.

6. Der Nachweis der Anwendbarkeit der entwickelten Bildverarbeitungsverfahren an ausgewählten Drehrohrofenprozessen.

7. Die Ableitung von Aussagen zum Zusammenhang bildbasierter Kenngrößen mit konventionellen Prozesskenngrößen.

8. Die Erarbeitung von Strategien zur Optimierung ausgewählter Prozesse auf der Basis bildbasierter Kenngrößen.

Die Realisierung dieser Ziele wird in den folgenden Kapiteln beschrieben. In Kapitel 2 wird zunächst eine Methodik zur Auswahl des Kameraeinbauorts vorgestellt. Anschließend findet eine Analyse der Strahlungsverhältnisse in Drehrohröfen statt und es wird ein neuartiges Verfahren zur Kompensation von Messfehlern bei der Ermittlung der Feststoffbetttemperatur in Drehrohröfen präsentiert. Kapitel 3 umfasst die Darstellung neuer Bildverarbeitungsverfahren zur Extraktion von Kenngrößen für relevante Bereiche und Effekte bei Drehrohrofenprozessen. Darüber hinaus wird auf Methoden zur Evaluierung der entwickelten Verfahren eingegangen und das im Rahmen der vorliegenden Arbeit entstandene Software-Tool vorgestellt. Eine Analyse der neuen Bildverarbeitungsverfahren anhand ausgewählter Drehrohrofenprozesse (Zinkrecycling, Sonderabfallverbrennung, Zementherstellung) und die Ableitung darauf aufbauender Optimierungsstrategien sind Gegenstand von Kapitel 4.

2 Neue Konzepte zur Bildakquise bei Drehrohrofenprozessen

Die Bildakquise ist ein essentieller Bestandteil eines kamerabasierten Prozessoptimierungssystems, da die akquirierten Bilddaten die Basis für das Bildverarbeitungssystem darstellen. Ein genau auf den jeweiligen untersuchten Prozess angepasstes Bildakquisesystem ist notwendig, damit relevante bildbasierte Kenngrößen extrahiert werden können. Bei Drehrohrofenprozessen ist zusätzlich eine Umpositionierung des Kamerasystems oder ein Austausch der Kameratechnik häufig mit hohem Aufwand und Kosten verbunden, weshalb hier insbesondere bereits vor dem Aufbau ein erfolgversprechendes Konzept zur Bildakquise ermittelt werden muss. In Abschnitt 2.1 wird daher zunächst der Einfluss des Kameraeinbauorts auf die Möglichkeiten des Bildverarbeitungssystems zur Segmentierung relevanter Bildbereiche anhand einer systematischen Analyse diskutiert. Anschließend wird in Abschnitt 2.2 auf die Auswirkungen der Brennraumatmosphäre bezüglich der Kameramessungen eingegangen. Abschließend wird in Abschnitt 2.3 ein neuartiges Verfahren zur Kompensation von Störungen durch Reflexionseffekte bei der Messung der Feststoffbetttemperatur in Drehrohröfen vorgestellt.

2.1 Methodik zur Auswahl des Kameraeinbauorts

Ein wesentlicher Punkt beim Aufbau eines Bildverarbeitungssystems ist der Einbauort der Kamera, der in diesem Abschnitt speziell für Drehrohrofenprozesse auf der Grundlage eigener Erfahrungen analysiert werden soll. Es wird eine neuartige Methodik zur Auswahl des Kameraeinbauorts bei Drehrohröfen vorgestellt, die für die jeweils geforderte Anwendung des Bildverarbeitungssystems eine geeignete Bildakquise ermöglicht.

Abhängig von der Position der Kamera können die interessierenden Bereiche des Drehrohrs unterschiedlich gut erfasst werden. Generell ist der Einbau aufgrund der Drehrohrkonstruktion nur am unteren Drehrohrende oder an der Zuführseite möglich. Hier ist zumeist das Drehrohrende vorzuziehen, da dort das Ergebnis des Prozesses genauer analysiert werden kann und die verfahrenstechnisch interessanten Prozesse meist im hinteren Bereich des Drehrohrs ablaufen. Im Folgenden werden die relevanten Bildbereiche, die in den Aufnahmen eines Drehrohrs vom Drehrohrende aus zu erkennen sind, kurz vorgestellt. Abb. 2.1 zeigt, wie sich die Bereiche von vier potentiellen Kameraeinbaupositionen aus in den Aufnahmen darstellen[1]. Anschließend werden die Vor- und Nachteile der jeweiligen Einbaupositionen qualitativ diskutiert.

Drehrohrinnenwand (1) Die Drehrohrinnenwand dreht sich mit der Ofendrehzahl und bewegt dadurch das Feststoffbett. Sie ist bei thermischen Prozessen starken Belastungen ausgesetzt, weshalb sie häufig mit einer Ausmauerung aus feuerfesten Ziegeln geschützt wird. Anwendungsabhängig kann es zu Anbackungen des Feststoffs an der Drehrohrinnenwand kommen. Hierbei setzen sich Feststoffanteile an der Innenwand fest und werden daher nicht weiter in Richtung Ofenende transportiert. In bestimmten Maße sind Anbackungen gewünscht, um eine weitere Schutzschicht (oft Schlackepelz genannt) für die Innenausmauerung des Drehrohrs zu erhalten. Zu starke Anbackungen beeinflussen den Prozess jedoch negativ und müssen manuell entfernt werden. Abhängig von der Sichtbarkeit durch die Verbrennungsatmosphäre (vgl. Abschnitt 2.2) ist nur ein geringer Teil der Drehrohrinnenwand in den Bildaufnahmen zu erkennen. Bei der Betrachtung der Drehrohrinnenwand kann für Anlagenbetreiber von Interesse sein, wie sich die Temperaturverteilung im Vergleich zum Feststoffbett darstellt, aber auch wie hoch der Anteil von Anbackungen an der Drehrohrinnenwand ist. Des Weiteren können sogenannte Cold-Spots[2] Hinweise auf Defekte in der Ausmauerung sein.

Rückwand (2) Die Rückwand befindet sich auf der Zuführseite des Drehrohrs. Je nach Anwendung ist an der Rückwand ein Brenner installiert. Dort befindet sich im Falle einer Sondermüllbeseitigungsanlage auch

---

[1] Es handelt sich hierbei um die technisch sinnvollen Einbauorte.

[2] Regionen mit deutlich niedrigerer Temperatur im Vergleich zur Umgebung.

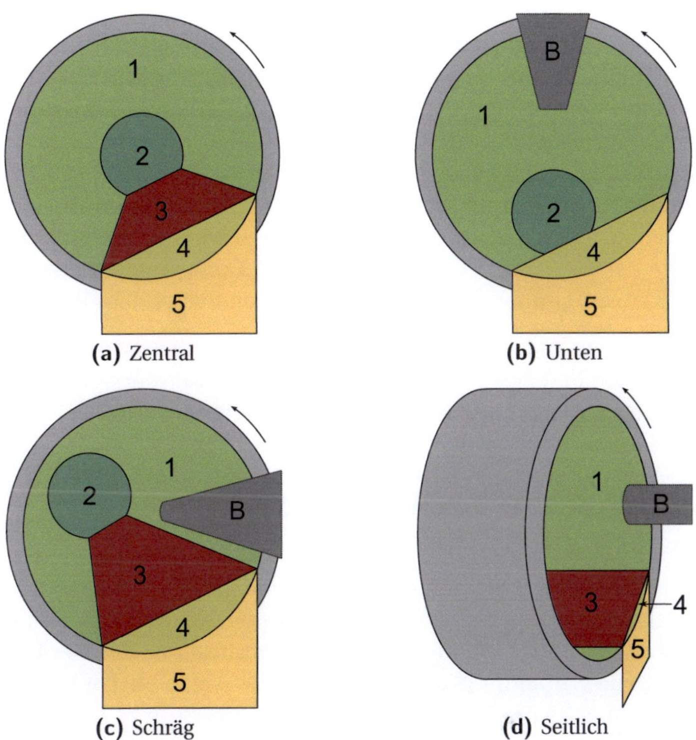

Abbildung 2.1: Kamerasicht von verschiedenen Einbauorten auf relevante Bereiche eines Drehrohrofens (1: Drehrohrinnenwand, 2: Rückwand, 3: Feststoffbett, 4: Feststoffbett - Stirnseite, 5: Feststoffaustrag, B: Brenner)

die Zuführung für Gebinde[3]. Häufig ist es aufgrund schlechter Sichtverhältnisse im Drehrohrofen nicht möglich, die Rückwand vom unteren Ende des Drehrohrs aus zu erkennen.

Feststoffbett (3) Im Feststoffbett befinden sich die zu verarbeitenden Materialien. Wie in Abschnitt 1.2.1 beschrieben, durchläuft das Feststoffbett entlang des Drehrohrs unterschiedliche Zonen, in denen Umwandlungsprozesse stattfinden. Das Feststoffbett bietet daher die meisten Informationen über den Prozesszustand. Aus der Region des Feststoffbetts können signifikante bildbasierte Kenngrößen wie z. B. Temperaturprofile oder Füll- und Schüttwinkel extrahiert werden.

---

[3] Fässer aus Metall oder Plastik, welche die zu behandelnden Materialien umschließen.

Feststoffbett - Stirnseite (4) Die Stirnseite des Feststoffbetts lässt sich nur vom Drehrohrende aus betrachten und entspricht dem Teil des Feststoffbetts kurz vor dem Austrag aus dem Ofen. Anhand der Form und des dynamischen Verhaltens des stirnseitigen Feststoffbetts lässt sich das Bewegungsverhalten des Feststoffbetts identifizieren (vgl. Abschnitt 1.2.1). Das ist auch der Grund, weshalb hier eine getrennte Betrachtung von Feststoffbett und der Stirnseite des Feststoffbetts erfolgt. In realen Aufnahmen sind die beiden Bereichen Feststoffbett und Stirnseite des Feststoffbetts nicht durch eine Kante voneinander getrennt, sondern es handelt sich vielmehr um einen fließenden Übergang.

Feststoffaustrag (5) Im Feststoffaustrag befinden sich die umgewandelten restlichen Feststoffe nach Durchlaufen des Drehrohrs. Aus der Region des Feststoffaustrags lassen sich bildbasierte Kenngrößen über die Art des Feststoffaustrags (z. B. kontinuierlich, unregelmäßig, Austragsbreite, Austragswinkel, Partikelgröße, Temperatur) extrahieren, die Rückschlüsse auf die Materialeigenschaften zulassen.

Brenner (B) Neben den oben beschriebenen Bildbereichen des Drehrohrofens ist anwendungsabhängig auch ein Brenner bzw. die Brennerflamme in den Aufnahmen zu erkennen. Der Brenner befindet sich in der Regel am unteren Ende des Drehrohrofens, seltener (z. B. Sonderabfallverbrennung) an der Zuführseite. Wie in Abschnitt 2.3 gezeigt wird, kann die Ermittlung der Flammentemperatur zu einer verbesserten Temperaturmessung des Feststoffbetts beitragen. Aufgrund dessen kann eine ausreichende Erfassung der Flamme in den Bildaufnahmen von Nutzen sein. Zudem kann beim Einsatz von Ersatzbrennstoffen das Ausbrandverhalten des Brennstoffs analysiert werden (Abschnitt 3.4)

Die in Abb. 2.1 dargestellten Einbauorte einer Kamera werden nachfolgend mit ihren entsprechenden Vor- und Nachteilen.

Zentrale Kameraeinbauposition (Abb. 2.1a) Vorteile einer zentralen Einbauposition sind die Möglichkeiten zur Bestimmung von Temperaturprofilen des Feststoffbetts sowie zur Ermittlung von Füll- und Schüttwinkel des Feststoffbetts. Des Weiteren kann in Abhängigkeit der Sichtbarkeit durch die Brennraumatmosphäre die Rückwand mit einem möglichen Brenner detektiert werden. Ebenso lässt sich der Feststoffaustrag sehr gut von der zentralen Einbauposition erkennen und eine Untersuchung der Drehrohrinnenwand ist durchführbar. Nachteile sind, dass bei schlechter Sicht das Feststoffbett nicht mehr analysierbar und aufgrund des Blickwinkels das Profil im hinteren Bereich nur noch schlecht aufgelöst ist. Zusätzlich kann eine genaue Lokalisierung des Feststoffbetts infolge schlechter Sichtverhältnisse oder Anbackungen an der Drehrohrwand schwierig sein. Eine Charakterisierung der Feststoffbettbewegung nach Abb. 1.2 ist nur indirekt, z. B. über den Schüttwinkel möglich, da eine Diskriminierung der Stirnseite zum restlichen Feststoffbett nicht machbar ist. Ist ein Brenner zentral am unteren Ende des Drehrohrs angebracht, ist aufgrund des damit verbundenen Platzmangels die zentrale Einbauposition nicht realisierbar.

Untere Kameraeinbauposition (Abb. 2.1b) Bei schlechter Sicht im Drehrohrofen ist die Stirnseite des Feststoffbetts von der unteren Kameraeinbauposition aus meist noch ausreichend erkennbar. Aufgrund dessen lassen sich auch der Füll- und der Schüttwinkel gut bestimmen. Eine Charakterisierung der Feststoffbettbewegung ist, wie in Abschnitt 3.2.1 gezeigt wird, über die Form des stirnseitigen Feststoffbetts möglich (die direkte Identifikation der Feststoffbewegungsform nach Abb. 1.2 ist nur aus der unteren Kameraeinbauposition durchführbar). Weitere Vorteile sind die einfache Detektion des Feststoffaustrags sowie die Möglichkeit zur Analyse der Drehrohrinnenwand. Von Nachteil ist, dass die untere Kameraeinbauposition keine Information über das Längstemperaturprofil des Feststoffbetts erlaubt und dass die Rückwand gegebenenfalls nicht zu erkennen ist. Zur Analyse eines Brenners ist die untere Kameraposition nur bedingt geeignet, da hier eine Bestimmung der Wurfweite von ungezündetem Brennstoff nicht möglich ist.[4]

---

[4] Bei nicht zentralen Kameraeinbaupositionen kommt es zu einer perspektivischen Verzerrung des Drehrohrs in den Aufnahmen. Drehrohrquerschnitte erscheinen in den Aufnahmen dann als Ellipse. Die perspektivische Verzerrung ist bei geringeren longitudinalen Abständen der Kamera vom unteren Drehrohrende d_{Kamera} und bei höherem lateralen Versatz der Kamera von der Drehrohrmitte b_{Kamera} stärker. Das Verhältnis der beiden Ellipsenachsen r_1 und r_2 zueinander lässt sich mittels

$$\frac{r_2}{r_1} = \frac{d_{\text{Kamera}} + z}{\sqrt{(d_{\text{Kamera}} + z)^2 + b_{\text{Kamera}}^2}} \tag{2.1}$$

beschreiben. Dabei stellt r_1 die Hauptachse und r_2 die Nebenachse der Ellipse dar. z gibt die Tiefe im Drehrohr an und b_{Kamera} ist der Abstand der Kamera von der Rotationsachse.

Exemplarische Werte, die von einer Messkampagne an einer Zinkrecyclinganlage (schräge Kameraeinbauposition) stammen, sind $d_{\text{Kamera}} = 3.5$ m und $b_{\text{Kamera}} = 1$ m. Das Verhältnis der Ellipsenachsen in den Aufnahmen bei Betrachtung des unteren Drehrohrendes d. h. $z = 0$ beträgt hier 0.9487. Mit steigendem Abstand zur Kamera verringert sich der Einfluss der perspektivischen Verzerrung noch weiter. In einer Tiefe im Drehrohr von $z = 5$ m beträgt das Verhältnis der Ellipsenachsen 0.9923. Es handelt sich hierbei um typische Werte bei schrägen und unteren Kameraeinbaupositionen, weshalb hier Querschnitte des Drehrohrs in den meisten Fällen näherungsweise als kreisförmig betrachtet werden können.

Schräge Kameraeinbauposition (Abb. 2.1c) Die schräge Kameraeinbauposition bietet sich für eine genaue Analyse des Feststoffbetts an, wenn die entsprechende Sichtbarkeit im Drehrohr gegeben ist. Der Füll- und der Schüttwinkel können von der schrägen Kameraeinbauposition ebenfalls bestimmt werden. Der Feststoffaustrag lässt sich detektieren und eine Untersuchung der Drehrohrinnenwand ist möglich. Als nachteilig erweist sich anwendungsabhängig die genaue Lokalisierung des Feststoffbetts. Das größte Problem können hierbei Anbackungen an der Drehrohrinnenwand darstellen, die den Feststoff entlang der Drehrohrwand mit nach oben transportieren, wodurch eine visuelle Unterscheidung von Feststoffbett und Drehrohrwand erschwert wird. Da eine Diskriminierung von Stirnseite zum restlichen Feststoffbett nicht möglich ist, kann nur eine indirekte Charakterisierung der Feststoffbettbewegung erfolgen. Die Detektion der Rückwand ist abhängig von der Länge des Drehrohrs und der Sichtbarkeit im Ofen. Ein Brenner am unteren Ende des Drehrohrofens kann hinsichtlich Flammenverhalten und ungezündetem Brennstoff gut aus der schrägen Einbauposition analysiert werden.

Seitliche Kameraeinbauposition (Abb. 2.1d) Die seitliche Kameraeinbauposition bietet die Möglichkeit einer genauen Analyse des Feststoffbetts am unteren Ende des Drehrohrs. Falls dort auch ein Brenner installiert ist, kann er von der seitlichen Kameraeinbauposition ebenfalls gut untersucht werden. Insbesondere für die Analyse des Brennerverhaltens direkt am Brennermund ist die seitliche Einbauposition sehr gut geeignet. Nachteilig ist jedoch, dass der Feststoffaustrag nur schlecht detektierbar ist. Des Weiteren ist nur ein geringer Teil des Drehrohrs einzusehen, weshalb die Bestimmung von Längstemperaturprofilen über das Feststoffbett nur sehr eingeschränkt möglich ist. Eine Charakterisierung der Feststoffbettbewegung ist hier ebenfalls nur indirekt möglich.

Tabelle 2.1 zeigt nochmals zusammengefasst eine auf Basis eigener Erfahrungen festgelegte qualitative Bewertung der einzelnen Kameraeinbaupositionen zur Ermittlung bildbasierter Kenngrößen für die jeweiligen Bereiche im Drehrohrofen.

Bei der vorgestellten qualitativen Beurteilung muss berücksichtigt werden, dass die beste Einbauposition auch stark vom betrachteten Drehrohrofenprozess (z. B. spezifische Gasströmungen) und von den zu untersuchenden Effekten abhängig ist. Neben obiger allgemeinen Analyse muss daher auch eine Gewichtung anhand der Informationen, die für die Prozessoptimierung

	Zentral	Unten	Schräg	Seitlich
Feststoffbett	+	--	++	o
Drehrohrinnenwand	+	+	+	-
Feststoffbett (Stirnseite)	+	++	+	-
Rückwand	+	o	+	--
Feststoffaustrag	++	++	++	-
Brenner - Flamme/Ungezündeter Brennstoff	x	o	+	+
Brenner - Brennermund	x	--	o	++
Brenner (oberes Drehrohrende)	o	-	o	--

Tabelle 2.1: Qualitative Beurteilung der Eignung typischer Kameraeinbaupositionen zur Analyse relevanter Drehrohrofenbereiche in den akquierierten Bilddaten (sehr gut (++), gut (+), mittel (o), schlecht(-), sehr schlecht (--), nicht möglich (x))

von Interesse sind, wie z. B. eine genaue Analyse des Brennerverhaltens, vor der Auswahl der Einbauposition durchgeführt werden. Zudem ist es sinnvoll, vorhandene Öffnungen des Ofens zu nutzen, da die Einrichtung einer weiteren Öffnung sehr kostenintensiv ist. In Kapitel 4 wird anhand typischer Drehrohrofenprozesse der Einfluss der Kameraeinbauposition verdeutlicht.

2.2 Methodik zur Analyse der Strahlungseigenschaften im Drehrohrofen

Für den Einsatz optischer Messsysteme bei Drehrohrofenprozessen ist eine genauere Betrachtung der Übertragungsstrecke innerhalb des Drehrohrofens notwendig, um die empfangene elektromagnetische Strahlung interpretieren zu können. Das Ziel der hier vorgestellten auf Drehrohrofenprozesse angepassten Methodik zur Analyse der Strahlungseigenschaften ist es, geeignete Wellenlängenbereiche für eine bildbasierte Analyse zu finden, die mit Hilfe spezieller Spektralfilter genutzt werden können. Zum einen ermöglicht eine gute Durchsicht durch die Ofenatmosphäre den robusteren Einsatz von Bildverarbeitungsverfahren. Zum anderen können aber auch bestimmte Atmosphärenanteile für eine weitere Analyse besonders hervorgehoben werden.

Die Verbrennungsatmosphäre in einem Drehrohrofen besteht aus den enthaltenen Verbrennungsgasen sowie aus Feststoffpartikeln wie Ruß, Asche, Staub oder Brennstoff. Wie in Anhang A.2.2 gezeigt wird, erfährt die elektromagnetische Strahlung aufgrund der Wechselwirkungen mit Materie eine wellenlängenabhängige Extinktion[5]. Die Berücksichtigung der Strahlungsverluste auf der Übertragungsstrecke ist unerlässlich, um z. B. die Festkörpertemperaturen innerhalb des Drehrohrs mit Hilfe von Infrarotkameras zu ermitteln. Das Transmissionsverhalten elektromagnetischer Strahlung in einem Drehrohrofen und die Folgen sowie Möglichkeiten für das Messsystem sollen in diesem Abschnitt aufgezeigt werden. Zunächst wird auf den Einfluss der Gase in der Verbrennungsatmosphäre eingegangen. Anschließend werden die Strahlungseigenschaften der Feststoffpartikel aufgezeigt und eine Betrachtung des Gesamtverhaltens durchgeführt.

Für die jeweils durchgeführten Berechnungen werden die folgenden Vereinfachungen angenommen:

- Es besteht eine homogene Ofenatmosphäre, d. h. die Konzentration der Gase/Partikel, Temperatur und Druck sind im Ofen überall gleich.

- Es werden immer nur feste Weglängen der elektromagnetischen Strahlung im Ofen betrachtet.

2.2.1 Extinktion durch Verbrennungsgase

Die Verbrennungsatmosphäre besteht aus einer hohen Anzahl von verschiedenen Molekülen, die während des Verbrennungsprozesses entstehen. Es kann daher nicht auf bereits bekannte Berechnungen des Transmissionsverhaltens elektromagnetischer Strahlung in Luft zurückgegriffen werden. Die folgenden Berechnungen sind daher speziell für eine typische Drehrohrofenatmosphäre ausgelegt.[6]

Zu den wichtigsten strahlungsrelevanten Verbindungen, die während eines typischen Verbrennungsprozesses in einem Drehrohrofen anzutreffen sind, zählen Wasserdampf (H_2O), Kohlenstoffdioxid (CO_2) und Kohlenstoffmonoxid (CO). Daneben entstehen noch weitere Verbindungen, wie z. B. Methan und Stickoxide, die aber aufgrund ihrer verhältnismäßig geringen Menge bei der Betrachtung des Transmissionsverhaltens eine vernachlässigbare Rolle spielen [124].

Die oben genannten Verbindungen besitzen alle ein permanentes Dipolmoment und können daher im Bereich der Infrarotstrahlung zu Vibrations-

---

[5] Extinktion ist die Summe der Verluste aus Absorption und Streuung.

[6] Der Zusammenhang zwischen Absorption und Transmission auf der Übertragungsstrecke ist durch Absorption + Transmission = 1 gegeben.

und Rotationsschwingungen angeregt werden, was spezifische Absorptionsspektren zur Folge hat. Bei der Ermittlung des Transmissionsverhaltens wird
in der vorliegenden Arbeit auf die spektroskopische Datenbank HITRAN[7]
und das Simulationsmodell LBLRTM[8] zurückgegriffen, das eine spektrallini-
engenaue Simulation des Transmissionsverhaltens ermöglicht [25, 95]. Dabei wird für jede einzelne Wellenlänge anhand der spektroskopischen Parameter der Transmissionsgrad berechnet, wobei auch feinere Absorptionseigenschaften wie die einzelnen Rotationsniveaus der Moleküle mit erfasst
werden. Typische Bildaufnahmesysteme erreichen jedoch auch mit Spektralfiltern nicht eine so genaue Auflösung, sondern integrieren die empfangene Strahlung über einen bestimmten Wellenlängenbereich (Spektralfilter besitzen meist Genauigkeiten von ± 0.1 µm). Deshalb werden die spek-
tralliniengenauen Transmissionsgrade der Simulation mit einem gleitenden
Mittelwert-Filter basierend auf Gleichung (2.2) gefiltert (rechentechnisch als
Summe umgesetzt). Für die Berechnungen der Transmissionsgrade wird in
dieser Arbeit die Filterlänge $\Delta\lambda = 0.2$ µm gewählt, um die Genauigkeit typischer Spektralfilter nachzuahmen.

$$\overline{\tau}(\lambda) = \frac{1}{\Delta\lambda} \int_{\lambda-\frac{\Delta\lambda}{2}}^{\lambda+\frac{\Delta\lambda}{2}} \tau(x)\mathrm{d}x \qquad (2.2)$$

Weitere Parameter, die bei der Berechnung herangezogen werden, sind der
Massenanteil der oben genannten Moleküle in der Gasphase, der Druck und
die Temperatur der Verbrennungsatmosphäre sowie die Wegstrecke, welche die Strahlung durch die Gasphase zurückzulegen hat. Die entsprechenden Werte, die bei der Simulation verwendet werden, sind in Tabelle 2.2
aufgeführt. Die Massenanteile basieren auf Messungen, die an einer Ver-
brennungsanlage am Karlsruher Institut für Technologie (KIT) Campus Nord
durchgeführt wurden. Die Messwerte stellen eine typische Ofenatmosphäre
dar, wie sie in Drehrohröfen angetroffen werden kann.

In Abbildung 2.2 sind die berechneten Transmissionsgrade für Wasserdampf,
Kohlenstoffdioxid und Kohlenstoffmonoxid dargestellt.[9] Es zeigt sich, dass
vor allem der Wasseranteil in fast allen Wellenlängenbereichen eine hohe Extinktion aufweist. Eine Ausnahme bildet der Bereich zwischen 3.5 µm
und 4.1 µm sowie in geringerem Maße einzelne Bereiche bei 9.0 – 12.0 µm.
Kohlenstoffdioxid absorbiert viel Strahlung in den Wellenlängenbereichen

---

[7] Akronym für: High Resolution Transmission

[8] Akronym für: Line-By-Line Radiative Transfer Model

[9] Der Wellenlängenbereich ist auf 0.5 – 20 µm beschränkt, da die verfügbare Infrarotkameratechnologie vor
allem für die Bereiche 3 – 5 µm und 8 – 12 µm ausgelegt ist. Bei größeren Wellenlängen ist der Transmissionsgrad aufgrund des Einflusses des Wasseranteils sehr gering [9].

Parameter	Wert
Temperatur	1000 °C
Druck	1000 hPa
Länge Wegstrecke	5 m
Massenanteil H_2O	250 g/kg
Massenanteil CO_2	200 g/kg
Massenanteil CO	30 g/kg

Tabelle 2.2: Parameter zur Berechnung der Transmissionsgrade in der Ofenatmosphäre

$2.6 - 2.9\,\mu m$, $4.0 - 4.7\,\mu m$ und $12.0 - 18.5\,\mu m$. Kohlenstoffmonoxid trägt von den untersuchten Molekülen den geringsten Anteil zur Gesamtabsorption bei und zeigt nur zwischen $4.3 - 5.2\,\mu m$ einen niedrigeren Transmissionsgrad. Der Wellenlängenbereich, in dem alle betrachteten Gase einen sehr hohen Transmissionsgrad besitzen, befindet sich zwischen $3.6\,\mu m$ und $4.0\,\mu m$. Einzelne Wellenlängenbereiche mit ebenfalls hohem Transmissionsgrad befinden sich bei $9.0 - 12.0\,\mu m$.

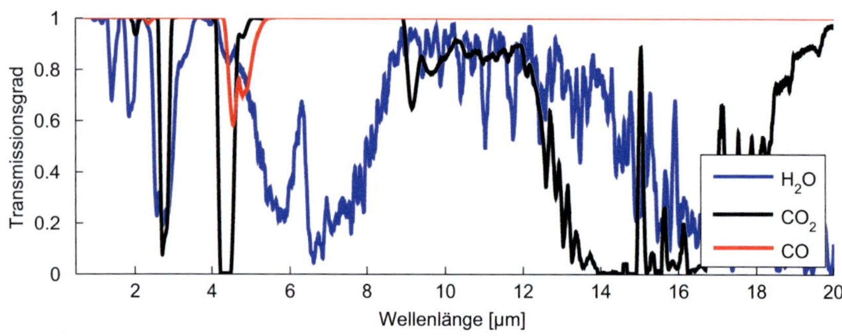

Abbildung 2.2: Simulierte Transmissionsgrade von Wasserdampf, Kohlenstoffdioxid und Kohlenstoffmonoxid in einer Brennraumatmosphäre nach Tabelle 2.2

2.2.2 Extinktion durch Feststoffpartikel

Neben der Extinktion durch Gasmoleküle spielt auch die Extinktion durch Feststoffpartikel in der Verbrennungsatmosphäre eine wichtige Rolle bei der Betrachtung des Übertragungsverhaltens elektromagnetischer Strahlung. Strahlung kann an Partikeln sowohl absorbiert als auch gestreut werden. Außerdem können Partikel auch selbst Strahlung abgeben, weshalb es zum Leuchten von Flammen (Ruß) kommt. Im Gegensatz zu den oben betrachteten Verbrennungsgasen mit selektiven Absorptionsbanden tragen Feststoffpartikel jedoch zu einer über das gesamte Spektrum kontinuierlichen Extinktion bei. Je nach Anwendung können sich sehr unterschiedliche Mengen von Partikeln mit variablen Partikelgrößenverteilungen in einem Drehrohrofen befinden. Auch innerhalb eines Prozesses kann die Variabilität der Partikel hoch sein sowie deren räumliche Verteilung im Ofen stark schwanken. Eine Analyse des Transmissionsverhaltens kann die gegebenen inhomogenen Verhältnisse nicht berücksichtigen und kann daher auch nur als ein Anhaltspunkt bei der Betrachtung des Übertragungsverhaltens dienen.

Es existieren zahlreiche Veröffentlichungen, die sich mit der Ermittlung der Absorptionseigenschaften von Partikeln wie Ruß auseinandersetzen [42, 45, 126]. Vielen Simulationen liegen Berechnungen zugrunde, die mit Hilfe der MIE-Theorie durchgeführt wurden. Da der Rechenaufwand hierfür jedoch erheblich ist und Ergebnisse nur für homogene Verhältnisse gültig sind, wurden verschiedene Näherungslösungen entwickelt und anhand experimenteller Versuche validiert [42]. Allgemein wird die Definitionsgleichung für den Absorptionskoeffizienten wie folgt angegeben [10]:

$$\kappa(\lambda) = 36 \cdot \pi \cdot f(n, k) \cdot \frac{c}{\lambda \cdot \rho} \tag{2.3}$$

Hierbei berücksichtigt $f(n, k)$ über den Brechungsindex n und den Absorptionskoeffizienten k des betreffenden Teilchens die optischen Eigenschaften des Partikels. c gibt die Partikelkonzentration in der Verbrennungsatmosphäre und ρ die Partikeldichte an. Die spektrale Abhängigkeit ist damit sowohl über $f(n, k)$ als auch über λ^{-1} gegeben und kann durch [112]

$$K(\lambda) = \kappa(\lambda)/c = a \cdot \lambda^{-\beta} \quad \text{mit } a = \text{const.} \tag{2.4}$$

approximiert werden. Abhängig von den Rußeigenschaften werden dabei für den Parameter β Werte zwischen 0.9 und 1.2 angegeben. $K(\lambda)$ ist der spezifische Absorptionskoeffizient und ist nur von den Materialeigenschaften und der Wellenlänge abhängig. In [60] wird versucht, den Bereich einzugrenzen, in dem sich der spektrale Absorptionskoeffizient von Ruß befindet (Rußdichte $\rho_{\text{Ruß}} = 2000\,\text{kg}/\text{m}^3$) und daraus Berechnungsvorschriften für den spektralen spezifischen Extinktionskoeffizienten abgeleitet. In [112] wird die Berechnungsvorschrift in Gleichung (2.5), als diejenige mit der höchsten Übereinstimmung mit eigenen Messwerten bestätigt.

$$K_{\text{Ruß}}(\lambda) = \frac{\kappa_{\text{Ruß}}(\lambda)}{c_{\text{Ruß}}} = 0.056 \cdot \lambda^{-1.186}\,\text{m}^2/\text{kg} \qquad (2.5)$$

Das Transmissionsverhalten lässt sich daraus mit Hilfe des LAMBERT-BEERschen-Gesetzes ermitteln:

$$\tau(\lambda) = \exp\left(-(K(\lambda) \cdot c \cdot s)\right) \qquad (2.6)$$

Dabei gibt s die Wegstrecke an. Abb. 2.3 zeigt den auf Basis von Gleichung (2.6) ermittelten spektralen Transmissionsgrad bei mittleren Rußkonzentrationen $c_{\text{Ruß}}$ von $0.1 - 0.5\,\text{g}/\text{m}^3$ und einer Wegstrecke s von 5 m.

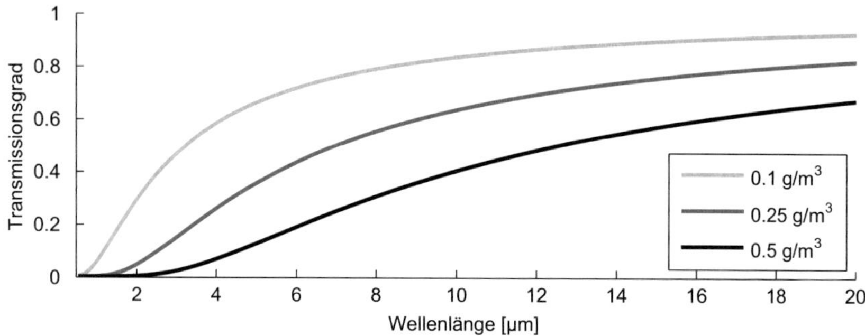

Abbildung 2.3: Transmissionsgrad in einer Brennraumatmosphäre bei unterschiedlichen Rußkonzentrationen

Es lässt sich erkennen, dass die Transmission mit steigender Wellenlänge zunimmt. Das bedeutet, dass Messungen bei höheren Wellenlängen weniger stark durch Extinktion von Partikeln auf der Übertragungsstrecke beeinflusst werden. Des Weiteren ist die proportionale Abhängigkeit des Absorptionskoeffizienten von der Partikelkonzentration festzustellen. Eine höhere Partikelbeladung führt daher erwartungsgemäß zu einer stärkeren Extinktion. In Abschnitt 3.5 wird später gezeigt, wie die proportionale Abhängigkeit genutzt werden kann, um unterschiedlich hohe Partikelkonzentrationen in Bildaufnahmen abzuschätzen.

Da in der vorliegenden Arbeit ganz unterschiedliche sehr inhomogene Drehrohrofenprozesse untersucht werden, ist eine genaue Berechnung des Extinktionsverhaltens von Feststoffpartikeln in der Verbrennungsatmosphäre nicht möglich. In [124] wird für eine genauere Bestimmung des Transmissionsverhaltens in einer Müllverbrennungsanlage vorgeschlagen, einen Referenzstrahler mit bekannter Temperatur im laufenden Betrieb in den Ofen einzubringen. Mit Hilfe zeitlicher Bildverarbeitungsfilter (z. B. Maximumfilter) kann der Effekt lokaler Konzentrationsschwankungen prozessabhängig reduziert werden. So können beispielsweise temporär auftretende dunklere Rußschwaden, die sich über das betrachtete Objekt hinweg bewegen, bei ausreichend lang gewähltem Filterhorizont heraus gefiltert werden.

2.2.3 Fazit

Eine exakte Quantifizierung der Auswirkungen der Feststoffpartikelextinktion ist aufgrund der starken Schwankungen in Partikelgröße und -anzahl nicht möglich. Da Partikel im Gegensatz zu Gasen kontinuierlich Strahlung absorbieren, ist eine vollständige Kompensation des Einflusses über Spektralfilter nicht durchführbar. Es lässt sich jedoch feststellen, dass mit zunehmender Wellenlänge der Einfluss der Feststoffpartikel abnimmt. Unter Berücksichtigung des Einflusses der Verbrennungsgase, die ein stark selektives Transmissionsverhalten aufweisen, stellt sich der Wellenlängenbereich $3.6 - 4.0\,\mu m$ als am geeignetsten zur Durchführung von Kameramessungen dar. Hier ist der Transmissionsgrad der Gase nahe 1, was eine relativ ungestörte Durchsicht auf die zu analysierenden Bereiche im Drehrohrofen ermöglicht. Der Bereich $9.0 - 12.0\,\mu m$ besitzt ebenfalls einen vergleichsweise hohen Transmissionsgrad der Verbrennungsgase und der Transmissionsgrad basierend auf der Rußkonzentration ist hier sogar etwas höher. Die empfangbare Festkörperstrahlung ist nach dem PLANCKschen Strahlungsgesetz [92] bei Temperaturen um $1000 - 1500\,^\circ C$ in dem Wellenlängenbereich $9.0 - 12.0\,\mu m$ jedoch geringer (Anhang A.2.2), was eine höhere Sensitivität des Kamerasensors erfordert und zu einem geringeren Signal-Rausch-Verhältnis führt. Deshalb ist für eine gute Sicht in den Drehrohrofen der Bereich $3.6 - 4.0\,\mu m$ vorzuziehen.

Um ausschließlich einen bestimmten Spektralbereich zu berücksichtigen, kann eine MIR[10]-sensitive Infrarotkamera mit einem Spektralfilter ausgestattet werden, der andere Wellenlängenbereiche unterdrückt. Abb. 2.4 zeigt den

---

[10] MIR: Mittleres Infrarot (vgl. Abschnitt A.2.1)

Unterschied zwischen einer Kameramessung im visuellen Spektrum, bei der die Transmission aufgrund der Partikelbeladung gering ist, und einer Messung im MIR-Bereich mit einem Spektralfilter für den Wellenlängenbereich $3.8 - 4.0\,\mu m$ (Aus Zweckmäßigkeitsgründen wird hier die identische Abbildung wie in Abb. 1.6 gezeigt). Es ist zu erkennen, dass die Durchsicht im gefilterten MIR-Bereich deutlich höher ist[11]. Dadurch werden die Möglichkeiten der Bildverarbeitung bei der Analyse einzelner Regionen im Drehrohrofen signifikant verbessert. Ebenso lässt sich im Falle einer kalibrierten Kamera eine genauere Temperaturbestimmung der einzelnen Bereiche im Drehrohrofen durchführen. Eine stoffspezifische kamerabasierte Analyse ist ebenfalls

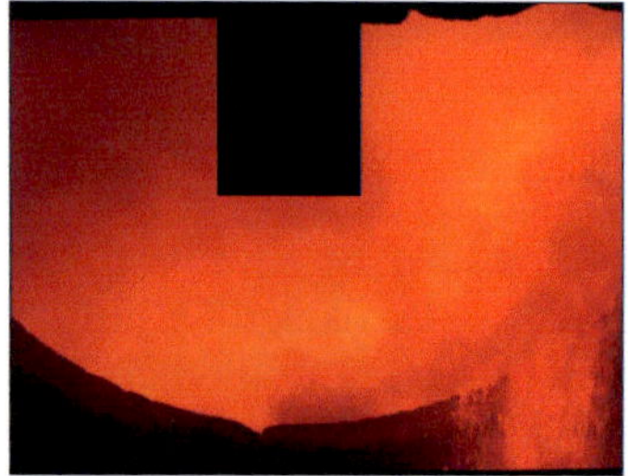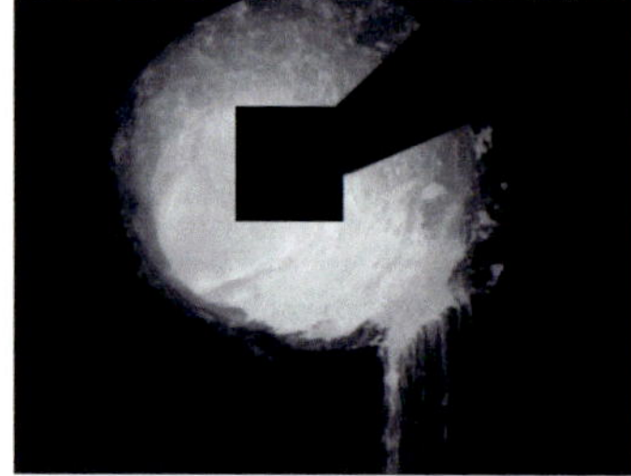

Abbildung 2.4: Beispielaufnahmen eines Drehrohrofens für das Metallrecycling mit einer Videokamera im visuellen Spektrum (links) und einer Infrarotkamera mit Spektralfilter für den Bereich $3.8 - 4.0\,\mu m$ (rechts)

denkbar, indem Wellenlängenbereiche mit niedrigen Transmissionsgraden einzelner Komponenten über einen Spektralfilter herausgegriffen werden. Bereiche mit hoher Konzentration der jeweiligen Komponente erfahren eine höhere Extinktion, die sich in einer Verdunklung in den Bildern bemerkbar macht. Zu einer Hervorhebung des CO_2-Anteils eignet sich beispielsweise der Wellenlängenbereich bei $4.2\,\mu m$.

2.3 Neuartiges Verfahren zur Störungskompensation bei der Messung der Feststoffbetttemperatur

Die Temperaturen des Feststoffbetts bieten in hohem Maße die Möglichkeit, Rückschlüsse auf das Prozessverhalten z. B. hinsichtlich Ausbrandverhalten

---

[11] Aufgrund von Vertraulichkeitsvereinbarungen ist ein Teil der Aufnahme jeweils ausgeschwärzt.

oder Homogenität des Feststoffs zu ziehen[12]. Hierzu ist es notwendig, eine hinreichend genaue Temperaturmessung zu erhalten, die von äußeren störenden Einflüssen möglichst unabhängig ist. Neben der Übertragungsstrecke der Strahlung, deren Einfluss bereits im vorangegangenen Abschnitt aufgezeigt wurde, spielen Reflexionseffekte eine wichtige Rolle bei der strahlungsbasierten Bestimmung der Temperatur. Die Gesamtstrahlung eines Körpers setzt sich aus der Eigenemission sowie reflektierter Strahlung aus der Umgebung zusammen (vgl. Abschnitt A.2.2). Vor allem nahe Strahlungsquellen mit hohen Temperaturdifferenzen zum Messobjekt wie z. B. eine Brennerflamme können dadurch die gemessene Strahlung beeinflussen und damit einen signifikanten Fehler in der Temperaturmessung hervorrufen.

Im Folgenden wird ein neuartiges Verfahren vorgestellt, das die Berechnung und die Kompensation des Einflusses der Brennerflamme sowie der Drehrohrwand auf die Temperaturmessung des Feststoffbetts erlaubt. Es wird ausgehend von einer bekannten Möglichkeit zur Berücksichtigung einer einzelnen Umgebungstemperatur bei einer Temperaturmessung auf den speziellen Fall in einem Drehrohrofen übergeleitet. Dabei ist signifikant, dass sich zwei Objekte mit deutlich unterschiedlichen Temperaturen (Brennerflamme und Drehrohrwand) in der Umgebung des Messobjekts (Feststoffbett) befinden. Über abgeleitete geometrische Zusammenhänge wird jene Eigenheit in dem dargelegten Verfahren zur Störungskompensation bei der Messung der Feststoffbetttemperatur berücksichtigt.

2.3.1 Kompensationsrechnung

Berücksichtigung einer einzelnen Umgebungstemperatur

Die gemessene Gesamtstrahlung eines Objekts E_{ges} setzt sich unter der Annahme einer konstanten Umgebungstemperatur T_U wie folgt zusammen [58]:

$$
\begin{aligned}
\text{Gesamtstrahlung} &= \text{Eigenemission} + \text{reflektierter Anteil} \\
E_{ges} &= \varepsilon_O M_O(T_O) + \rho_O E_U(T_U)
\end{aligned}
\tag{2.7}
$$

Hier sind objektbezogene Größen mit dem tiefgestellten Index O gekennzeichnet. Größen, die sich auf die Umgebung beziehen, besitzen den Index U. E_U ist die Bestrahlungsstärke der Umgebung auf das Objekt. ε steht für

---

[12] Eine kamerabasierte Temperaturmessung kann mit Hilfe von kalibrierten Infrarotkameras oder über Verhältnispyrometrie bei mehrkanaligen Aufnahmen im visuellen Spektralbereich erfolgen.

den Emissionsgrad und ρ stellt den Reflexionsgrad dar. Nach dem Gesetz von STEFAN-BOLTZMANN (Gleichung (A.38)) und unter Berücksichtigung, dass $\rho = 1 - \varepsilon$ gilt, lässt sich Gleichung (2.7) umschreiben in [58][13]:

$$E_{\text{ges}} = \varepsilon_O \sigma T_O^4 + (1 - \varepsilon_O)\sigma T_U^4 \tag{2.8}$$

σ steht für die STEFAN-BOLTZMANN-Konstante. Die vom Sensor erfasste Strahlung E_{ges} ergibt eine virtuelle Temperatur T_{Mess} unter der Annahme, dass es sich beim Messobjekt um einen schwarzen Körper handelt ($M_{\text{ges}} = \sigma T_{\text{Mess}}^4$). Die Strahlung ist aber tatsächlich auf Eigenemissions- und Reflexionsstrahlung zurückzuführen, weshalb sich die gemessene Temperatur wie folgt zusammensetzt [58]:

$$T_{\text{Mess}} = T_O \left(\varepsilon_O + (1 - \varepsilon_O)\frac{T_U^4}{T_O^4} \right)^{\frac{1}{4}} \tag{2.9}$$

Außer bei einer Umgebungstemperatur, die genau der Objekttemperatur entspricht, kommt es durch Reflexion immer zu einem mit der Differenz zur Umgebungstemperatur steigenden Temperaturmessfehler. Um den Messfehler kompensieren zu können, ist es notwendig zu wissen, wie hoch die Umgebungstemperatur des Objekts ist. Die Kompensation des Messfehlers kann dann mit Gleichung (2.10) erfolgen [58].

$$T_O = T_{\text{Mess}} \left(\frac{1}{\varepsilon_O} - \frac{1 - \varepsilon_O}{\varepsilon_O}\frac{T_U^4}{T_{\text{Mess}}^4} \right)^{\frac{1}{4}} \tag{2.10}$$

Neuartiges Verfahren für die Messung der Feststoffbetttemperatur

In einem Drehrohrofen befindet sich bei vielen Anwendungen oberhalb des Feststoffbetts eine Brennerflamme. Sie stellt mit Temperaturen um 2000 °C eine Strahlungsquelle mit hoher Temperaturdifferenz zum Feststoffbett dar, das je nach Anwendung und Längsposition im Drehrohr Temperaturen zwischen 800 °C und 1500 °C aufweist (vgl. Abschnitt 1.2.1). Im Gegensatz zur oben getroffenen Annahme einer gleichmäßigen Umgebungsstrahlung, setzt sich im Drehrohrofen die auf das Feststoffbett auftreffende Strahlung näherungsweise aus der Strahlung der Brennerflamme sowie der Strahlung der Drehrohrwand zusammen. Die Flamme füllt hierbei nicht den gesamten

---

[13] Die Temperaturmessung mittels einer Kamera erfolgt nicht über dem gesamten Wellenlängenspektrum, sondern nur in einem bestimmten Wellenlängenbereich. Die Kameras sind jedoch so kalibriert, dass die empfangene Strahlung entsprechend umgerechnet wird.

Halbraum über einem Punkt des Feststoffbetts aus, sondern nur einen bestimmten Raumwinkel, der nach Anlage, Prozess und Position im Drehrohr stark variieren kann.

Im Folgenden wird ein auf den obigen Grundlagen basierendes neuartiges Verfahren vorgestellt, das die Berücksichtigung der Flammenstrahlung und der Strahlung der Drehrohrwand auf die Messung der Feststoffbetttemperatur ermöglicht und dadurch die Kompensation des damit verbundenen Messfehlers erlaubt. Um den Einfluss der beiden externen Strahlungsquellen auf die Strahlungsmessung des Feststoffbetts zu bestimmen, muss zunächst der Raumwinkel von Flamme und Drehrohrwand über einem Punkt im Feststoffbett ermittelt werden. Hierzu werden einige vereinfachende Annahmen getroffen:

- Sowohl die Brennerflamme als auch das Drehrohr besitzen in Längsrichtung eine unendliche Ausdehnung.

- Die Brennerflamme kann als Zylinder betrachtet werden (d. h. konstanter Radius).

- Die Brennerflamme befindet sich zentral über dem betrachteten Punkt im Feststoffbett.

Zusätzlich werden weitere Annahmen bezüglich der Strahlungseigenschaften im Drehrohr getroffen:

- Brennerflamme und Drehrohrwand werden als schwarze Körper ($\varepsilon = 1$) betrachtet (Reflexionen 2. Ordnung, wie z. B. Reflexionen der Flammenstrahlung in der Drehrohrwand, sind dadurch nicht berücksichtigt).

- Der Transmissionsgrad der Übertragungsstrecke beträgt 1, d. h. es findet keine Extinktion auf der Übertragungsstrecke der Strahlung statt.

- Temperatur von Flamme und Drehrohrwand sind bekannt oder aus den Messungen ermittelbar.

Wird zunächst der zweidimensionale Fall betrachtet, so lässt sich der Winkel ζ_{Flamme}, den die Flamme vom Feststoffbett aus betrachtet einnimmt, mit dem Flammenradius r_{Flamme} und dem Abstand des Flammenmittelpunkts zum Feststoffbett d_{Flamme} berechnen (vgl. Abb. 2.5a):

$$\zeta_{\text{Flamme}} = 2 \cdot \arcsin \frac{r_{\text{Flamme}}}{d_{\text{Flamme}}} \tag{2.11}$$

In sphärischer Betrachtung entspricht die Zylinderform der Flamme, ausgehend von einem Punkt im Feststoffbett, einem sphärischen Zweieck auf einer

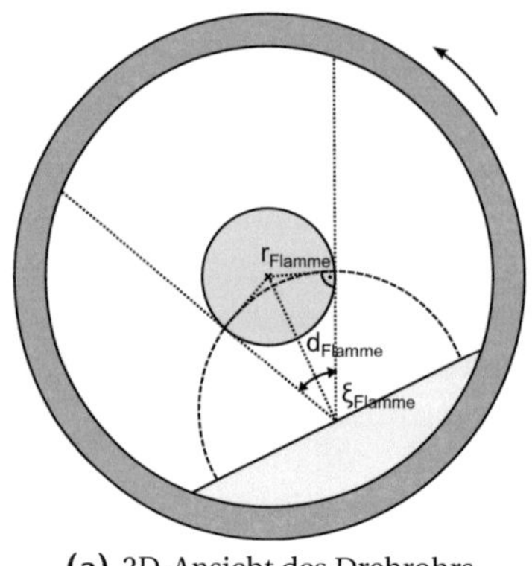

(a) 2D-Ansicht des Drehrohrs

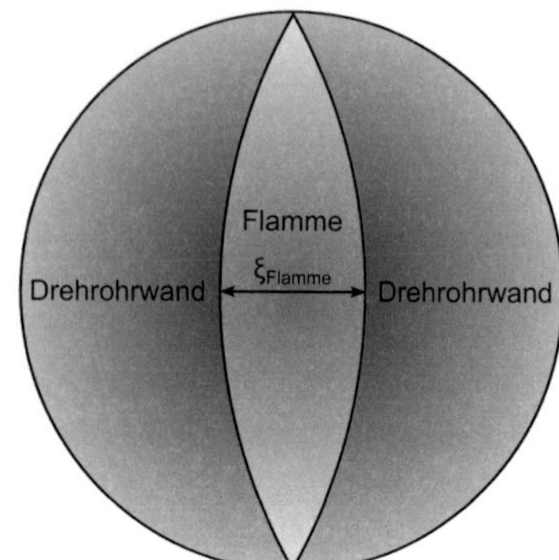

(b) Halbkugel über einem Feststoffbettelement

Abbildung 2.5: Bestimmung des Raumwinkels der Brennerflamme

Halbkugel über dem Feststoffbett (vgl. Abb. 2.5b)[14]. Die Fläche des sphärischen Zweiecks berechnet sich über:

$$A_{\text{Flamme}} = 2\xi_{\text{Flamme}} d^2_{\text{Flamme}} \tag{2.12}$$

Der Raumwinkel der Brennerflamme Ω_{Flamme} bestimmt sich dann zu:

$$\Omega_{\text{Flamme}} = \frac{2\xi_{\text{Flamme}} d^2_{\text{Flamme}}}{d^2_{\text{Flamme}}} = 2\xi_{\text{Flamme}} \tag{2.13}$$

Damit ergibt sich ein Anteil der Brennerflamme an der Halbkugel von $2\xi_{\text{Flamme}}/2\pi = \xi_{\text{Flamme}}/\pi$. Der Anteil der Drehrohrwand ist folglich $1 - \xi_{\text{Flamme}}/\pi$. Wird weiter davon ausgegangen, dass jeder Raumwinkel zu gleichen Teilen zur Einstrahlung beiträgt, dann setzt sich die Gesamteinstrahlung auf einen Punkt des Feststoffbetts E_{Fb} wie folgt zusammen:

$$E_{\text{Fb}} = \frac{\xi_{\text{Flamme}}}{\pi} E_{\text{Flamme}} + \left(1 - \frac{\xi_{\text{Flamme}}}{\pi}\right) E_{\text{Wand}} \tag{2.14}$$

Die Gesamtstrahlung, die das Feststoffbett abgibt, setzt sich aus der Summe aus der Eigenemission des Feststoffbetts sowie der reflektierten Strahlung zusammen.

$$E_{\text{Mess}} = \varepsilon_{\text{Fb}} M_{\text{Fb}} + \rho_{\text{Fb}} E_{\text{Fb}} \tag{2.15}$$

$$E_{\text{Mess}} = \varepsilon_{\text{Fb}} M_{\text{Fb}} + \rho_{\text{Fb}} \left(\frac{\xi_{\text{Flamme}}}{\pi} E_{\text{Flamme}} + \left(1 - \frac{\xi_{\text{Flamme}}}{\pi}\right) E_{\text{Wand}} \right) \tag{2.16}$$

---

[14] Ein sphärisches Zweieck entspricht auf der Erdkugel der Kugeloberfläche zwischen zwei Meridianen.

Die Gesamtstrahlung E_{Mess} führt bei der Messung, unter der Annahme eines schwarzen Körpers, zu einer Temperatur T_{Mess}, die nicht nur die interessierende Feststoffbetttemperatur T_{Fb} widerspiegelt, sondern auch über Reflexion Temperaturen von Flamme und Drehrohrwand mit einschließt. Mit $\rho_{Fb} = 1 - \varepsilon_{\text{Fb}}$ und nach dem Gesetz von STEFAN-BOLTZMANN lässt sich Gleichung (2.16) umschreiben in:

$$\sigma T^4_{\text{Mess}} = \varepsilon_{\text{Fb}}\sigma T^4_{\text{Fb}} + (1 - \varepsilon_{\text{Fb}})\frac{1}{\pi}\left(\xi_{\text{Flamme}}\sigma T^4_{\text{Flamme}} + (\pi - \xi_{\text{Flamme}})\sigma T^4_{\text{Wand}}\right) \quad (2.17)$$

Damit gilt für die gemessene Temperatur T_{Mess} des Feststoffbetts:

$$T_{\text{Mess}} = T_{\text{Fb}}\left(\varepsilon_{\text{Fb}} + (1 - \varepsilon_{\text{Fb}})\frac{\xi_{\text{Flamme}} T^4_{\text{Flamme}} + (\pi - \xi_{\text{Flamme}}) T^4_{\text{Wand}}}{\pi T^4_{\text{Fb}}}\right)^{\frac{1}{4}} \quad (2.18)$$

Gleichung (2.18) lässt sich in

$$T_{\text{Fb}} = T_{\text{Mess}}\left(\frac{1}{\varepsilon_{\text{Fb}}} - \frac{1 - \varepsilon_{\text{Fb}}}{\varepsilon_{\text{Fb}}}\frac{\xi_{\text{Flamme}} T^4_{\text{Flamme}} + (\pi - \xi_{\text{Flamme}}) T^4_{\text{Wand}}}{\pi T^4_{\text{Mess}}}\right)^{\frac{1}{4}} \quad (2.19)$$

umstellen. Mit der neu entwickelten Gleichung (2.19) ist es möglich, unter Berücksichtigung obiger Annahmen den Einfluss der Flammenstrahlung und der Strahlung der Drehrohrwand auf das Messergebnis der Feststoffbetttemperatur rechnerisch zu kompensieren. Hierzu müssen Temperaturen vom Feststoffbett T_{Mess}, von der Drehrohrwand T_{Wand} und von der Flamme T_{Flamme} gemessen werden. Unter Kenntnis des von der Flamme eingenommenen Winkels ξ_{Flamme} kann dann die korrigierte Temperatur des Feststoffbetts T_{Fb} mit der Hilfe der Kompensationsrechnung (2.19) bestimmt werden. Der Messfehler kann als die Differenz zwischen gemessener und kompensierter Feststoffbetttemperatur angegeben werden.

Abb. 2.6 zeigt den Einfluss der Flamme auf den Messfehler zwischen gemessene Temperatur des Feststoffbetts T_{Mess} und wahrer Feststoffbetttemperatur T_{Fb}, bei unterschiedlichen Flammentemperaturen T_{Flamme} und unterschiedlichen Anteilen der Flamme an der Halbkugel über dem Feststoffbett. Bei geringen Anteilen der Flamme wirkt die zumeist kühlere Temperatur der Drehrohrwand stärker auf die Messung der Feststoffbetttemperatur ein, was zu einem negativen Messfehler führt. Damit erklärt sich auch der Offset bei Nichtvorhandensein einer Flamme ($\xi_{\text{Flamme}} = 0$), der auf die kältere Drehrohrwand zurückzuführen ist. Nach einem Punkt, in dem sich Einflüsse von Flamme und Drehrohrwand gerade kompensieren, wird bei steigendem Raumwinkelanteil der Flamme der Messfehler positiv, d. h. es werden zu hohe Temperaturen gemessen.

45

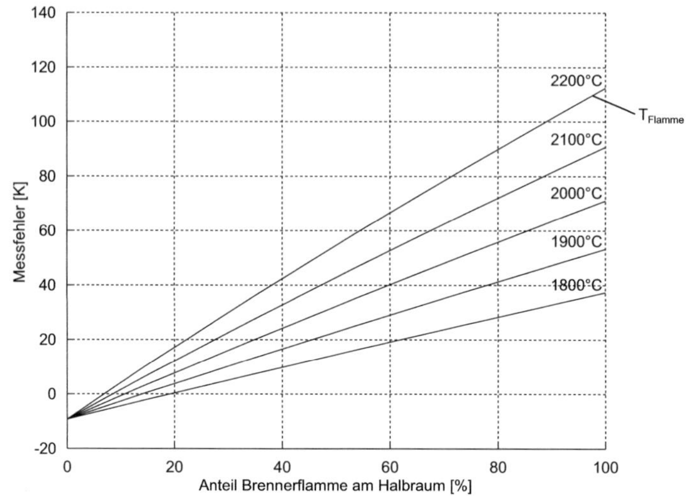

Abbildung 2.6: Einfluss von verschiedenen Flammentemperaturen T_{Flamme} und Anteilen der Brennerflamme am Halbraum (ξ_{Flamme}/π) auf den Messfehler ($T_{\text{Mess}} - T_{\text{Fb}}$) zwischen gemessener Temperatur T_{Mess} des Feststoffbetts und einer wahren Feststoffbetttemperatur T_{Fb} von 1500 °C bei einer Wandtemperatur T_{Wand} von 1400 °C und einem Emissionsgrad des Feststoffbetts von $\varepsilon_{\text{Fb}} = 0.9$.

2.3.2 Anwendungsszenarien

In Tabelle 2.3 wird anhand beispielhafter Werte der Drehrohrofenprozesse Zinkrecycling und Zementherstellung aufgeführt, wie hoch der Einfluss der Umgebung auf die strahlungsbasierte Temperaturmessung des Feststoffbetts sein kann.

Beide Prozesse weisen deutliche Messfehler auf. Der Messfehler fällt beim Zinkrecyclingprozess infolge der fehlenden Flamme negativ aus. Im Zementherstellungsprozess wird der Messfehler durch die Flamme dominiert und ist daher positiv (vgl. Abb. 2.6). Mit Hilfe von Gleichung (2.19) lässt sich die gemessene Temperatur so korrigieren, dass die Reflexion der Umgebungsstrahlung das Messergebnis nicht beeinflusst.

Die Anwendung der Kompensationsrechnung wurde anhand einer längeren Messsequenz an einem Drehrohrofen zur Zementherstellung untersucht.

	Zinkrecycling	Zementherstellung
Temperatur Feststoffbett (T_{Fb})	1200 °C	1400 °C
Temperatur Drehrohrwand (T_{Wand})	1100 °C	1300 °C
Emissionsgrad Feststoffbett (ε_{Fb})	0.85	0.85
Temperatur Flamme (T_{Flamme})	-	2000 °C
Radius Flamme (r_{Flamme})	-	0.5 m
Abstand Flamme (d_{Flamme})	-	1.5 m
Winkel Flamme (ξ_{Flamme})	-	39°
Gemessene Temperatur (T_{Mess})	1186 °C	1422 °C
Messfehler	−14 K	22 K

Tabelle 2.3: Berechnung des reflexionsbasierten Messfehlers der Feststoffbetttemperatur anhand typischer Werte der Anwendungen Zinkrecycling und Zementherstellung

Die Messung erfolgte mit einer Infrarotkamera, welche die direkte Ermittlung von Temperaturen erlaubt. Eine typische Aufnahme der Kamera mit eingezeichneten manuell definierten sogenannten Temperaturfeldern zur Temperaturbestimmung ist in Abb. 2.7 zu sehen. An mehreren Zeitpunkten wurden mehrminütige Sequenzen aufgezeichnet. Um die Temperatur von Flamme, Drehrohrwand sowie Feststoffbetttemperatur in den Aufnahmen zu ermitteln, wurde eine Maximumfilterung über 200 Aufnahmen angewandt, wodurch störende kalte Partikelsträhnen in den Aufnahmen unterdrückt wurden. Aus den manuell definierten Regionen für Flamme, Feststoffbett und Drehrohrwand wurden anschließend jeweils die mittleren Temperaturen (T_{Flamme}, T_{Mess}, T_{Wand}) extrahiert und als Basis für die Kompensationsrechnung genutzt.

Abb. 2.8 zeigt den Verlauf der gemessenen Temperaturen und den Verlauf der kompensierten Temperatur des Feststoffbetts T_{Fb} an einem Tag der Messkampagne. In Abb. 2.9 ist der Messfehler zwischen gemessener Temperatur zu kompensierter Temperatur des Feststoffbetts dargestellt. Unter der Annahme eines korrekten Modells tritt hier der Fall auf, dass sich die Einflüsse der kälteren Drehrohrwand und der heißeren Flamme gegenseitig fast aufheben, so dass der Messfehler nur im Bereich weniger Kelvin liegt.

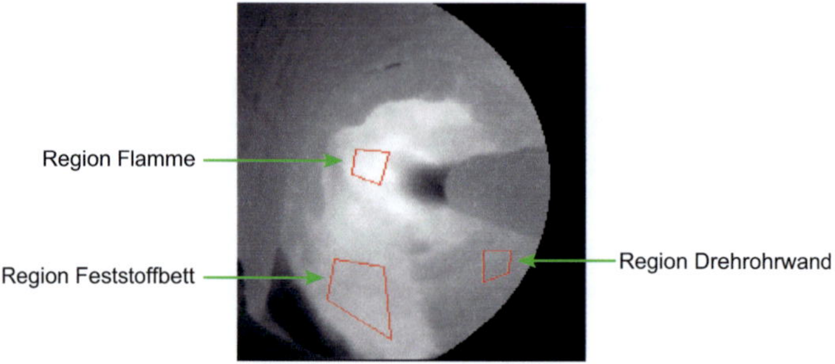

Abbildung 2.7: Beispielaufnahme aus einem Drehrohrofen zur Zement-herstellung mit manuell definierten Regionen Flamme, Feststoffbett und Drehrohrwand.

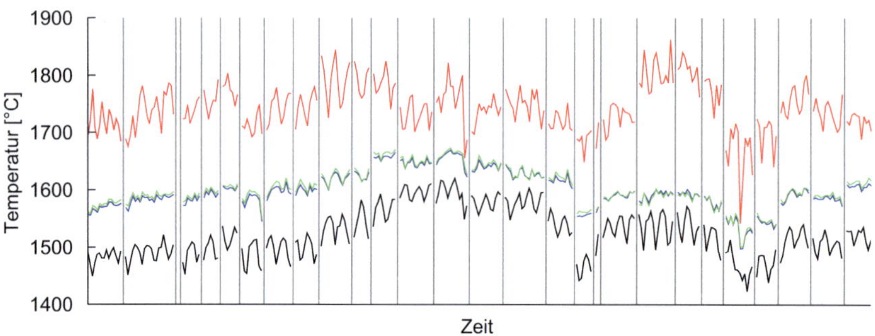

Abbildung 2.8: Verlauf der gemessenen Temperaturen T_{Flamme} (rot), T_{Wand} (schwarz) und T_{Mess} (blau). Die kompensierte Feststoffbetttemperatur T_{Fb} (grün) wurde mit $\varepsilon_{\text{Fb}} = 0.85$ und $\xi_{\text{Flamme}} = 39°$ bestimmt. Senkrechte graue Linien trennen zwei Messsequenzen.

2.3.3 Fazit

Die Differenz zwischen gemessenem und kompensiertem Temperaturwert stellt sich als stark anwendungsabhängig dar. Bei Prozessen ohne Brenner-flamme wie z. B. Zinkrecycling führt der Einfluss durch die Drehrohrwand zu einer niedrigeren gemessenen Temperatur des Feststoffbetts. In besagtem Fall lässt sich bei vorausgegangener Kalibrierung der Messfehler insgesamt reduzieren, da hohe Schwankungen der Temperatur der Drehrohrwand aus-zuschließen sind. Ein großer Vorteil der Kompensationsrechnung bei Prozes-sen mit Brennern ist, dass sich Schwankungen der Flammentemperatur, z. B.

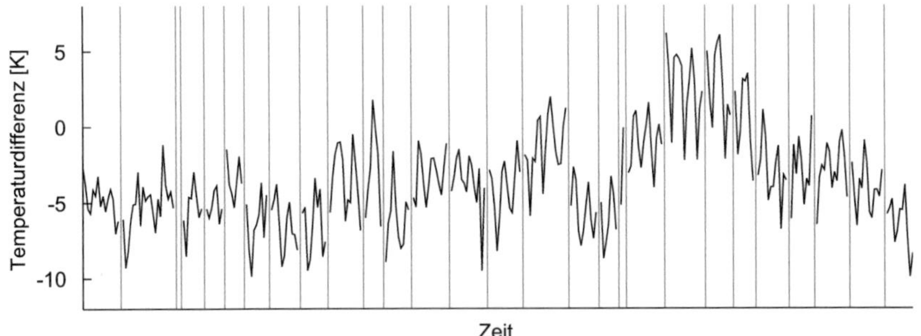

Abbildung 2.9: Differenz zwischen gemessener Feststoffbetttemperatur T_{Mess} und kompensierter Temperatur T_{Fb}. Senkrechte graue Linien trennen zwei Messsequenzen.

auf Basis einer Brennstoffreduktion oder auch einem Abschalten des Brenners, nicht direkt über Reflexionseffekte in Veränderungen der erfassten Feststoffbetttemperatur widerspiegeln. Unnötige Eingriffe der Prozessregelung, wie sie bei einem durch Wegfall der Flammenreflexionsstrahlung verursachten schnellen Abfall der gemessenen Feststoffbetttemperatur ausgelöst wird, können durch eine Kompensationsrechnung vermieden werden.

Als schwierig stellt sich die genaue Bestimmung der Flammentemperatur dar, die nicht überall konstant ist. Auch die räumliche Ausprägung der Flamme ist variabel und muss somit in die Rechnung miteinbezogen werden. Die genaue Bestimmung aller Parameter ist jedoch im praktischen Einsatz nicht möglich. Trotz der getroffenen Annahmen, die in einem praktischen Bezug nur eine näherungsweise Bestimmung des Messfehlers erlauben, kann mit Hilfe der vorgestellten Kompensationsrechnung jedoch eine Verbesserung der Temperaturmessung erzielt werden. Bei Bildverarbeitungsmethoden, die nicht auf eine genaue Bestimmung der Temperatur angewiesen sind, kann der Messfehler aber auch vernachlässigt werden. Eine Verifikation der Berechnungsvorschrift über das kurzzeitige Ausschalten eines Brenners an einer realen Anlage ist aufgrund der damit verbundenen Kosten nicht möglich gewesen.

In Abschnitt 2.1 wurde eine Methodik zur Auswahl des Kameraeinbauorts bei Drehrohrofenprozessen präsentiert, die bei der Installation eines Bildverarbeitungssystems eingesetzt werden kann. Die Analyse der Strahlungseigenschaften in Abschnitt 2.2 zeigt den Einfluss der Verbrennungsatmosphäre auf die Bildakquise und wie es möglich ist den Einfluss bei der Bildakquise zu berücksichtigen. Im letzten Abschnitt 2.3 wurde ein neuartiges Verfahren zur

Kompensation von Reflexionseffekten bei der Messung der Feststoffbetttemperatur vorgestellt, das eine genauere Temperaturbestimmung des Feststoffbetts ermöglicht. Zusammenfassend können die in Kapitel 2 gezeigten Konzepte zu einer verbesserten Bildakquise bei Drehrohrofenprozessen beitragen. Eine geeignete Bildakquise stellt eine wichtige Basis für die im folgenden Kapitel vorgestellten neuen Bildverarbeitungsverfahren dar.

3 Neue Bildverarbeitungsverfahren für Drehrohrofenprozesse

In diesem Kapitel werden neue Bildverarbeitungsverfahren vorgestellt, die es ermöglichen, automatisiert prozessspezifische Kenngrößen aus Kameraaufnahmen von Drehrohröfen zu extrahieren. In Abschnitt 3.1 wird zunächst auf allgemeine Betrachtungen hinsichtlich der Voraussetzungen und der speziellen Schwierigkeiten bei der Entwicklung von Bildverarbeitungsverfahren für Drehrohrofenprozesse eingegangen sowie das Vorgehen bei der Entwicklung erläutert. In den folgenden Abschnitten 3.2 bis 3.7 werden die neu entwickelten Methoden für die jeweils betrachteten Bereiche und Effekte in den Drehrohrofenaufnahmen detailliert vorgestellt. Im Anschluss daran werden in Abschnitt 3.8 Bewertungsmaße präsentiert, die eine Evaluierung der entwickelten Verfahren ermöglichen. Abschließend gibt Abschnitt 3.9 einen Einblick in das Programm DREHSINE[1], ein im Rahmen der vorliegenden Arbeit entwickeltes Software-Tool zur Offline-Analyse von Bildsequenzen aus Drehrohröfen.

3.1 Allgemeine Betrachtungen und Vorgehensweise

Das Ziel jedes Bildverarbeitungssystems ist die Reduktion eines hochdimensionalen Merkmalsraums (den Bilddaten) auf einzelne charakteristische und handhabbare Kenngrößen. Durch die Bildakquise entstehen meist sehr große Datenmengen. Über die Verringerung der Datenmengen auf wenige Kenngrößen, wird dann z. B. eine Klassifikation, eine Prozessanalyse oder die direkte Einbindung kamerabasierter Informationen in eine Prozessregelung

---

[1] Abkürzung für DREHrohr Sequenz INspEktor

ermöglicht. Für einzelne Bereiche im Drehrohrofen aber auch für anwendungsabhängige Effekte werden jeweils eigene Verfahren benötigt, um mit Hilfe der Bilddaten und Vorwissen über den Prozess, die folgenden Anforderungen an die extrahierten Kenngrößen zu erfüllen:

Relevanz Die Kenngrößen sollen nützlich bei der Beschreibung des Prozesszustands sein.

Robustheit Die Kenngrößen sollen unempfindlich gegenüber kamera- oder prozessbedingten Störungen sein und auch unter ungünstigen Prozessbedingungen zuverlässig ermittelt werden können.

Niedriger Berechnungsaufwand Der Berechnungsaufwand für die Kenngrößen soll möglichst gering sein, damit ein Einsatz in einem Online-System möglich ist.

Die in diesem Kapitel vorgestellten neuen Bildverarbeitungsverfahren wurden unter Berücksichtigung der genannten Anforderungen entwickelt. Abschnitt 3.8 geht näher darauf ein, wie die Verfahren hinsichtlich obiger Kriterien bewertet werden können.

In Abschnitt 2.1 sind relevante Bereiche im Drehrohrofen, die mit Hilfe eines Bildverarbeitungssystems analysiert werden können, wie das Feststoffbett, der Feststoffaustrag, der Brenner oder die Drehrohrwand bereits näher beschrieben. Daneben existieren noch prozessspezifische Effekte, die Potential für eine kamerabasierte Analyse besitzen. Hierzu zählen z. B. der ungezündete Brennstoffanteil eines Brenners, zugeführte Gebinde und deren Verpuffung, Anbackungen an der Drehrohrwand und die Partikelkonzentration in der Brennraumatmosphäre.

Bei der Entwicklung der Bildverarbeitungsverfahren wurde ein iteratives Vorgehen angewandt. Da die einzelnen Schritte einer Bildverarbeitungskette aufeinander aufbauen (vgl. Abb. 1.4), bedeutet das, dass unbefriedigende Ergebnisse in einem späteren Schritt wie der Bildsegmentierung oder der Kenngrößenextraktion, eventuell Anpassungen in einem früheren Schritt wie z. B. der Bildvorverarbeitung erfordern. Zusätzlich hat auch das gewünschte Endergebnis, d. h. die gesuchten Kenngrößen unter Berücksichtigung der oben genannten Anforderungen, einen großen Einfluss darauf, welche Verfahren in den vorhergehenden Schritten erfolgreich angewendet werden können.

Prinzipiell ist auch eine Selbstdetektion von Kameraausfällen und Bildstörungen mittels Bildverarbeitungsmethoden möglich. Derartige Verfahren werden in [43] gezeigt. In Abschnitt 3.5 wird eine weitere Möglichkeit vorgestellt, welche hierfür die Partikelkonzentration in der Verbrennungsatmosphäre berücksichtigt.

Die für die vorliegende Arbeit zur Entwicklung der Bildverarbeitungsverfahren verwendeten Bilddaten wurden an unterschiedlichen industriellen Drehrohrofenanlagen bei jeweils mehrtägigen Messkampagnen akquiriert. Kameraeinbauposition und Kameramesstechnik ergaben sich aus anlagenspezifischen Randbedingungen. Auch wenn bei einer iterativen Entwicklung grundsätzlich eine Anpassung des Bildakquisesystems in Betracht gezogen werden kann, war das daher für die vorliegende Arbeit nicht möglich.

Aufgrund des speziellen Anwendungsszenarios Drehrohrofen ergeben sich einige Herausforderungen und Schwierigkeiten, welche die Erfüllung obiger Anforderungen bei der Entwicklung der Bildverarbeitungsverfahren erschweren. So kann der Schritt der Bildsegmentierung durch folgende Punkte beeinträchtigt werden:

- In einem Drehrohrofen herrschen sehr variable oder dauerhaft schlechte Sichtverhältnisse z. B. wegen einer hohen Partikelkonzentration in der Brennraumatmosphäre.

- Die Bildauflösung ist durch die für das Einsatzgebiet Drehrohrofenprozesse verfügbare Kameratechnologie begrenzt (z. B. 320×240 Bildpunkte).

- Die Kameraoptik ist aus Kostengründen bei Messkampagnen nicht immer auf die jeweilige Anlage genau angepasst, was für die Bildverarbeitung u. U. einen nur kleinen nutzbaren Bildausschnitt ergibt (z. B. 50×50 Bildpunkte).

- Aufgrund der beschränkten Datenmenge und sicherheits- sowie kostenrelevanter Einschränkungen beim Betreiben der Anlage kann nicht jeder mögliche Prozesszustand in den akquirierten Daten abgedeckt werden.

- Es existieren keine Ground-Truth[2]-Datensätze, die eine einfache Bewertung des Segmentierungsergebnisses erlauben.

Im Schritt der Kenngrößenextraktion stellen sich besonders die folgenden Punkte als Herausforderung dar:

---

[2] Ground-Truth ist die Kenntnis des wahren Prozesszustands. Die Ergebnisse eines Verfahrens können dann daran gemessen werden, inwieweit sie mit mit der Ground-Truth übereinstimmen.

- Die Bewertung der Relevanz einzelner Kenngrößen ist aufgrund des hochkomplexen Prozesses und eingeschränkter alternativer Messgrößen auf Basis anderer Messprinzipien schwierig.

- Die hohe Trägheit der Prozesse erschwert die zeitliche Zuordnung von Stellgrößenänderungen zu Änderungen in bildbasierten Kenngrößen.

- Es besteht keine alternative bildbasierte Möglichkeit zur Gewinnung der extrahierten Kenngrößen, weshalb keine Ground-Truth-Datensätze und keine Referenz-Datensätze für die extrahierten Kenngrößen existieren.

Eine Herangehensweise, die bei den folgenden Methoden angewandt wurde, um die Robustheit zu erhöhen, ist das Einbringen von Vorwissen bzw. Domänenwissen über die betrachteten Prozesse. Jene Möglichkeit wird auch in anderen Anwendungsgebieten der Bildverarbeitung wie z. B. im Automobilbereich (u. a. Fußgängerdetektion [36], Verkehrsschildererkennung [4, 37]) oder auch bei biologischen und medizinischen Bildverarbeitungsanwendungen [1, 39, 78] erfolgreich eingesetzt.

3.2 Feststoffbett

Nach Abschnitt 2.1 eignen sich zur Analyse des Feststoffbetts besonders der schräge sowie der zentrale Kameraeinbauort. In Abschnitt 3.2.2 wird hierzu ein neues Bildverarbeitungsverfahren vorgestellt, das die Extraktion bildbasierter Kenngrößen des Feststoffbetts erlaubt. Bei der unteren Kameraposition sind aus den Aufnahmen zwar nur Informationen über das stirnseitige Feststoffbett ableitbar, aber wie in Abschnitt 3.2.1 gezeigt wird, kann dadurch das Bewegungsverhalten des Feststoffbetts besser analysiert werden [64].

3.2.1 Untere Kameraeinbauposition

In diesem Abschnitt wird ein neues Bildverarbeitungsverfahren aufgezeigt, das eine Möglichkeit darlegt, wie auf Basis von Kameraaufnahmen aus einer unteren Kameraeinbauposition Kenngrößen, die das Feststoffbett[3] beschreiben, extrahiert werden können [120].

---

[3] Aus Gründen der Lesbarkeit ist in Abschnitt 3.2.1 mit Feststoffbett stets das stirnseitige Feststoffbett gemeint. Das restliche Feststoffbett kann aus der unteren Kameraeinbauposition nicht eingesehen werden.

Abb. 3.1 zeigt die Aufnahme eines Drehrohrofens für das Zinkrecycling aus einer unteren Kameraeinbauposition mit Bezeichnungen der relevanten Bildregionen.[4] Die größte Herausforderung bei der Segmentierung des Feststoffbetts aus der unteren Kameraeinbauposition ist die zuverlässige Abgrenzung des Feststoffbetts von der Verbrennungsatmosphäre [118].

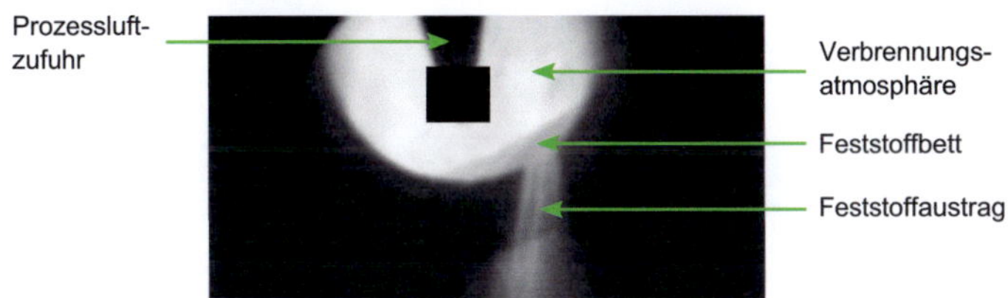

Abbildung 3.1: Einzelbild mit Bezeichnung relevanter Bildregionen (schwarzes Rechteck: zensierter Bildbereich)

Bei niedrigeren Temperaturen im Drehrohrofen (Abb. 3.2 links) lässt sich das Feststoffbett leicht mittels eines einfachen Schwellwertverfahrens über unterschiedliche Intensitätswerte segmentieren. Die Intensitätsunterschiede von Feststoffbett und Verbrennungsatmosphäre verschwinden jedoch bei höheren Temperaturen des Ofens (Abb. 3.2 rechts). Ein rein intensitätsbasiertes Segmentierungsverfahren scheitert in solch einem Fall. Da ein robustes Verfahren unter allen Bedingungen akzeptable Resultate liefern soll, wird hier eine neue Methode vorgestellt, die sowohl intensitätsbasierte als auch dynamikbasierte Eigenschaften von Feststoffbett und Verbrennungsatmosphäre berücksichtigt. Zusätzlich wird Vorwissen über den Prozess bei der Bestimmung der ROI[5] sowie bei der Kenngrößenextraktion genutzt.

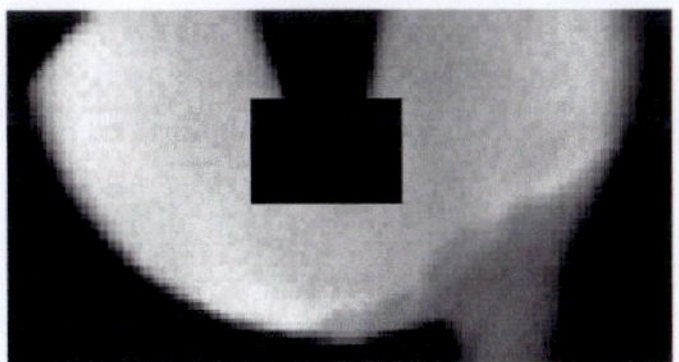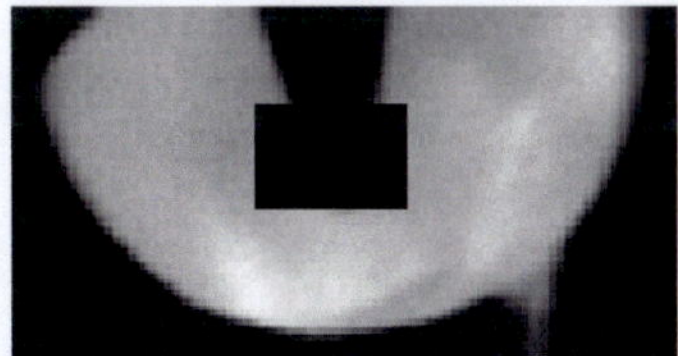

Abbildung 3.2: Beispielaufnahmen mit niedrigen (links) und hohen (rechts) mittleren Temperaturwerten im Drehrohrofen

---

[4] Die Aufnahme erfolgte mit einer Infrarotkamera mit einem Spektralfilter bei 3.9 ± 0.1 µm. Die Bildauflösung beträgt 256×128 Bildpunkte.

[5] ROI: Region of Interest (relevanter Bildbereich)

In Abb. 3.3 sind die einzelnen Schritte von der Bildvorverarbeitung bis zur Extraktion bildbasierter Kenngrößen des Feststoffbetts, die für Aufnahmen aus der unteren Kameraeinbauposition durchgeführt werden, aufgeführt. Die Schritte werden im Folgenden näher erläutert.

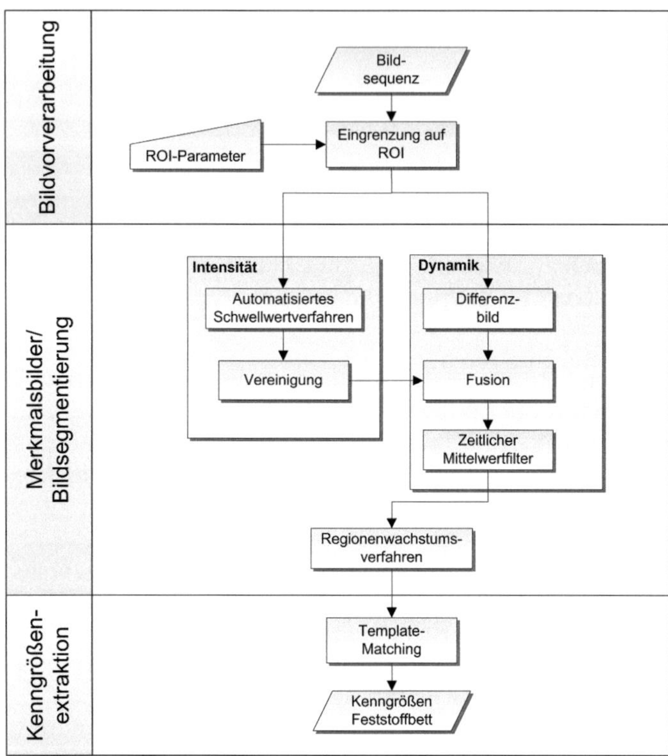

Abbildung 3.3: Neues Verfahren zur Extraktion bildbasierter Kenngrößen des Feststoffbetts aus einer unteren Kameraeinbauposition

Bildvorverarbeitung und Bildsegmentierung

Im Bildvorverarbeitungsschritt wird zunächst mit Hilfe von Vorwissen über den untersuchten Prozess die ROI auf einen sinnvollen Bereich eingegrenzt. Der Bereich ist zum einen durch die Geometrie des Drehrohrs gegeben, zum anderen ist aber auch anlagenabhängig der Bereich im Drehrohr, in dem sich das Feststoffbett befinden kann, begrenzt (Abb. 3.4).

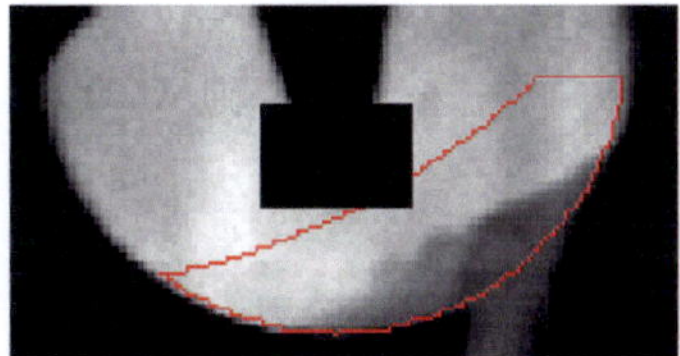

Abbildung 3.4: ROI für die Segmentierung des Feststoffbetts

Das darauf aufbauende Segmentierungsverfahren zur Diskriminierung von Feststoffbett und Verbrennungsatmosphäre kann in einen intensitätsbasierten Part sowie in einen dynamikbasierten Part unterteilt werden. Im intensitätsbasierten Teil wird ein automatisiertes Schwellwertverfahren auf die ROI der Einzelbilder angewandt. Dabei werden alle Minima des geglätteten Intensitätswerthistogramms als Schwellwerte definiert und damit jeweils eine Segmentierung durchgeführt. Jede einzelne schwellwertbasierte Ergebnisregion wird anschließend mittels zweier Plausibilitätskriterien daraufhin untersucht, ob sie als Feststoffbett deklariert werden kann. Ein Kriterium ist die Differenz des mittleren Intensitätswerts der erhaltenen Region vom mittleren Intensitätswert der gesamten ROI. Es werden nur Regionen als Feststoffbett klassifiziert, bei denen obige Differenz positiv bzw. größer als ein zur Erhöhung der Robustheit definierter Offset ist.

Zusätzlich wird die ermittelte Region in *zusammenhängende Regionen*[6] aufgeteilt und deren Größen (Anzahl der Bildpunkte) ermittelt. Eine zusammenhängende Region, deren Größe unterhalb eines definierbaren Minimalwertes liegt, wird verworfen. Dadurch können z. B. fehlerhafte Zuordnungen einzelner Bildpunkte in der Verbrennungsatmosphäre verhindert werden. Idealerweise kann mit Hilfe des automatisierten Schwellwertverfahren und der Plausibilitätsüberprüfung das Feststoffbett bereits vollständig detektiert werden. In den meisten Fällen wird jedoch nur ein Teil des Feststoffbetts erkannt oder die Segmentierung liefert überhaupt kein gültiges Ergebnis (Abb. 3.5b). Infolgedessen werden zusätzlich dynamische Eigenschaften des Feststoffbetts bei der Segmentierung hinzugezogen.

---

[6] Eine Region wird als zusammenhängend bezeichnet, wenn jeder Bildpunkt in der Region von einem anderen Bildpunkt über einen Weg erreicht werden kann, der von einem benachbarten Bildpunkt zum nächsten führt. Als benachbart gelten zwei Bildpunkte, wenn sie eine gemeinsame Kante (4er-Nachbarschaft) oder mindestens eine gemeinsame Ecke (8er-Nachbarschaft) aufweisen [58]. In der vorliegenden Arbeit wird die 8er-Nachbarschaft als Voraussetzung für die Nachbarschaft verwendet.

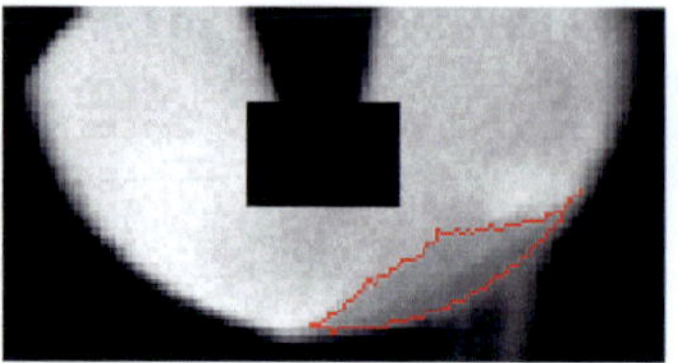
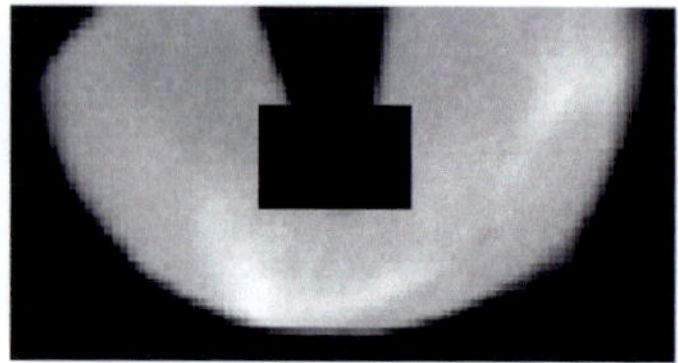

(a) Niedrige mittlere Temperatur   (b) Hohe mittlere Temperatur

Abbildung 3.5: Einfache Schwellwertsegmentierung

Im dynamikbasierten Teil wird sich zu Nutze gemacht, dass der Bereich der Verbrennungsatmosphäre höheren Fluktuationen unterworfen ist als der Bereich des Feststoffbetts. Zur Berücksichtigung der dynamischen Eigenschaften wird eine modifizierte Berechnung der zeitlichen Variation der Intensität für alle Bildpunkte in der ROI durchgeführt. Hierzu wird aus zwei zeitlich aufeinanderfolgenden Bildern ein Differenzbild ermittelt. Die normierten aufsummierten Differenzbilder entsprechen der Variation für jeden Bildpunkt (vgl. Gleichung (1.6)). Es zeigt sich, dass die stärker fluktuierenden Bildpunkte in der Verbrennungsatmosphäre höhere Variationswerte als die Bildpunkte im Feststoffbett erreichen.

Dennoch kann der Fall eintreten, dass kältere Feststoffagglomerationen innerhalb des Feststoffbetts aufgrund ihrer Bewegung ebenfalls hohe Variationswerte an ihren Rändern produzieren (vgl. Abb. 3.6). Eine Segmentierung allein auf Basis der Variation führt daher ebenfalls zu Fehlsegmentierungen. Im nachfolgenden Schritt wird erläutert, wie das Problem der Fehlsegmentierungen gelöst werden kann.

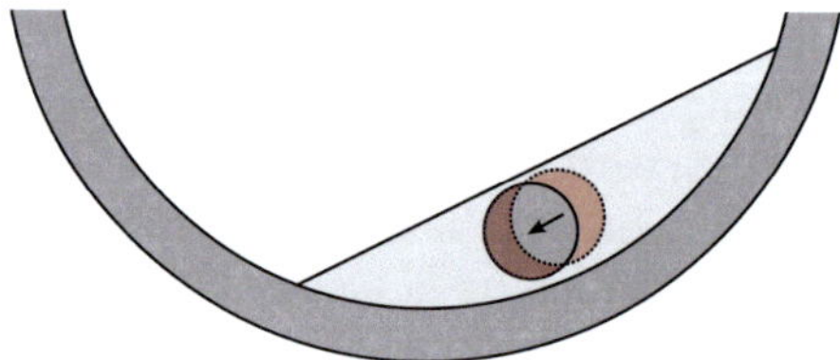

Abbildung 3.6: Hohe absolute Differenzwerte (hellrot: positive Werte, dunkelrot: negative Werte) bei Bewegung einer kalten Feststoffagglomeration im Feststoffbett zwischen zwei betrachteten Bildern.

Das Kernstück des entwickelten Verfahrens bildet die Fusion zwischen dem intensitätsbasierten Part und dem dynamikbasierten Part, bei der das Ergebnis aus beiden Berechnungen kombiniert wird. Die Idee dahinter ist, dass bei der Variationsrechnung über eine Bildsequenz nur Bildpunkte für die Differenzbildung berücksichtigt werden, die nicht bereits mittels schwellwertbasiertem Verfahren dem Feststoffbett zugeordnet werden.[7]

Eine Möglichkeit hierzu ist, auf alle genutzten Einzelbilder der Sequenz das automatisierte Schwellwertverfahren anzuwenden und die jeweiligen Ergebnisregionen miteinander zu vereinen. Das bedeutet, wenn ein Bildpunkt mindestens einmal in der betrachteten Sequenz über das automatisierte Schwellwertverfahren als Feststoffbett identifiziert wird, so wird der Bildpunkt auch im Gesamtergebnis als Feststoffbett deklariert. Kalte Feststofagglomerationen werden so wegen ihrer niedrigen Intensitätswerte immer entweder einzeln oder mit dem restlichen Feststoffbett über das automatisierte Schwellwertverfahren detektiert. Bei allen anderen Bildpunkten wird der Variationswert betrachtet und daraufhin die Entscheidung getroffen (z. B. mit einem weiteren Schwellwertverfahren), ob der Bildpunkt zur Region des Feststoffbetts oder der Verbrennungsatmosphäre zugeordnet wird. Ein Nachteil des hier dargestellten Vorgehens ist, dass sich durch das automatisierte Schwellwertverfahren verursachte Fehlsegmentierungen auf einem einzelnen Bild der betrachteten Sequenz direkt auf das Gesamtergebnis auswirken. Dadurch verringert sich die Robustheit der Segmentierung.

Eine Möglichkeit obigen Nachteil zu vermeiden, besteht darin, das automatisierte Schwellwertverfahren parallel zur Differenzbildung durchzuführen. Bildpunkte, die über das automatisierte Schwellwertverfahren als Feststoffbett erkannt werden, bekommen dann im zugehörigen Differenzbild den Wert 0 zugewiesen. Sie besitzen anschließend im modifizierten Differenzbild einen deutlich niedrigeren Intensitätswert als die eigentliche Differenz der Intensitätswerte an selbigem Bildpunkt ergeben hätte. Die so modifizierten Differenzbilder werden in einem zeitlichen Filter wiederum aufsummiert und normiert, was einem zeitlichen Mittelwertfilter entspricht (Abb. 3.7). Letzteres Vorgehen ist wesentlich robuster, da Fehlzuordnungen des automatisierten Schwellwertverfahrens auf einzelnen Bildern einen deutlich geringeren Einfluss auf das Gesamtergebnis haben.

---

[7] Dabei wird davon ausgegangen, dass sich die Lage des Feststoffbetts während der betrachteten Bildsequenz nicht ändert. Bei Bildsequenzen von wenigen Sekunden stellt das wegen der Trägheit der betrachteten Prozesse eine zulässige Annahme dar.

Die hohen absoluten Differenzwerte, die durch Bewegungen der Feststoffagglomerationen an deren Rändern entstehen, können bei der Berücksichtigung nur eines einzelnen Bildes zum automatisierten Schwellwertverfahren jedoch nicht aufgefangen werden (vgl. Abb. 3.6). Folglich muss die intensitätsbasierte Segmentierung auf beiden zur Differenzbildung verwendeten Bildern eingesetzt und beide Ergebnisregionen in einem weiteren Schritt
mittels einer ODER-Verknüpfung vereinigt werden. Erst danach kann die Fusion mit dem korrespondierenden Differenzbild erfolgen. In einem finalen
Segmentierungsschritt wird ein Regionenwachstumsverfahren auf die normierten modifizierten Differenzbilder angewandt. Dabei wird ein Keimpunkt
mittels Vorwissen so bestimmt, dass er sich immer innerhalb der Feststoffbettregion befindet.

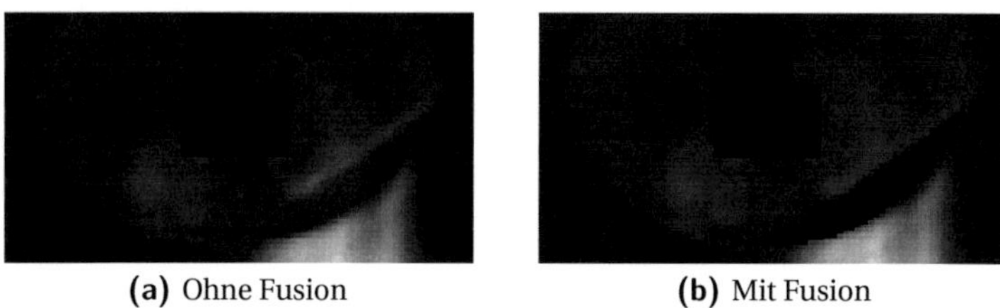

(a) Ohne Fusion   **(b)** Mit Fusion

Abbildung 3.7: Gemittelte Differenzbilder mit kalter Agglomeration
im Feststoffbett

Der Fusionsschritt führt situationsabhängig zu einer deutlich verbesserten
Diskriminierbarkeit zwischen Feststoffbett und Verbrennungsatmosphäre.
Falls die Ofentemperatur hoch ist, basiert die Segmentierung überwiegend
auf dem dynamikbasierten Teil, da der intensitätsbasierte Teil bei hohen
Ofentemperaturen nur selten etwas detektiert. Im Gegensatz dazu führen hohe Temperaturunterschiede zwischen Verbrennungsatmosphäre und Feststoffbett in den Eingangsbildern dazu, dass der intensitätsbasierte Part das
Gesamtergebnis dominiert und dadurch deutliche Verbesserungen der Segmentierungsergebnisse erzielt werden.

Das Ergebnis der Segmentierung sowohl für eine Sequenz mit niedrigen als
auch mit hohen mittleren Temperaturen ist in Abb. 3.8 visualisiert. Auf Basis der segmentierten Feststoffbettregion ($\Omega_{Fb} \subset \Omega$) können im nächsten Verarbeitungsschritt charakteristische Kenngrößen des Feststoffbetts extrahiert
werden.

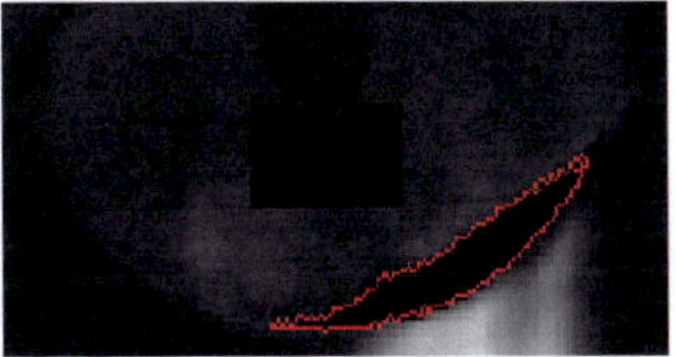
(a) Niedrige mittlere Temperatur

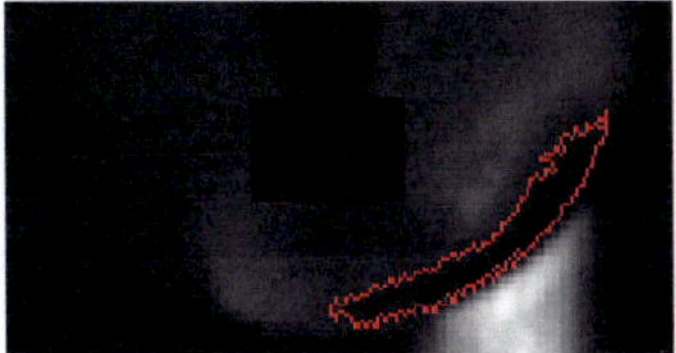
(b) Hohe mittlere Temperatur

Abbildung 3.8: Segmentierung mit modifizierten gemittelten Differenzbildern

Kenngrößenextraktion

Um geometrische Kenngrößen des Feststoffbetts aus dem Segmentierungsergebnis abzuleiten, wird hier ein neues modifiziertes Template-Matching-Verfahren vorgestellt. Dabei wird in einem Güteverfahren die Übereinstimmung zwischen segmentierter Feststoffbettregion und einem Kreissegment-Template mit variablem Füllwinkel β_{Ks} und Schüttwinkel ξ_{Ks} überprüft. Als zu minimierendes Fehlermaß wird die resultierende Fläche (Anzahl der Bildpunkte) nach Bildung der symmetrischen Differenz[8] zwischen der Region des Kreissegments ($\Omega_{Ks} \subset \Omega$) und dem Segmentierungsergebnis Ω_{Fb} verwendet (Abb. 3.9 sowie Gleichungen (3.1) und (3.2)).

$$\Omega_{\text{Fehler}}(\beta_{Ks}, \xi_{Ks}) := \left\{ \mathbf{x} \in \Omega \mid \left((\mathbf{x} \in \Omega_{Fb}) \wedge \left(\mathbf{x} \notin \Omega_{Ks}(\beta_{Ks}, \xi_{Ks}) \right) \right) \vee \right.$$
$$\left. \left((\mathbf{x} \notin \Omega_{Fb}) \wedge \left(\mathbf{x} \in \Omega_{Ks}(\beta_{Ks}, \xi_{Ks}) \right) \right) \right\} \tag{3.1}$$

Auf Basis der Fehlerregion $\Omega_{\text{Fehler}}(\beta_{Ks}, \xi_{Ks})$ gilt für die gesuchten Winkel $\beta_{Ks,min}$ und $\xi_{Ks,min}$

$$(\beta_{Ks,min}, \xi_{Ks,min}) = \underset{\beta_{Ks}, \xi_{Ks}}{\arg\min} \left| \Omega_{\text{Fehler}}(\beta_{Ks}, \xi_{Ks}) \right|. \tag{3.2}$$

Dabei steht $|\Omega|$ für die Anzahl der Bildpunkte innerhalb einer Region.

Der Parameterraum der Winkel des Kreissegment-Templates kann über das Einbringen von Vorwissen, wie die Beschränkung auf den Bereich zwischen physikalisch minimal bzw. maximal mögliche Winkel stark reduziert werden. Ferner wird nach einer einmaligen Initialisierung das Kreissegment nur noch in einem Intervall um die im vorhergehenden Bild ermittelten Füll- und Schüttwinkel optimiert (z. B. jeweils ±5.0°), was einer weiteren Verkleinerung des Suchraums entspricht. Eine sinnvolle Schrittweite zur Optimierung der Parameter ist abhängig von der Bildauflösung und wird hier zu

---

[8] Exklusiv-Oder-Operation

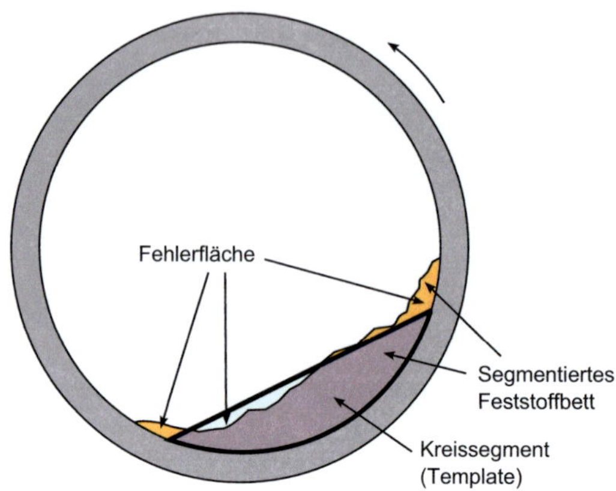

Abbildung 3.9: Template-Matching mit Kreissegment

jeweils 0.5° gewählt. Da es sich um ein nichtkonvexes diskretes Minimierungsproblem mit einem eingeschränkten Parameterraum handelt, bietet es sich hier an, eine vollständige Auswertung der Zielfunktion (Gleichung (3.2)) durchzuführen.

Niedrige Werte des minimal erreichbaren Fehlermaßes ergeben sich bei einer Roll-/Stürz- oder Gleitbewegung des Feststoffbetts, bei der die Form des Feststoffbetts einem Kreissegment ähnelt (vgl. Abschnitt 1.2.1). Ein Fehlermaß von 0 bedeutet, dass beide Regionen genau übereinstimmen. Befindet sich das Feststoffbett in einer Kaskaden- oder Kataraktbewegung, dann ist das Fehlermaß höher. Abb. 3.10 zeigt Ergebnisse des Template-Matching-Verfahrens bei Sequenzen mit zwei verschiedenen Bewegungsformen. Neben der Bestimmung der beiden geometrischen Eigenschaften des Feststoffbetts Schüttwinkel und Füllwinkel, bietet das Template-Matching-Verfahren daher mit dem Fehlermaß auch die Möglichkeit, eine Kenngröße, die sich als Indikator für die Bewegungsform des Feststoffbetts eignet, zu extrahieren.

Auf Basis des Segmentierungsergebnisses können ebenfalls weitere, intensitätsbasierte Kenngrößen des Feststoffbetts berechnet werden. Alle Kenngrößen, die sich auf das Feststoffbett beziehen sind im weiteren Verlauf der vorliegenden Arbeit mit dem Index Fb versehen.

Fläche Die Fläche A_{Fb} des Feststoffbetts entspricht der Anzahl der Bildpunkte, die als Feststoffbett detektiert werden.

$$A_{Fb} = |\Omega_{Fb}| \tag{3.3}$$

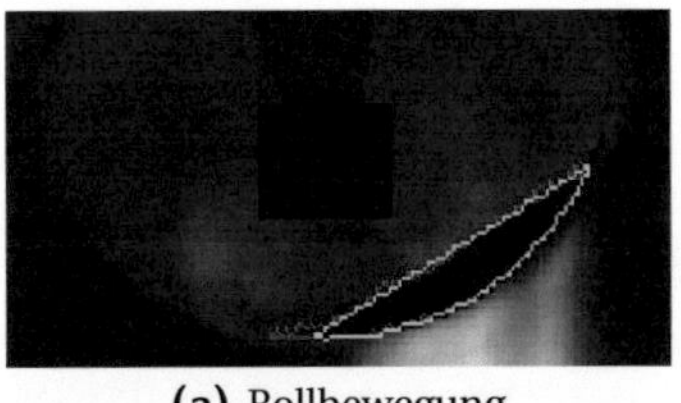

(a) Rollbewegung

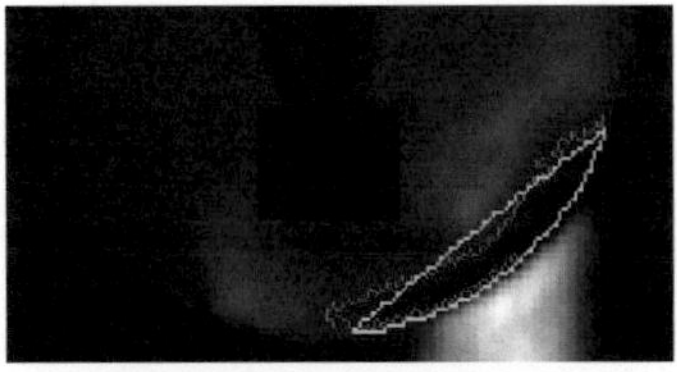

(b) Kaskadenbewegung

Abbildung 3.10: Erfassung der Bewegungsform des Feststoffbetts mit Hilfe des Template-Matching-Verfahrens (Segmentierungsergebnis (rot), Kreissegment-Template (grün))

Mit dem Betrag einer Region Ω wird die Kardinalität der Region bezeichnet.

Mittlere Intensität/Temperatur Es handelt sich dabei um den Mittelwert (1. Moment) der Intensitätswerte des Feststoffbetts. Im Falle einer kalibrierten Infrarotkamera entspricht die mittlere Intensität der mittleren Temperatur.

$$\overline{g}_{\mathrm{Fb}} = \frac{1}{|\Omega_{\mathrm{Fb}}|} \sum_{\mathbf{x} \in \Omega_{\mathrm{Fb}}} g(\mathbf{x}) \tag{3.4}$$

Standardabweichung der Intensität/Temperatur Die Standardabweichung der Intensität/Temperatur σ_{Fb} ist ein Maß für die Homogenität der Intensitäts-/Temperaturwerte des Feststoffbetts.

$$\sigma_{\mathrm{Fb}} = \sqrt{\frac{1}{|\Omega_{\mathrm{Fb}}|} \sum_{\mathbf{x} \in \Omega_{\mathrm{Fb}}} \left(g(\mathbf{x}) - \overline{g}_{\mathrm{Fb}}\right)^2} \tag{3.5}$$

Maximal-/Minimalwerte Der Maximalwert $g_{\mathrm{Fb,max}}$ und der Minimalwert $g_{\mathrm{Fb,min}}$ stellen die Extremwerte der Intensitätsverteilung innerhalb einer Region dar. Alternativ sind hier auch Quantile (z. B. 5% und 95% Quantile) denkbar, die weniger empfindlich gegenüber Ausreißern in den Datensätzen sind.

$$g_{\mathrm{Fb,max}} = \max_{\mathbf{x} \in \Omega_{\mathrm{Fb}}} g(\mathbf{x}) \tag{3.6}$$

$$g_{\mathrm{Fb,min}} = \min_{\mathbf{x} \in \Omega_{\mathrm{Fb}}} g(\mathbf{x}) \tag{3.7}$$

3.2.2 Schräge und zentrale Kameraeinbauposition

Im Gegensatz zur unteren Kameraeinbauposition besteht die Herausforderung bei einer schrägen bzw. zentralen Einbauposition der Kamera in der Diskriminierung des Feststoffbetts von der inneren Drehrohrwand. Abb. 3.11 zeigt eine typische Infrarot-Bildaufnahme einer Zinkrecyclinganlage aus einer schrägen Kameraeinbauposition. Aufgrund ähnlicher Temperaturen von Drehrohrwand und Feststoffbett (insbesondere im oberen Bereich) ist eine rein intensitätsbasierte Segmentierung hier nicht anwendbar. In dem neu entwickelten Verfahren werden daher bei der Segmentierung hauptsächlich die unterschiedlichen dynamischen Eigenschaften von Drehrohrwand und Feststoffbett genutzt. Speziell wird hierbei die stetige rotierende Bewegung der Drehrohrwand von der spezifischen Mischbewegung des Feststoffbetts unterschieden. Zudem wird Vorwissen über die Form des Feststoffbetts im Rahmen einer eigenen modifizierten Level-Set-basierten Segmentierung auf der Grundlage von [22] integriert. In diesem Abschnitt werden die hierfür erforderlichen Verarbeitungsschritte im Einzelnen vorgestellt.

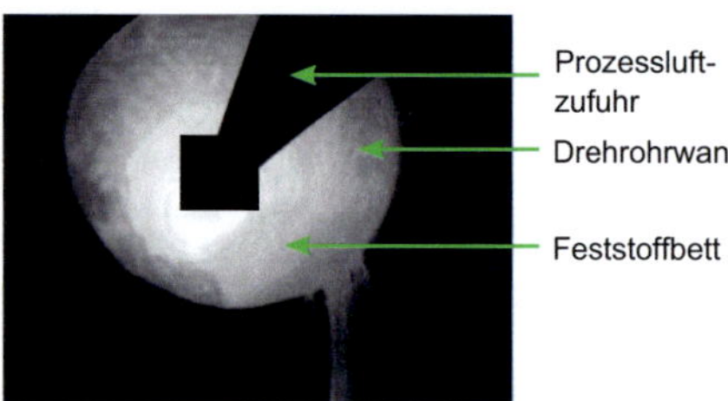

Abbildung 3.11: Drehrohraufnahme von schräger Kameraeinbauposition

Folgende Voraussetzungen müssen für die Anwendbarkeit des Verfahrens gegeben sein:

- Ausreichend gute Sicht mindestens im Bereich des unteren Drehrohrendes.

- Wenige Anbackungen an der Drehrohrwand.

Bildvorverarbeitung

Ein üblicher Ansatz bei der Analyse von Bewegungen in Bildsequenzen besteht in der Anwendung des Optischen-Fluss-Verfahrens [12]. Dabei wird aus zwei aufeinanderfolgenden Bildern ein Vektorfeld ermittelt, in welchem die Verschiebungslänge und -richtung jedes Bildpunkts gegeben ist (vgl. Abschnitt 1.2.3). Wird das Optische-Fluss-Verfahren auf die Originalaufnahmen angewendet, besteht jedoch eine Schwierigkeit darin, dass sich die homogene Rotationsbewegung der Drehrohrinnenwand sowohl in Amplitude als auch Richtung in jedem Bildpunkt unterscheidet, was eine genaue Zuordnung erschwert. Ebenso gestaltet sich dadurch eine Unterscheidung zum Bewegungsverhalten der zum Feststoffbett zugehörigen Bildpunkte problematisch. Deshalb wird ein Zwischenschritt angewendet, bei dem das zylindrische Drehrohr in den Bildaufnahmen mit Hilfe einer geometrischen Transformation perspektivisch auf ein Rechteck transformiert wird (das entspricht einer Abwicklung des Drehrohrinnenmantels, vgl. Anhang A.1.1). Für die weiteren Berechnungen führt die geometrische Transformation zu den folgenden signifikanten Vereinfachungen:

- Die kreisförmige Bewegung des Drehrohrs wird auf eine eindimensionale Bewegung in x-Richtung abgebildet.

- Das Feststoffbett wird näherungsweise auf einen vertikalen Streifen (Rechteck) transformiert, der allein über Breite und Position in x-Richtung definiert werden kann.[9]

- Es können Aufnahmen aus unterschiedlichen Kameraeinbauorten (im Bereich der schrägen und zentralen Kameraeinbauposition) mit dem gleichen Verfahren weiterverarbeitet werden.

Hierbei muss berücksichtigt werden, dass aufgrund der perspektivischen Verzerrung (vgl. Abschnitt 2.1), durch Anbackungen an der Drehrohrwand und der Höhe des Feststoffbetts ein Drehrohrofen nur approximativ als Zylinder betrachtet werden kann. Die bei der geometrischen Transformation entstehenden Fehler können jedoch für den betrachteten Anwendungsfall vernachlässigt werden.

Aufbauend auf den Drehrohrmittelpunkten und -radien vom oberen und unteren Drehrohrende in den Aufnahmen[10] können über die geometrische Transformation zwei Lookup-Tabellen (für Transformation und Rücktransformation) ermittelt werden, welche die Zuordnungen der Bildpunkte ermöglichen. Abb. 3.12 zeigt beispielhaft die für eine geometrische Transformation des Drehrohrs definierten Kreise in einer Originalaufnahme. In

---

[9] Dies gilt unter der Annahme, dass Veränderungen des Schütt- und Füllwinkels entlang des Drehrohrs bzw. des betrachteten Drehrohrbereichs vernachlässigbar sind.

[10] Alternativ sind auch andere Bezugspunkte mit bekannter Tiefe im Drehrohr denkbar, beispielsweise wenn das obere Drehrohrende in den Aufnahmen nicht erkennbar ist.

Abb. 3.13 ist das Ergebnis der Transformation Ω_T des Bereichs zwischen den Kreisen zu sehen.

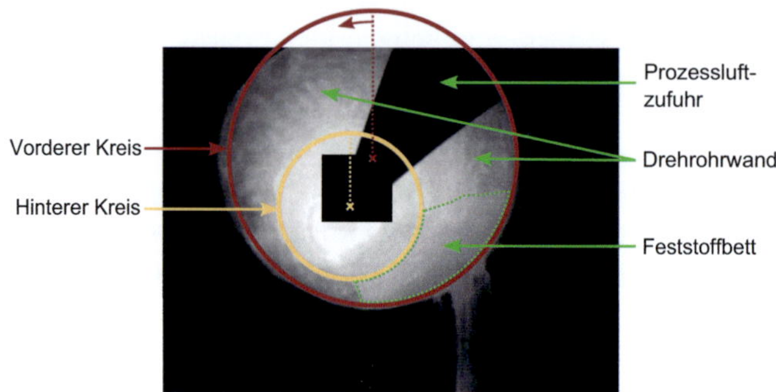

Abbildung 3.12: Hinterer (gelb) und vorderer (rot) Kreis für geometrische Transformation (der grün gestrichelte Feststoffbettbereich wurde manuell eingezeichnet)

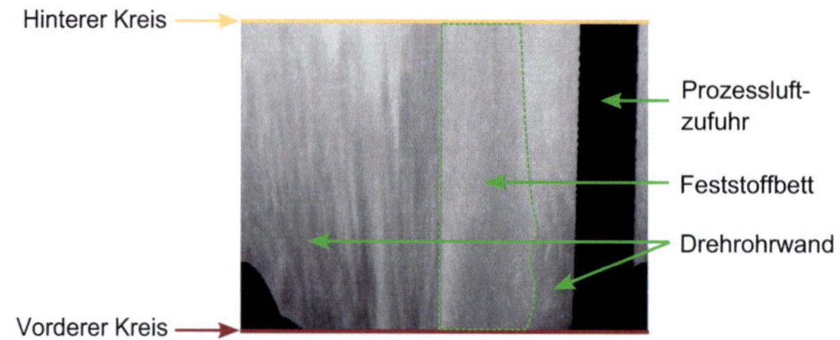

Abbildung 3.13: Transformierter Bildbereich einer Drehrohraufnahme mit Angabe der relevanten Bildregionen; der transformierte hintere Kreis (gelb) und der transformierte vordere Kreis (rot) sind eingezeichnet; der grün gestrichelte Feststoffbettbereich wurde manuell bestimmt.

Den Zeilen des geometrisch transformierten Bildausschnitts entsprechen n_{Kreise} Kreise im Originalbild im gleichmäßigen Abstand[11]. Über die Spalten sind die n_{Winkel} Winkelpositionen auf den Kreisen gegeben. Das bedeutet, auf der x-Achse des transformierten Bildes werden die Winkelpositionen von $0°$ bis $360°$ im Drehrohr dargestellt, und die y-Achse spiegelt die Tiefe im Drehrohr von $0\,\text{m}$ bis zur Länge des Drehrohrs wider (Der Bildpunkt mit einer

---

[11] Mit gleichmäßigem Abstand ist der Abstand in Weltkoordinaten entlang der Tiefe im Drehrohr z gemeint.

Tiefe 0 m im Winkel 0° befindet sich im transformierten Bildausschnitt links unten).[12]

Aufgrund anlagenspezifischer Eigenschaften (das Feststoffbett befindet sich nur in einem bestimmten zusammenhängenden Bereich im Drehrohrofen) ist es möglich, den für die Segmentierung berücksichtigten Winkelbereich einzuschränken. Darüber hinaus bietet es sich in einigen Fällen an, nicht die komplette Tiefe des Drehrohrs zu betrachten, sondern nur den Bereich am unteren Drehrohrende, in dem ausreichend gute Sichtverhältnisse gegeben sind (Aufgrund von Partikeln in der Verbrennungsatmosphäre ist der weiter entfernte Bereich im Drehrohr einer höheren Extinktion ausgesetzt). Zudem ist die Kameraauflösung für den weiter entfernten Bereich meist nicht hoch genug, um Strukturen zu erkennen, was dort zu fehlerhaften Bestimmungen des Bewegungsverhaltens führt. Der untersuchte Bildbereich kann gegebenenfalls weiter eingeschränkt werden, indem der Bereich direkt am unteren Drehrohrende ausgenommen wird, da es dort zu Störungen aufgrund des Austragsverhaltens kommen kann. Die finale ROI $\Omega_{T,ROI}$ wird dann begrenzt durch einen minimal und maximal möglichen Winkel sowie in der Tiefe vom unteren Drehrohrende bis zu einer Tiefe, die durch Kameraauflösung und Partikelkonzentration begrenzt wird. (Abb. 3.14)

Abbildung 3.14: Transformierter Bildbereich mit eingezeichneter ROI $\Omega_{T,ROI}$

Ein Problem für die Anwendung des Optischen-Fluss-Verfahrens besteht darin, dass Beleuchtungsschwankungen z. B. wegen einer Brennerflamme das Ergebnis beeinträchtigen können.[13] Um die Abhängigkeit von Beleuchtungsschwankungen zu reduzieren, wird daher auf dem transformierten Bildbereich eine räumliche Hochpass-Filterung durchgeführt. Dabei werden

---

[12] Falls eine Durchsicht bis zur Drehrohraufgabe nicht möglich ist, bietet es sich an, den kleineren Kreis in den Aufnahmen dort zu positionieren, wo die Tiefe im Drehrohr bekannt oder leicht ermittelbar ist. Die y-Achse des transformierten Bildausschnitts reicht dann vom Nullpunkt des unteren Drehrohrendes bis zur bekannten Tiefe im Drehrohr. Das Verfahren funktioniert im Weiteren analog.

[13] Die Voraussetzung des Optischen-Fluss-Verfahrens einer konstanten Helligkeit (Brightness Constancy Constraint) wird dann nicht eingehalten.

Bereiche mit lokalen Grauwertänderungen bzw. Strukturen hervorgehoben (Abb. 3.15).

Abbildung 3.15: Ergebnis nach Hochpassfilterung

Anschließend wird über eine Berechnung des Optischen-Flusses ein Vektorfeld bestimmt, in welchem die Bewegung einzelner Bildpunkte zwischen zwei aufeinanderfolgenden Bildaufnahmen gegeben ist [12]. Die Bewegung, die durch das Vektorfeld beschrieben wird, kann in eine vertikale v_{Fb} und in eine horizontale u_{Fb} Komponente aufgeteilt werden. Die vertikale Komponente des Optischen Flusses kann vernachlässigt werden. Die Idee dahinter ist, dass durch den Transformationsschritt die ursprüngliche Rotationsbewegung des Drehrohrs gegen den Uhrzeigersinn im transformierten Bildbereich einer eindimensionalen Bewegung in positive horizontale Richtung (nach rechts) entspricht. Im Gegensatz dazu handelt es sich beim Feststoffbett um den Bildbereich, in dem keine konstante Bewegung in positive horizontale Richtung festzustellen ist (Abb. 3.16). Die y-Komponente ist für die Unterscheidung von Feststoffbett und Drehrohrwand irrelevant.

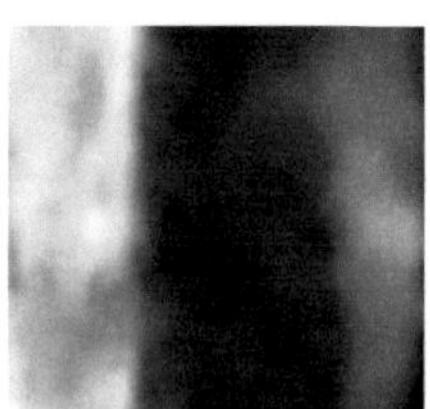

Abbildung 3.16: Komponente in x-Richtung des Optischen Flusses (dunkel: niedrige/negative Geschwindigkeiten; hell: hohe/positive Geschwindigkeiten)

Da das Feststoffbett je nach Beschaffenheit und Bewegungsverhalten auch an der Drehrohrwand mit nach oben transportiert wird, bevor es wieder abrutscht, und damit auch zeitweise eine Bewegung in positive x-Richtung in den untersuchten Bildern erfährt (vgl. Abschnitt 1.2.1), ist es notwendig, das Bewegungsverhalten über einen längeren Zeitraum mit Hilfe eines zeitlichen Filters zu betrachten. Daher wird ein zeitlicher Tiefpass-Filter erster Ordnung

$$u_{\text{Fb,TP}}(t_k) = k_{\text{TP}} \cdot u_{\text{Fb,TP}}(t_{k-1}) + (1 - k_{\text{TP}}) \cdot u_{\text{Fb}}(t_k) \quad \text{mit } 0 \leq k_{\text{TP}} \leq 1 \qquad (3.8)$$

eingesetzt, der als Ergebnis ein Merkmalsbild $u_{\text{Fb,TP}}$ der tiefpass-gefilterten Geschwindigkeiten in x-Richtung des transformierten Bildbereichs liefert (Abb. 3.17). Mittels k_{TP} lässt sich der Tiefpassfilter parametrisieren.

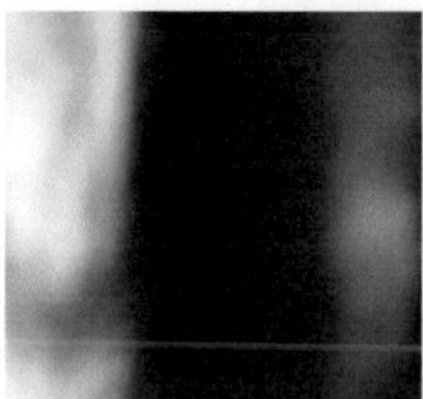

Abbildung 3.17: Tiefpassgefilterte Komponente in x-Richtung des Optischen Flusses ($k_{\text{TP}} = 0.95$)

Das tiefpass-gefilterte Merkmalsbild kann als Grundlage für die Segmentierung des Feststoffbetts genutzt werden. Anwendungsabhängig bietet es sich auch an, den transformierten Bildausschnitt direkt als intensitätsbasiertes zusätzliches Merkmalsbild für die Segmentierung zu nutzen und/oder als Basis für texturbasierte Merkmalsbilder heranzuziehen. Die texturbasierten Merkmalsbilder können dann zusätzlich zum dynamikbasierten Merkmalsbild in der Segmentierungsphase verwendet werden.

Abb. 3.18a zeigt für das vorliegende Beispiel das Intensitätsbild und auf Basis des Strukturtensors (vgl. Abschnitt 1.2.3, Gleichung (1.4)) den quadrierten Betrag des Gradienten $J_{11} + J_{22}$ (Abb. 3.18b) sowie die x-Komponente $J_{22} - J_{11}$ (Abb. 3.18c) und y-Komponente $2J_{12}$ des Orientierungsvektors (Abb. 3.18d). Alle Ergebnisse sind ebenfalls zeitlich mit Hilfe eines Tiefpasses gefiltert. In Abb. 3.18b und Abb. 3.18c sind zwar die linke bzw. untere Kante des Feststoffbetts deutlich zu erkennen und ist beispielsweise mittels eines Kantendetektors lokalisierbar, die rechte bzw. obere Kante ist jedoch nicht eindeutig zu identifizieren. Es zeigt sich für den untersuchten Fall, dass im Vergleich zur Bewegung die Merkmalsbilder basierend auf Intensität und Textur für die Segmentierung weniger gut geeignet sind.

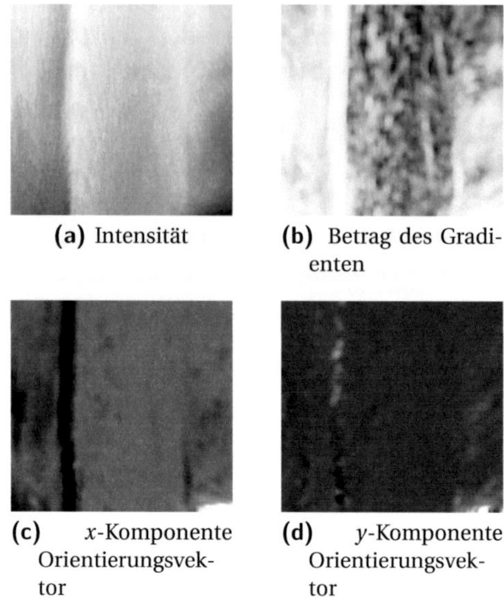

(a) Intensität   **(b)** Betrag des Gradienten

(c) x-Komponente Orientierungsvektor   **(d)** y-Komponente Orientierungsvektor

Abbildung 3.18: Tiefpassgefilterte Merkmalsbilder ($k_{TP} = 0.95$)

Bildsegmentierung

Das eingesetzte Segmentierungsverfahren soll neben der Nutzung eines oder mehrerer Merkmalsbilder auch die Einbindung von Vorwissen über die Form und Position des Feststoffbetts erlauben, um ein möglichst robustes Ergebnis zu erzielen. Letzteres ist bei der betrachteten Anwendung besonders relevant, da eine rein datenbasierte Segmentierung häufigen Störungen beispielsweise durch Anbackungen an der Drehrohrwand unterworfen ist.

Ein einfaches Schwellwertverfahren erlaubt nicht das direkte Einbringen von Vorwissen. Ein solcher Ansatz benötigt zwar nur eine geringe Rechendauer, aber er macht aufwendige Nachbearbeitungen notwendig, um Fehlsegmentierungen zu erkennen und zu eliminieren. Das schwellwertbasierte Verfahren tendiert auch dazu, bei steigender Entfernung vom unteren Drehrohrende (oberer Bereich des transformierten Bildausschnitts) zu viele Bildpunkte dem Feststoffbett zuzuordnen[14]. Zudem kann Vorwissen über die Form des

---

[14] Im weiter entfernten Bereich macht sich zum einen die Kameraauflösung bemerkbar, zum anderen herrscht auch eine höhere Extinktion in der Verbrennungsatmosphäre vor. Beides führt zu weniger verwertbaren Strukturen, die z. B. für das Optischer-Fluss-Verfahren notwendig sind.

Feststoffbetts nicht direkt zur Verbesserung der Segmentierung genutzt werden.

Um die genannten Nachteile zu vermeiden, bietet es sich an, ein globales Segmentierungsverfahren anzuwenden (vgl. Abschnitt 1.2.3). Auf der Basis eines Level-Set-basierten Ansatzes lässt sich Vorwissen über die Form sowie über mögliche Positionen des Feststoffbetts während der Segmentierung integrieren. Es kann dabei direkt das Vorwissen genutzt werden, dass das Feststoffbett im transformierten Bildbereich einem Rechteck mit variabler Breite und variabler Position in x-Richtung entspricht. Eine aufwendige Nachbearbeitung des Segmentierungsergebnisses mit Hilfe morphologischer Operatoren oder Plausibilitätsüberprüfungen entfällt. Im Level-Set-basierten Optimierungsverfahren wird das Vorwissen zusammen mit der datenbasierten Information der Merkmalsbilder berücksichtigt[15]. Im Folgenden wird die Modifikation eines Level-Set-basierten Segmentierungsansatzes für die vorliegende Aufgabe der Feststoffbettsegmentierung dargestellt.

Level-Set-basierte Bildsegmentierung Gemäß einer Methode von Chan et al. [22] lässt sich das Level-Set-Verfahren dahingehend erweitern, dass Formvorwissen in das Energiefunktional integriert wird. Dadurch ist es möglich, Objekte in den Bildaufnahmen zu segmentieren, die eine ähnliche Form wie eine vorgegebene Form aufweisen. Die Idee dabei ist, eine zweite Level-Set-Funktion zu definieren, deren Kontur (Schnitt durch die Nullebene) der gesuchten Form entspricht. Die zweite Level-Set-Funktion ψ wird dann über die Anpassung von vier Parametern für die Translation (a, b), Rotation (ϑ) und Skalierung (r) im Optimierungsverfahren mit adaptiert. Beide Level-Set-Funktionen versuchen sich dabei gegenseitig anzunähern. Das erweiterte zu minimierende Energiefunktional E lautet dann [22]:

$$E(\mu_1, \mu_2, \phi, \psi) = E_{\text{CV}}(\mu_1, \mu_2, \phi) + \lambda E_{\text{Form}}(\phi, \psi) \tag{3.9}$$

---

[15] Wie in Abschnitt 4.1 gezeigt wird, stellt der hohe Rechenaufwand für den Level-Set-basierten Ansatz jedoch zur Zeit noch eine Einschränkung für den Online-Einsatz dar.

Über den Parameter λ lässt sich der Einfluss der Formvorgabe vorgeben. Der erste Term $E_{\text{CV}}(\mu_1, \mu_2, \phi)$ basiert auf dem CHAN-VESE-Verfahren (vgl. Abschnitt 1.2.3) und ist verantwortlich dafür, dass die Segmentierung hohe Ähnlichkeit mit den Bilddaten aufweist. Der zweite Term $E_{\text{Form}}(\phi, \psi)$ berücksichtigt die Ähnlichkeit der gefundenen Form mit der Formvorgabe und ist wie folgt gegeben[16]:

$$E_{\text{Form}}(\phi, \psi) = \int_{\Omega} \left(H(\phi(\mathbf{x})) - H(\psi(\mathbf{x}))\right)^2 d\mathbf{x} \tag{3.10}$$

Bei $H(\phi)$ und $H(\psi)$ handelt es sich um die Heaviside-Funktion für die allgemein gilt:

$$H(x) = \begin{cases} 1, & \text{für } x \geq 0 \\ 0, & \text{für } x < 0 \end{cases} \tag{3.11}$$

Die Modifikationsvorschrift für die Level-Set-Funktion ϕ lässt sich damit wie folgt mit Hilfe des Gradientenabstiegsverfahrens aus Gleichung (3.9) herleiten [22]:

$$\frac{d\phi(\mathbf{x})}{dt} = -\frac{\partial E}{\partial \phi} = -\left(\left(g(\mathbf{x}) - \mu_1\right)^2 - \left(g(\mathbf{x}) - \mu_2\right)^2 + 2\lambda\left(H(\phi(\mathbf{x})) - H(\psi(\mathbf{x}))\right)\right)\delta(\phi(\mathbf{x})) \tag{3.12}$$

Dabei ist $g(\mathbf{x})$ der Intensitätswert an der Stelle $\mathbf{x}$ im Bild. Die Delta-Distribution δ stellt die Ableitung der Heaviside-Funktion

$$\delta(x) = \frac{d}{dx}H(x) \tag{3.13}$$

im Sinne der Distributionentheorie dar [3].

In den erzeugten transformierten Merkmalsbildern kann der Bereich des Feststoffbetts näherungsweise als ein Rechteck angesehen werden. Das Rechteck ist über zwei Parameter definiert, die horizontale Position in x-Richtung a und die Breite w. Beide Parameter lassen sich über Gleichung (3.14) und Gleichung (3.15) mit dem Füllwinkel β sowie dem Schüttwinkel ξ in Verbindung bringen (vgl. Abb. 3.12 und 3.13).

$$\beta = \frac{w}{n_{\text{Winkel}}} \cdot 2\pi \tag{3.14}$$

$$\xi = \frac{a}{n_{\text{Winkel}}} \cdot 2\pi - \pi \tag{3.15}$$

---

[16] Da der Einfluss der Form mit Hilfe von E_{Form} erfolgt, ist eine zusätzliche Minimierung der Konturlänge im ersten Term, wie im ursprünglichen Ansatz von Chan und Vese vorgesehen, nicht notwendig [22].

Vorwissen wird im Folgenden genutzt, um obiges Verfahren zur Verwendung von Formvorwissen in einem Level-Set-Ansatz für die spezielle Aufgabe der Segmentierung des Feststoffbetts zu adaptieren. Als Formvorgabe wird daher ein Rechteck gewählt, dessen Position und Breite bzw. Füll- und Schüttwinkel bereits so bestimmt sind, dass das Rechteck in vielen Fällen die Region des Feststoffbetts gut approximiert[17]. Mit Hilfe des Level-Set-Verfahrens wird unter Berücksichtigung eines oder mehrerer Merkmalsbilder die Position sowie die Breite dann so optimiert, dass ein Minimum des Energiefunktionals aus Gleichung (3.10) erreicht wird. Die segmentierte Feststoffbettregion stellt damit einen Kompromiss aus den gemessenen Bilddaten und dem Vorwissen dar.

Der Ansatz aus [22] besitzt vier Parameter (Translation a, b, Rotation θ, Skalierung r) zur Adaption der Formvorgabe ψ_0. Die aktuelle Form bestimmt sich in Abhängigkeit der Parameter und der Formvorgabe dann mit

$$\psi(x, y) = r\psi_0 \left(\frac{(x-a)\cos\theta + (y-b)\sin\theta}{r}, \frac{-(x-a)\sin\theta + (y-b)\cos\theta}{r} \right).$$

$$(3.16)$$

In der vorliegenden Arbeit wurde obiger Ansatz für die Aufgabe der Segmentierung des Feststoffbetts mit einem Rechteck als Formvorgabe adaptiert[18]. Unter Berücksichtigung der horizontalen Position in x-Richtung a und der Breite w des Rechtecks lautet der neue modifizierte Ansatz von Gleichung (3.16):

$$\psi(x, y) = \psi_0(x - a, y) + w \qquad (3.17)$$

Da das Rechteck immer senkrecht vom unteren bis zum oberen Rand in den Aufnahmen zu erwarten ist, können der Rotationsparameter θ und der Translationsparameter b in Gleichung (3.17) entfallen. Anstelle einer Skalierung mit r erfolgt mit dem Summand w eine Anhebung bzw. Absenkung der Level-Set-Funktion ψ, was ebenfalls einer Größenänderung der Formvorgabe entspricht, aber weniger Berechnungen im Optimierungsschritt erfordert.

---

[17] Ist eine Segmentierung nicht möglich oder zu sehr fehlerbehaftet (z. B. aufgrund zu schlechter Sichtverhältnisse), kann allein die Formvorgabe dazu genutzt werden, bildbasierte Kenngrößen des Feststoffbetts zu extrahieren.

[18] Das Rechteck gibt eine typische Position des Feststoffbetts wieder. Auf Basis dieses Rechtecks kann die Formvorgabe ψ_0 als vorzeichenbehaftete Abstandsfunktion (vgl. Gleichung (1.11)) zu den Rändern des Rechtecks ermittelt werden.

Mit Hilfe des Gradientenabstiegsverfahren zur Optimierung von a und w ergeben sich basierend auf [22] die folgenden modifizierten Berechnungsvorschriften:

$$\frac{\mathrm{d}a}{\mathrm{d}t} = -\frac{\partial E}{\partial a} = \int_\Omega 2\left(H(\psi) - H(\phi)\right)\psi_{0,x}(x - a, y)\delta(\psi)\mathrm{d}\mathbf{x} \qquad (3.18)$$

$$\frac{\mathrm{d}w}{\mathrm{d}t} = -\frac{\partial E}{\partial w} = \int_\Omega 2\left(H(\phi) - H(\psi)\right)\delta(\psi)\mathrm{d}\mathbf{x} \qquad (3.19)$$

Bei der Implementierung des Level-Set-Verfahrens und der eingesetzten Methoden zur Reduktion des Berechnungsaufwands wurde auf Arbeiten von [11, 22, 85] zurückgegriffen. Auf Basis des Ergebnisses der Optimierung kann aus der Level-Set-Funktion ψ die Feststoffbettregion Ω_{FB} (das adaptierte Rechteck), über

$$\Omega_{\mathrm{FB}} := \left\{\mathbf{x} \in \Omega \mid \psi(\mathbf{x}) \geq 0\right\} \qquad (3.20)$$

ermittelt werden. Abb. 3.19a zeigt das Ergebnis der Level-Set-basierten Segmentierung zunächst ohne Formvorgabe, d. h. ausschließlich auf Basis des verwendeten Merkmalsbilds. In Abb. 3.19b wurde die Formvorgabe hinzugezogen. Es zeigt sich, dass dadurch eine höhere Robustheit der Segmentierung erzielt werden kann. Optional kann das Segmentierungsergebnis dann auch in das Originalbild zurücktransformiert werden, wie in Abb. 3.20 dargestellt.

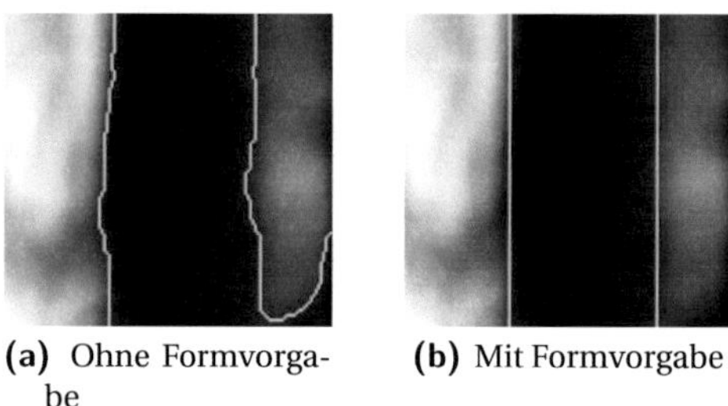

(a) Ohne Formvorgabe   **(b)** Mit Formvorgabe

Abbildung 3.19: Ergebnisregionen (grün umrandet) der Level-Set-basierten Segmentierung im transformierten Bildbereich

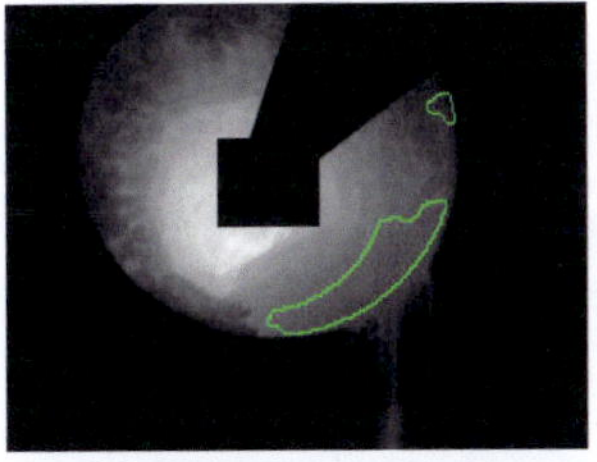
(a) Ohne Formvorgabe

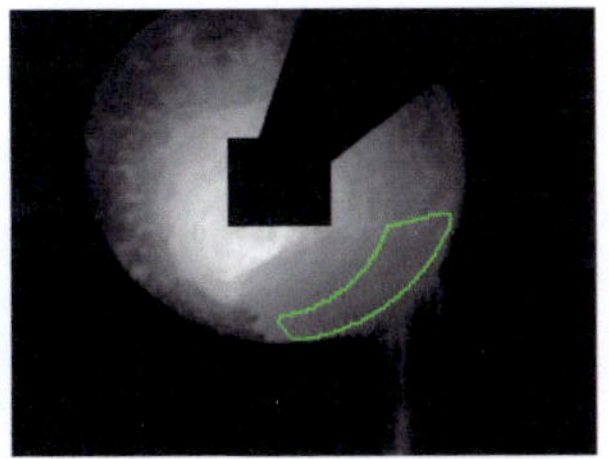
(b) Mit Formvorgabe

Abbildung 3.20: Ergebnisregionen (grün umrandet) der Level-Set-basierten Segmentierung im Originalbild

Kenngrößenextraktion

Als extrahierbare Kenngrößen ergeben sich implizit nach Gleichung (3.14) und Gleichung (3.15) die beiden geometrischen Eigenschaften des Feststoffbetts Schütt- und Füllwinkel. Zudem lassen sich intensitätsbasierte Kenngrößen extrahieren, wie der mittlere Intensitäts-/Temperaturwert oder die Standardabweichung der Intensitäts-/Temperaturwerte innerhalb der Region des Feststoffbetts (vgl. Abschnitt 3.2.1).

Ein großer Vorteil der schrägen und zentralen Kameraeinbauposition ist außerdem, dass Informationen entlang der Tiefe des Drehrohrs verfügbar sind (vgl. Abschnitt 2.1). Dadurch ist es möglich, Temperaturprofile des Feststoffbetts entlang des Drehrohrs zu erstellen. Hierzu kann die segmentierte Feststoffbettregion in den transformierten Bildausschnitten genutzt werden, in welchen über die y-Achse die Tiefe im Drehrohr gegeben ist. Mittels

$$\overline{g}(y) = \frac{1}{\left|\Omega_{\mathrm{Fb,y}}\right|} \sum_{x \in \Omega_{\mathrm{Fb,y}}} g_{\mathrm{T}}(x, y) \tag{3.21}$$

kann der mittlere Intensitätswert $\overline{g}(y)$ des Feststoffbetts dann für einen gegebenen y-Wert aus dem transformierten Intensitätsbild g_{T} bestimmt werden. $\Omega_{\mathrm{Fb,y}}$ stellt dabei eine Zeile aus Ω_{Fb} dar. Der Zusammenhang zwischen y und z ist über

$$z = \frac{y}{n_{\mathrm{Kreise}}} \cdot l_{\mathrm{Drehrohr}} \tag{3.22}$$

gegeben.

Abb. 3.21 zeigt den kompletten Ablauf zur Ermittlung bildbasierter Kenngrößen des Feststoffbetts aus einer schrägen oder zentralen Kameraeinbauposition.

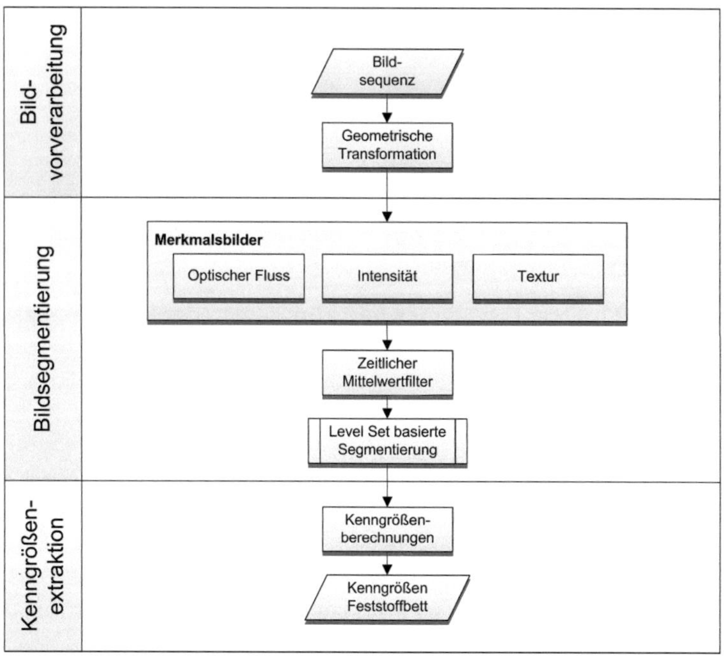

Abbildung 3.21: Neues Verfahren zur Extraktion bildbasierter Kenngrößen des Feststoffbetts bei einer schrägen oder zentralen Kameraeinbauposition

3.3 Feststoffaustrag

Als Feststoffaustrag wird der Teil des Feststoffbetts bezeichnet, der nach der Verarbeitung im Drehrohrofen am unteren Ende wieder ausgetragen wird (Abb. 3.22). Das Verhalten des Feststoffaustrags ist u. a. abhängig von den Materialeigenschaften und der Menge, aber auch von anlagenspezifischen Parametern wie der Drehzahl des Ofens. In diesem Abschnitt wird in einem neuen Bildverarbeitungsverfahren gezeigt, wie Kenngrößen über den Feststoffaustrag aus Kameraaufnahmen gewonnen werden können. Die ermittelten Kenngrößen sollen Rückschlüsse auf die Feststoffeigenschaften (z. B. Zähigkeit, Fließverhalten, Menge, Zusammensetzung) und damit den Prozesszustand im Drehrohrofen erlauben. In Abb. 3.23 sind für diesen Abschnitt relevante geometrische Größen dargestellt. Alle Größen, die sich speziell auf den Feststoffaustrag beziehen, sind mit dem Index FA gekennzeichnet.

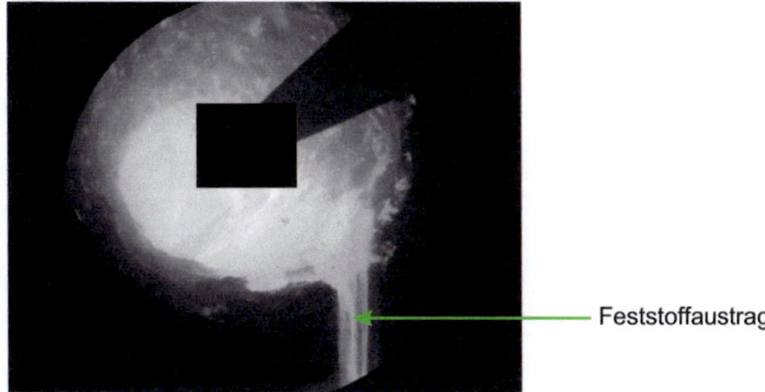

Abbildung 3.22: Infrarot-Aufnahme des Feststoffaustrags einer Zinkrecyclinganlage

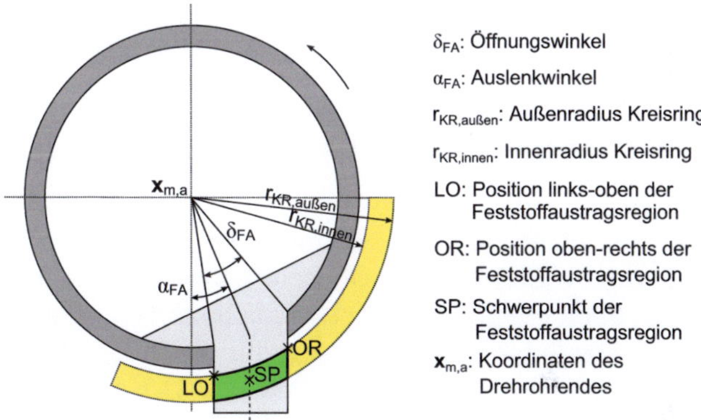

Abbildung 3.23: Öffnungswinkel und Auslenkwinkel der Region des Feststoffaustrags (grün) innerhalb der ROI (gelb) sowie weitere Hilfsgrößen

3.3.1 Bildvorverarbeitung und Bildsegmentierung

Der interessierende Bildbereich ergibt sich aus den geometrischen Eigenschaften des Drehrohrs in den Aufnahmen. Einmalig wird ein Kreisring mit Mittelpunkt der unteren Ofenöffnung in den Bildern definiert. Um Störungen durch Anbackungen am unteren Drehrohrende zu vermeiden, wird der Innenradius des Kreisrings $r_{KR,innen}$ hierbei etwas größer als der äußere Ofenradius r_a gewählt (z. B. $r_{KR,innen} = 1.25 \cdot r_a$). Der Außenradius des Kreisrings $r_{KR,außen}$ ist zumeist durch den Bildaufnahmebereich beschränkt. Er ist so zu wählen, dass die nutzbare Bildfläche ausreichend hoch ist (z. B. $r_{KR,außen} = 1.5 \cdot r_a$), damit kleine Fehlsegmentierungen einen geringen Einfluss auf das Segmentierungsergebnis besitzen (vgl. Abb. 3.23). Die Region innerhalb des so definierten Kreisrings kann anschließend noch weiter eingeschränkt werden, da der Feststoff prozess- und konstruktionsbedingt nur in einem bestimmten Bildbereich aus dem Ofen ausgetragen werden kann (Abb. 3.24). Auf Basis der so definierten ROI $\Omega_{\text{ROI,FA}} \subset \Omega$ wird die Bildsegmentierung durchgeführt.

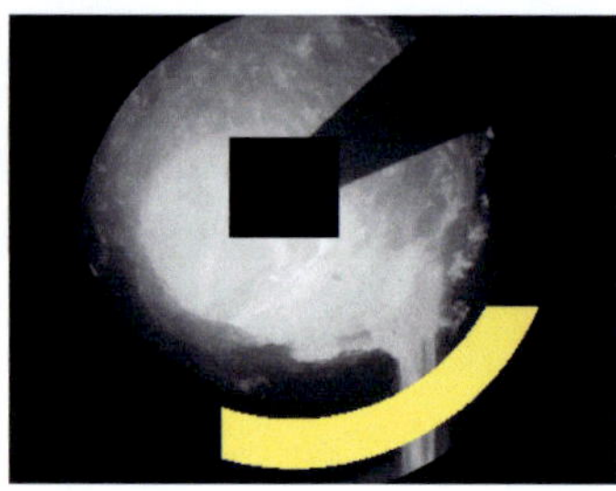

Abbildung 3.24: ROI zur Ermittlung des Feststoffaustrags (gelb)

Der Feststoffaustrag ist beim Verlassen des Drehrohrs noch heiß und besitzt daher eine deutliche Temperaturdifferenz zur Stirnseite der Drehrohrausmauerung. Folglich liegt es nahe, zur Segmentierung des Feststoffaustrags und des Bildhintergrunds in den Aufnahmen den Intensitätswert als Merkmal zu nutzen. Ein Schwellwert $s_{\text{FA,1}}$ für die Bildpunkte innerhalb der ROI kann entweder fest vorgegeben oder adaptiv (z. B. über die mittlere Temperatur im Ofen oder die mittlere Temperatur der Stirnseite der Ausmauerung) ermittelt werden. Damit ergibt sich die intensitätsbasierte Ergebnisregion $\Omega_{\text{FA,1}}$ aus:

$$\Omega_{\text{FA,1}} := \left\{ \mathbf{x} \in \Omega_{\text{ROI,FA}} \mid g(\mathbf{x}) > s_{\text{FA,1}} \right\} \tag{3.23}$$

Zusätzlich bietet die Analyse von Differenzbildern die Möglichkeit, Intensitätsveränderungen zwischen zwei Bildern zu betrachten, um die Genauigkeit der Segmentierung weiter zu erhöhen. Vor allem kälterer Feststoffaustrag, der über einen Schwellwert nicht erfasst werden kann, ohne insgesamt die Anzahl von Fehlsegmentierungen zu erhöhen, ist über die Intensitätsänderung zwischen zwei aufeinanderfolgenden Aufnahmen gut zu detektieren. Hierbei muss wiederum ein Schwellwert $s_{\text{FA,2}}$ eingesetzt werden, der ausschließlich Bereiche mit ausreichend hoher zeitlicher Veränderung einer Region $\Omega_{\text{FA,2}}$ zuweist. Die Berechnung der dynamikbasierten Region für einen beliebigen Zeitpunkt t_k erfolgt mit

$$\Omega_{\text{FA,2}} := \left\{ \mathbf{x} \in \Omega_{\text{ROI,FA}} \mid g(\mathbf{x}, t_k) - g(\mathbf{x}, t_{k-1}) > s_{\text{FA,2}} \right\}. \tag{3.24}$$

Dabei werden nur Bildpunkte mit positiver Änderung hinzugenommen, da sonst auch die Position im vorangegangenen Zeitschritt bei der schwellwertbasierten Segmentierung mit berücksichtigt wird. Die dynamikbasierte Ergebnisregion $\Omega_{FA,2}$ und die Ergebnisregion der intensitätsbasierten Segmentierung können anschließend zu einer Region Ω_{FA} vereinigt werden ($\Omega_{FA} = \Omega_{FA,1} \cup \Omega_{FA,2}$). Die Ergebnisregion besteht dann, abhängig von der Art des Feststoffaustrags, aus einem oder mehreren zusammenhängenden Gebieten, die zur Kenngrößenextraktion genutzt werden können. In Abb. 3.25 ist das Ergebnis der Segmentierung dargestellt. Abb. 3.26 zeigt den gesamten Ablauf des neuen Verfahrens zur bildbasierten Analyse des Feststoffaustrags.

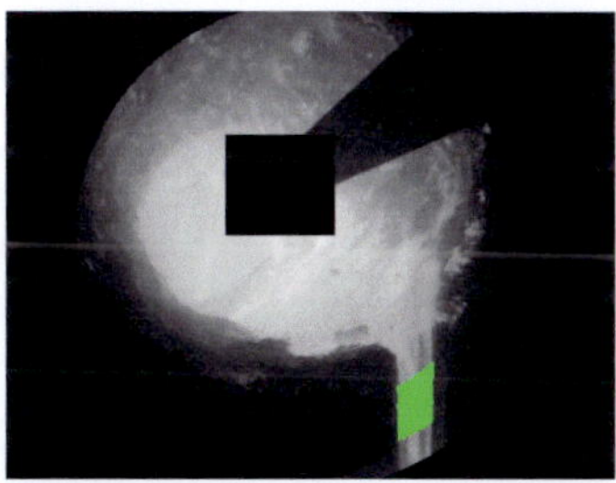

Abbildung 3.25: Ergebnis der Segmentierung des Feststoffaustrags am Beispiel einer Infrarot-Aufnahme an einer Zinkrecycling-Anlage (mit $s_{FA,1} = 650\,°\mathrm{C}$ und $s_{FA,2} = 30\,\mathrm{K}$)

3.3.2 Kenngrößenextraktion

Die im Folgenden vorgestellten Kenngrößen basieren auf der segmentierten Region des Feststoffaustrags. Sie ermöglichen die Erfassung von form-, intensitäts- sowie dynamikbasierten Eigenschaften des Feststoffaustrags.

Fläche Die Fläche des Feststoffaustrags A_{FA} entspricht der Anzahl aller Bildpunkte, die als Feststoffaustrag erkannt werden. Sie kann als ein Indikator für die Menge des Feststoffaustrags betrachtet werden.

$$A_{FA} = |\Omega_{FA}| \tag{3.25}$$

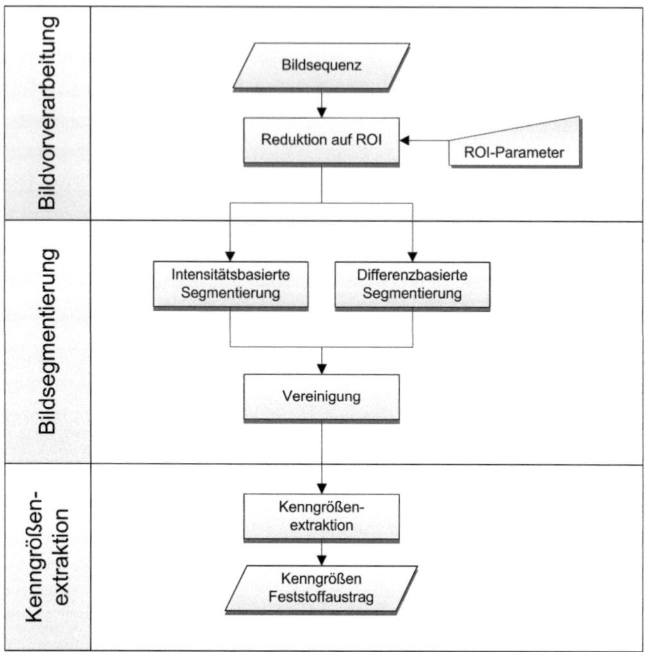

Abbildung 3.26: Neues Verfahren zur Extraktion von Kenngrößen des Feststoffaustrags

Mittlere Intensität/Temperatur Die mittlere Intensität $\overline{g}_{FA}$ (bei einer kalibrierten Kamera auch Temperatur) ist der Mittelwert der Intensitätswerte der Bildpunkte innerhalb der segmentierten Region des Feststoffaustrags (beim Einsatz eines temperaturbestimmenden Kamerasystems).

$$\overline{g}_{FA} = \frac{1}{|\Omega_{FA}|} \sum_{\mathbf{x} \in \Omega_{FA}} g(\mathbf{x}) \tag{3.26}$$

Auslenkwinkel Der Auslenkwinkel α_{FA} (vgl. Abb. 3.23) entspricht dem mittleren Winkel zur Senkrechten, mit welchem der Feststoff aus dem Ofen ausgetragen wird. Hierzu wird zunächst eine Berechnung des horizontalen Schwerpunkts der Region des Feststoffaustrags durchgeführt. Dabei handelt es sich um den Mittelpunkt der Spaltenkoordinaten aller Bildpunkte innerhalb der Region des Feststoffaustrags. Die Position x_{SP} und die Spaltenkoordinate des Mittelpunkts der unteren Ofenöffnung

$x_{m,a}$ können dann in Gleichung (3.27) dazu genutzt werden, den Auslenkwinkel zu berechnen.

$$\alpha_{\mathrm{FA}} = \arcsin\left((x_{SP} - x_{m,a})/r_a\right) \tag{3.27}$$

Alternativ kann der Schwerpunkt der größten zusammenhängenden Region anstelle der gesamten Region verwendet werden.

Öffnungswinkel Der Öffnungswinkel δ_{FA} ist ein Maß für die Breite, mit der der Feststoff aus dem Ofen ausgetragen wird (Abb. 3.23). Zunächst werden dazu die Randbildpunkte links-oben (LO) und oben-rechts (OR) der Region des Feststoffaustrags[19] (alternativ: größte zusammenhängende Region des Feststoffaustrags) ermittelt[20]. Auf Basis der jeweiligen horizontalen Positionen werden die Winkel der korrespondierenden Punkte auf dem Kreis der unteren Ofenöffnung bestimmt. Aus der Differenz der beiden Winkel ergibt sich der Öffnungswinkel:

$$\delta_{\mathrm{FA}} = \arcsin\left((x_{OR} - x_{m,a})/r_a\right) - \arcsin\left((x_{LO} - x_{m,a})/r_a\right) \tag{3.28}$$

Anzahl zusammenhängender Regionen Die Anzahl zusammenhängender Regionen ist eine Kenngröße, die einen Hinweis darauf geben kann, ob der Feststoffaustrag in einem einzelnen Strom ausgetragen wird oder ob viele einzelne Feststoffagglomerationen ausgetragen werden.

Austrittsrate Die Austrittsrate R_{FA} ist ein Maß für die Häufigkeit, mit der Feststoff in einem Zeitintervall der Bildsequenz $N_z \cdot \Delta t$ aus dem Drehrohrofen ausgetragen wird. Ein Wert von 1 bedeutet einen kontinuierlichen Strom, wohingegen eine Austrittsrate von 0 signalisiert, dass kein Feststoff ausgetragen wird. Die Berechnung ist unter Berücksichtigung der Heaviside-Funktion $H(x)$ (Gleichung 3.11) für einen Zeitpunkt t_k wie folgt[21]:

$$R_{\mathrm{FA}}(t_k) = \frac{1}{N_z + 1} \sum_{m=k-N_z}^{k} H\left(|\Omega_{\mathrm{FA}}(t_m)|\right) \tag{3.29}$$

---

[19] Die Reihenfolge der Buchstaben (LO) bzw. (OR) stellt eine Vorrangregel dar. LO bedeutet, dass zunächst die sich am weitesten links befindenden Bildpunkte einer Region gesucht werden und davon der oberste gewählt wird. Bei OR werden die obersten Bildpunkte gesucht und davon der Bildpunkt mit dem höchsten x-Wert selektiert wird.

[20] Die Reihenfolge der Richtungsbezeichnungen wird hierbei wie folgt berücksichtigt: Links-oben bedeutet, dass zunächst alle Bildpunkte mit dem niedrigsten x-Wert der Region gesucht werden und davon derjenige mit dem niedrigsten y-Wert (wenn sich der Ursprung der Bildkoordinaten links-oben befindet) selektiert wird. Der Bildpunkt oben-rechts wird analog ermittelt.

[21] Hierbei ist eine vorherige Beschränkung auf größere Regionen sinnvoll, damit nicht minimale Werte bzw. einzelne Bildpunkte als kontinuierlicher Strom des Feststoffaustrags gewertet werden.

3.4 Ungezündeter Brennstoff

Beim Einsatz eines Brenners in einem Drehrohrofen kann die Nutzung von Ersatzbrennstoffen dazu führen, dass der zugeführte Brennstoff oder Teile davon erst spät zünden und damit in der Flugphase nicht vollständig ausbrennen. Unverbrannter Brennstoff landet im Feststoffbett, was sich z. B. bei der Zementherstellung negativ auf die Klinkerqualität auswirken kann. Eine Ursache für den unvollständigen Ausbrand können Agglomerationen des Brennstoffs aufgrund ungünstiger Materialeigenschaften (z. B. Feuchte) sein. Hierbei ist häufig ein diskontinuierlicher Flug ungezündeter Brennstoffagglomerationen vom Brenner ins Feststoffbett festzustellen. Eine zu niedrige Temperatur in der Brennraumatmosphäre stellt ebenfalls eine mögliche Ursache für einen unvollständigen Ausbrand dar. Die Temperatur in der Brennraumatmosphäre reicht dann nicht aus, um den Brennstoff während der Flugphase zum Zünden zu bringen. In jenem Fall kommt es zu einem kontinuierlichen Brennstoffstrom ins Feststoffbett. Beim Betrieb eines Brenners wird zur Gewährleistung des vollständigen Ausbrands des Brennstoffs während der Flugphase angestrebt, die beiden genannten Fälle zu vermeiden. Möglichkeiten zur Vermeidung eines unvollständigen Ausbrands mittels Stellgrößen sind

- die Veränderung der Brennstoffzusammensetzung,

- die Modifikation der Brennereinstellungen (z. B. Drall) und

- (falls vorhanden) die Zuführung spezieller Tragluft unterhalb des Brenners zur Verlängerung der Flugphase.

In diesem Abschnitt wird gezeigt, wie aus akquirierten Bilddaten der ungezündete Brennstoff in der Flugphase mit Hilfe eines neuen Bildverarbeitungsverfahrens detektiert und analysiert werden kann. Die Schätzung eines Modells der Flugbahn anhand des segmentierten ungezündeten Brennstoffs ermöglicht hierbei die Ermittlung der Einschlagposition im Feststoffbett, die sog. *Wurfweite,* auch wenn die Einschlagposition in den Aufnahmen nicht direkt zu erkennen ist (z. B. bei zu hoher Partikelkonzentration in der Brennraumatmosphäre). Im Falle eines diskontinuierlichen Stroms des ungezündeten Brennstoffs kann die *Häufigkeit* und ein Maß für die *Größe* der Brennstoffagglomerationen mittels eines weiteren neuen Bildverarbeitungsverfahrens bestimmt werden. Die extrahierten bildbasierten Informationen über den ungezündeten Brennstoff können die Optimierung der Brennereinstellungen bei der Inbetriebnahme und während des laufenden Betriebs unterstützen.

3.4.1 Vorüberlegungen

Als Kamerasystem bietet sich für die bildbasierte Analyse im Hinblick auf eine gute Sicht in den Drehrohrofen eine Infrarotkamera mit Spektralfilter an. Gerade bei der Analyse des ungezündeten Brennstoffs, in dessen Umgebung auch die Dichte der Verbrennungsgase sehr hoch ist, ist die Nutzung eines Spektralfilters bei 3.6 – 4.0 µm von großem Vorteil, um geeignete Aufnahmen zu erhalten (vgl. Abschnitt 2.2). Eine entsprechende Einbauposition der Kamera ist für die bildbasierte Analyse des ungezündeten Brennstoffs unerlässlich. Die zweckmäßigste Position stellt der schräge Einbauort dar (vgl. Abschnitt 2.1). Dort ist die Flugbahn des ungezündeten Brennstoffs am Weitesten mit zu verfolgen. Die seitliche Einbauposition ermöglicht die Bestimmung der Flugbahn ausschließlich aus Informationen dicht am Brennermund. Allerdings kann wegen der unstetigen Strömungsverhältnisse im Drehrohrofen die Wurfweite aus der seitlichen Einbauposition nur sehr ungenau ermittelt werden. Abb. 3.27 zeigt den Brennstoffstrom aus dem Brenner bei einer schrägen Einbauposition.

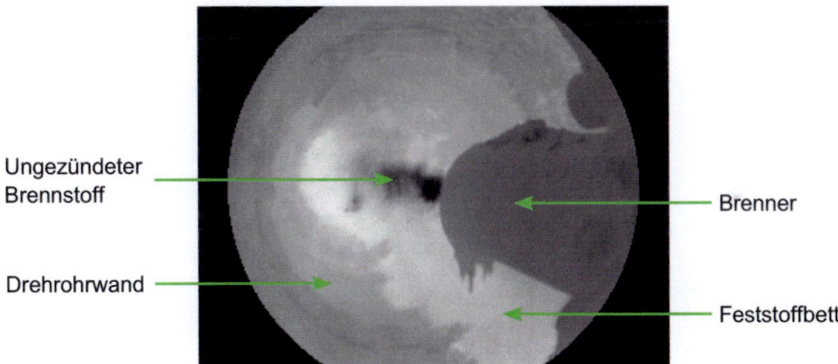

Abbildung 3.27: Skaliertes Originalbild aus schräger Kameraeinbauposition mit Bezeichnung relevanter Bildbereiche

3.4.2 Bestimmung der Wurfweite

In diesem Abschnitt wird eine neue Methode vorgestellt, mit der die Wurfweite des ungezündeten Brennstoffs in den Bildsequenzen ermittelt werden kann. Folgende Vereinfachungen werden für die nachfolgenden Berechnungen getroffen:

- Die Neigung des Drehrohrs ist vernachlässigbar.

- Die Höhe des Feststoffbetts kann vernachlässigt werden.

- Der Brennstoff wird während der Flugphase nicht lateral abgelenkt.

- Die Strömung im Drehrohrofen ist annähernd homogen.[22]

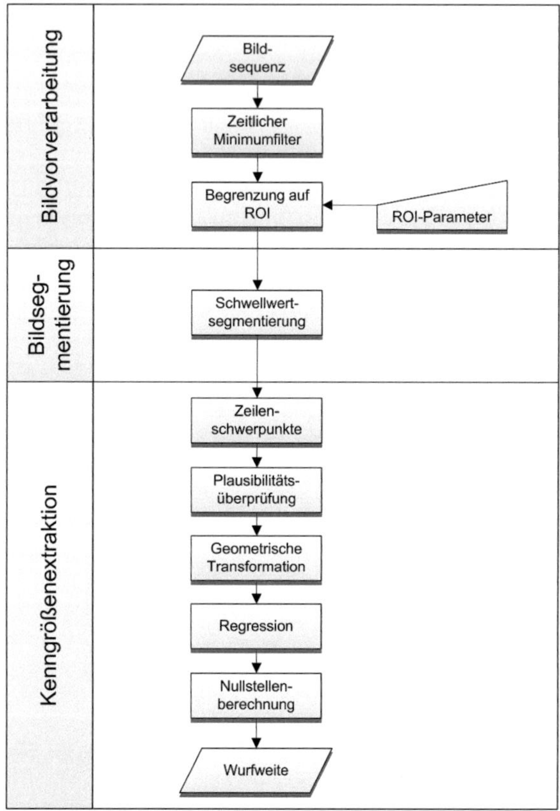

Abbildung 3.28: Neues Verfahren zur Ermittlung der Wurfweite

In Abb. 3.28 sind die einzelnen Schritte des neuen Verfahrens aufgeführt. Zunächst wird mittels eines zeitlich gleitenden Minimumfilters über eine Bildsequenz (hier: 100 Bilder $\hat{=}$ 2 s) ein Merkmalsbild (Minimumbild) berechnet,

---

[22] Die Höhe des Feststoffbetts kann gegebenenfalls näherungsweise ermittelt werden, um sie bei der Ermittlung der Wurfweite zu berücksichtigen. Im Falle turbulenter Strömungen bzw. lateraler Ablenkung ist eine Korrektur nicht möglich.

das den ungezündeten Brennstoff aufgrund seiner niedrigeren Temperatur hervorhebt. Alle Bildpunkte, in denen sich der im Vergleich zur Umgebung kältere Brennstoff im betrachteten Zeitraum mindestens einmal befindet, sind im Minimumbild dunkel zu erkennen. Infolge des Verarbeitungsschrittes zur Erzeugung eines Minimumbildes spielt es im Weiteren keine Rolle, ob es sich um einzelne Partikel oder um einen kontinuierlichen Partikelstrom handelt. Beide Varianten werden durch die zeitliche Filterung als ein durchgehender Partikelstrom im Minimumbild dargestellt.

Die ROI sollte so gewählt werden, dass nur der Bildbereich für weitere Berechnungen genutzt wird, in dem auch unverbrannter Brennstoff auftreten kann (auf einer Seite ist dieser Bereich durch den Brennermund begrenzt). In der so definierten ROI[23] $\Omega_{\mathrm{UB,ROI}}$ kann anschließend eine schwellwertbasierte Segmentierung auf dem Minimumbild angewandt werden, um die dunkleren Bildpunkte mit ungezündetem Brennstoff vom restlichen Bild zu trennen. Ein fester Schwellwert auf Basis eigener Erfahrungen oder ein adaptiver Schwellwert (z. B. bezogen auf die mittlere Temperatur im Ofen) s_{UB} sind hier möglich.

$$\Omega_{\mathrm{UB}} := \left\{ \mathbf{x} \in \Omega_{\mathrm{UB,ROI}} \mid g(\mathbf{x}) < s_{\mathrm{UB}} \right\} \tag{3.30}$$

Das Ergebnis der Segmentierung ist eine Region Ω_{UB}, die im Optimalfall alle Bildpunkte beinhaltet, in denen ungezündeter Brennstoff während der betrachteten Bildsequenz mindestens einmal zu erkennen ist (Abb. 3.29).

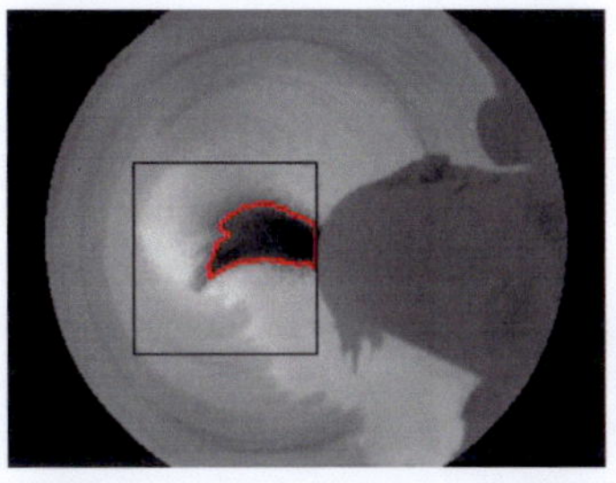

Abbildung 3.29: Schwellwertbasierte Segmentierung des ungezündeten Brennstoffs (rot umrandet), relevanter Bildbereich/ROI (schwarzes Rechteck)

Nach Gleichung (3.31) werden anschließend die Zeilenschwerpunkte für jede Spalte x der segmentierten Region berechnet. Die ermittelten Werte $\overline{y}_{\mathrm{UB}}(x)$

---

[23] Größen, die sich auf den ungezündeten Brennstoff beziehen, sind mit dem Index UB gekennzeichnet.

spiegeln die mittleren y-Positionen des ungezündeten Brennstoffs in den Aufnahmen wieder.

$$\overline{y}_{\mathrm{UB}}(x) = \frac{1}{\sum_y b_{\mathrm{UB}}(x,y)} \sum_y b_{\mathrm{UB}}(x,y) \cdot y \tag{3.31}$$

Dabei gilt:

$$b_{\mathrm{UB}}(\mathbf{x}) = \begin{cases} 1, & \text{wenn } \mathbf{x} \in \Omega_{\mathrm{UB}} \\ 0, & \text{sonst} \end{cases} \tag{3.32}$$

Das Ziel der folgenden Berechnungen ist die Überführung der Bildinformationen (die ermittelten Positionen des ungezündeten Brennstoffs) in den Weltkoordinatenraum mittels einer geometrischen Transformation. Das bedeutet, dass aus einer horizontalen Position x und einer vertikalen Position $\overline{y}_{\mathrm{UB}}$ die Höhe h und die Tiefe im Drehrohr z bestimmt werden müssen.

Die Radien r_a und r_i sowie Mittelpunkte $\mathbf{x}_{m,a}$ und $\mathbf{x}_{m,i}$ des Drehrohrendes sowie -anfangs müssen dafür einmalig manuell in den Aufnahmen festgelegt werden. Eine beliebige horizontale Position x in Bildkoordinaten kann dann mit Gleichung (3.33) in die Tiefe z im Drehrohr umgerechnet werden.

$$z(x) = \frac{l_{\mathrm{Drehrohr}}}{\frac{r_a}{r_i} - 1} \left(\frac{r_a}{(x - x_{m,i})\left(\frac{r_a - r_i}{x_{m,a} - x_{m,i}}\right) + r_i} - 1 \right) \tag{3.33}$$

Die Herleitung obiger Gleichung, die sich aus geometrischen Zusammenhängen ergibt, ist ausführlich in Anhang A.1.1 dargestellt.

Mit Gleichung (3.34) wird der Abstand einer detektierten Position ungezündeten Brennstoffs zum Drehrohrboden im Bild h_{Bild} berechnet. In Abb. 3.30 sind die hierzu notwendigen geometrischen Zusammenhänge dargestellt.

$$h_{\mathrm{Bild}}(x) = y_m(x) + r_{\mathrm{Bild}}(x) - \overline{y}_{\mathrm{UB}}(x) \tag{3.34}$$

Der Wert $\overline{y}_{\mathrm{UB}}(x)$ ist bekannt aus Gleichung (3.31). Der y-Wert des Mittelpunkts des Drehrohrs y_m in Abhängigkeit von x kann über die lineare Abhängigkeit

$$y_m(x) = \frac{y_{m,a} - y_{m,i}}{x_{m,a} - x_{m,i}} (x - x_{m,i}) + y_{m,i} \tag{3.35}$$

bestimmt werden. Der Drehrohrradius an der Position x in Bildkoordinaten $r_{\mathrm{Bild}}(x)$ ergibt sich in ähnlicher Weise über

$$r_{\mathrm{Bild}}(x) = \frac{r_a - r_i}{x_{m,a} - x_{m,i}} (x - x_{m,i}) + r_i. \tag{3.36}$$

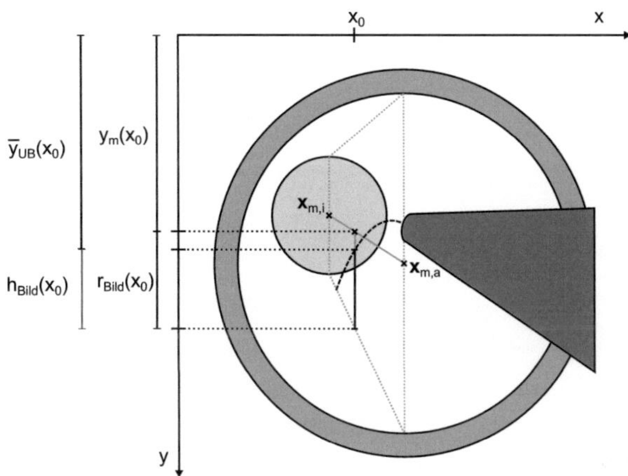

Abbildung 3.30: Notwendige Größen zur Bestimmung der Höhe des ungezündeten Brennstoffs relativ zum Drehrohrboden h_{Bild} an der horizontalen Position x_0

Mit den damit bekannten Größen $h_{Bild}(x)$ und $r_{Bild}(x)$ und dem Drehrohrradius $r_{Drehrohr}$ kann dann mittels

$$h(x) = h_{Bild}(x)\frac{r_{Drehrohr}}{r_{Bild}(x)} \tag{3.37}$$

die Umrechnung in die Höhe des ungezündeten Brennstoffs in Weltkoordinaten $h(x)$ erfolgen.

Das Ergebnis der geometrischen Transformation kann als eine Seitenansicht der Szene dargestellt werden, wobei die Abszisse der Tiefe z im Drehrohr und die Ordinate der Höhe h des ungezündeten Brennstoffs innerhalb des Drehrohrs entsprechen (Abb. 3.31). Die Wurfweite ist durch die Tiefe bei der Höhe Null gegeben.

Im Anschluss daran werden die so ermittelten Höhen einer Plausibilitätsüberprüfung unterzogen. Zum einen wird eine räumliche Ausreißereliminierung angewandt, d. h. Werte, die in Richtung vom unteren Drehrohrende entlang des Drehrohrs eine zu hohe Änderung in Richtung Drehrohrdecke aufweisen, werden verworfen. Zum anderen wird ein zeitlich gleitender Medianfilter für die einzelnen extrahierten Höhen $h(x)$ genutzt. Der Medianfilter bewirkt eine gegenüber Ausreißern während der betrachteten Bildsequenz robustere Schätzung der Positionen.

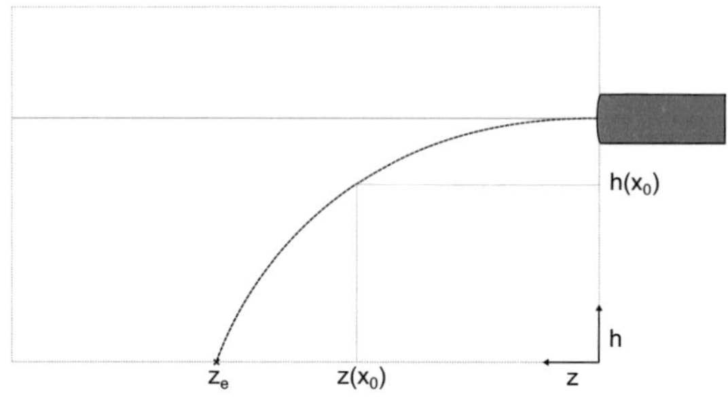

Abbildung 3.31: Flugbahn des ungezündeten Brennstoffs (räumlich transformiert) mit eingezeichneter Wurfweite z_e

Auf Basis der berechneten Höhen $h(x)$ und Tiefen $z(x)$ kann ein Polynom 2. Grades mittels Regression geschätzt werden, wodurch die Flugbahn des ungezündeten Brennstoffs als Wurfbahn approximiert wird. In Abb. 3.32 ist die mit Hilfe des geschätzten Polynoms berechnete Flugbahn dargestellt.

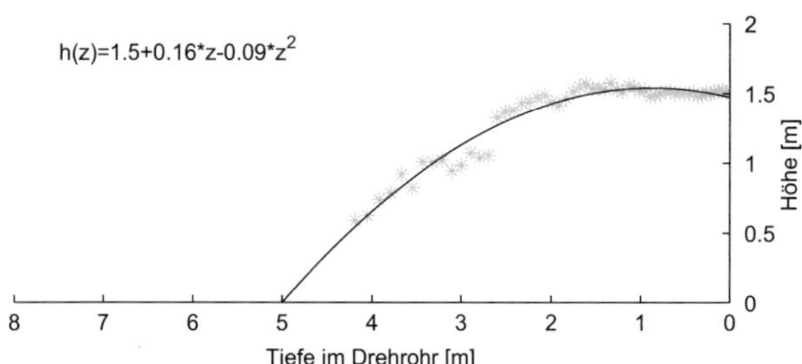

Abbildung 3.32: Berechnete Höhen des ungezündeten Brennstoffs im Drehrohr nach der Plausibilitätsprüfung (grau) und geschätzte Flugbahn des ungezündeten Brennstoffs im Drehrohr auf Basis des angegebenen Polynoms $h(z)$ (schwarz)

Abschließend liefert eine Nullstellenbestimmung des Polynoms die Wurfweite z_e des ungezündeten Brennstoffs (Einschlagposition am Drehrohrboden). Unplausible Werte (negativ oder größer als die betrachtete Drehrohrlänge) werden verworfen. Abb. 3.33 stellt eine rücktransformierte Flugbahn mit Einschlagposition im Originalbild dar.

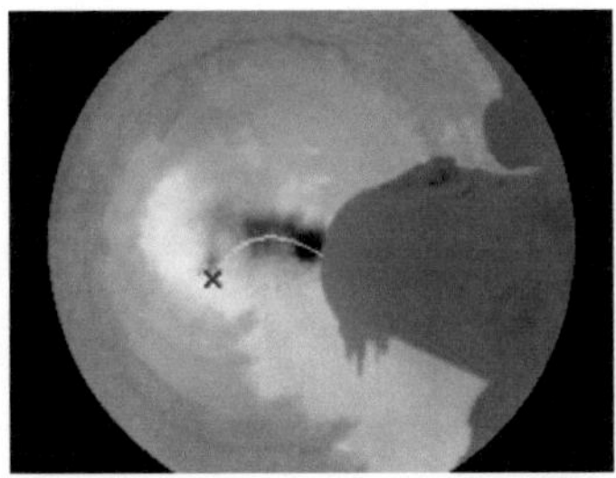

Abbildung 3.33: Rücktransformierte Flugbahn des ungezündeten Brennstoffs mit Einschlagposition

Die Bestimmung der Wurfweite wird durch Informationen über näher am Drehrohrboden detektierten ungezündeten Brennstoff noch genauer. Allerdings ist im Bereich der Einschlagsposition also im von der Kamera weiter entfernten Bereich zumeist die Sicht durch die Verbrennungsatmosphäre schlechter und kameraabhängig kann sich eine geringe Bildauflösung bemerkbar machen. Dadurch kann eine Segmentierung in jenem Bildbereich behindert werden, womit keine nutzbaren Werte in größerer Tiefe zur Verfügung stehen. Dennoch wird durch die Regression auch bei nur näher am Brennermund verfügbaren Daten eine plausible Flugbahn des Brennstoffs geschätzt.[24]

3.4.3 Größe und Häufigkeit von Brennstoffagglomerationen

Im Falle eines diskontinuierlichen Auftretens von Brennstoffagglomerationen, die unverbrannt ins Feststoffbett eintreten, können weitere Kenngrößen extrahiert werden. Es wird im Folgenden gezeigt, wie sich die Häufigkeit von Brennstoffagglomerationen bestimmen und sich deren Größen aus den Bildaufnahmen mit einem neu entwickelten Bildverarbeitungsverfahren abschätzen lässt.

---

[24] Es kann dabei jedoch nicht sichergestellt werden, dass der Brennstoff nicht noch im weiteren Verlauf der Flugphase zündet und ausbrennt.

Der zu untersuchende Bildbereich kann zunächst auf einen relevanten Bildausschnitt im Drehrohr reduziert werden. Anschließend werden im Segmentierungsschritt intensitätsbasiert alle Bildpunkte unterhalb eines Schwellwerts in der ROI als unverbrannter Brennstoff klassifiziert. Segmentierungsartefakte und kleinere Störungen durch herabstürzende Anbackungen lassen sich mit Hilfe morphologischer Operatoren (Opening) aus dem Segmentierungsergebnis entfernen.

Bei einer vollständigen Verbrennung des Brennstoffs in der Brennraumatmosphäre wird, wenn überhaupt, ausschließlich direkt am Brennermund unverbrannter Brennstoff detektiert (vgl. Abb. 3.34a). Tritt eine Brennstoffagglomeration auf, so werden durch die Segmentierung zwei oder gegebenenfalls auch mehrere zusammenhängende Regionen im Bild erkannt (vgl. Abb. 3.34b). Über den Abstand des Schwerpunkts der zusammenhängenden Regionen zum Brennermund lässt sich die Einordnung der Regionen als abgelöste Brennstoffagglomeration bzw. unverbrannter Brennstoff am Brennermund realisieren.

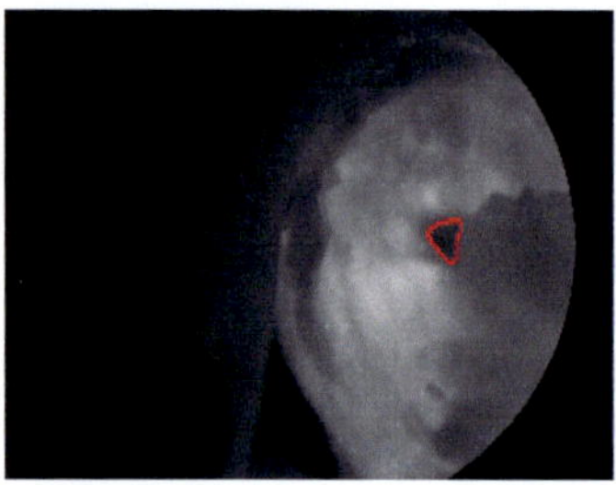 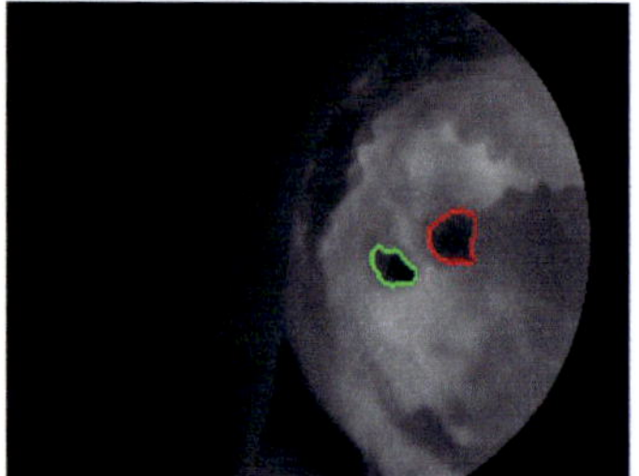

(a) Ohne Brennstoffagglomeration   (b) Mit Brennstoffagglomeration

Abbildung 3.34: Segmentierung von Brennstoffagglomerationen (grün) und unverbranntem Brennstoff am Brennermund (rot)

Die Größe der detektierten Brennstoffagglomeration ergibt sich aus der Anzahl der Bildpunkte der Region. Eine Umrechnung der Größe in Weltkoordinaten über eine perspektivische Transformation lässt sich aufgrund der unregelmäßigen Form der Agglomerationen und der schwierigen longitudinalen Lokalisierung innerhalb des Drehrohrofens nicht zufriedenstellend lösen. Die Größen relativ zueinander bieten jedoch einen Anhaltspunkt zur Differenzierung und Analyse der Brennstoffagglomerationen.

Eine weitere Information, die aus den Bilddaten gewonnen werden kann, ist die Häufigkeit, mit der Brennstoffagglomerationen im Drehrohr auftreten.

Hierfür muss zusätzlich ermittelt werden, ob es sich bei einer segmentierten Brennstoffagglomeration um eine neue Detektion oder um eine bereits zuvor detektierte handelt. Dazu werden wiederum die berechneten Schwerpunkte der Agglomerationen hinzugezogen. Befindet sich der Schwerpunkt einer neu detektierten Region innerhalb eines parametrisierbaren Suchbereichs (z. B. über einen Kreisradius) um den Schwerpunkt einer Region der vorangegangenen Bildaufnahmen, wird die Region nicht als neue Detektion gewertet. Alle Regionen, deren Schwerpunkt außerhalb der Suchbereiche liegen, werden als neu eingestuft. Die Anzahl der Neu-Detektionen pro Anzahl betrachteter Bilder ergibt die Häufigkeit. Störungen in den Aufnahmen z. B. durch Rußsträhnen oder größere herabstürzende Anbackungen können zu Fehlsegmentierungen führen. Die Anzahl der Störungen kann jedoch bei der Betrachtung einer längeren Bildsequenz vernachlässigt werden. Der neue Algorithmus zur Ermittlung der bildbasierten Kenngrößen ist in Abb. 3.35 dargestellt.

3.5 Partikelkonzentration

Aufgrund der im Feststoffbett stattfindenden Verbrennungs- und Umwandlungsprozesse gehen einzelne Feststoffpartikel, wie Ruß, Asche oder prozessspezifische Stoffe in die Verbrennungsatmosphäre des Drehrohrofens über. Eine hohe Partikelkonzentration in der Verbrennungsatmosphäre verschlechtert durch verstärkte Extinktionseffekte die Sicht in das Innere eines Drehrohrofens (vgl. Abschnitt 2.2). Von der Kamera weiter entfernte Bereiche im Ofen können wegen der verringerten Transmission elektromagnetischer Strahlung in der Verbrennungsatmosphäre dann nur noch schwach oder gar nicht mehr erfasst werden. Infolgedessen wird die Extraktion bildbasierter Kenngrößen aus dem Inneren des Drehrohrofens (z. B. Eigenschaften des Feststoffbetts) bei zu hohen Partikelkonzentrationen ebenfalls gestört oder ist nicht mehr möglich. Ein Maß für die Partikelkonzentration kann daher als eine Art Bildgütemaß eingesetzt werden, das bei zu hoher Partikelkonzentration die Berechnung anderer Kenngrößen unterbindet.

Während eine hohe Partikelkonzentration beispielsweise beim Zementherstellungsprozess ein Anzeichen für eine schlechte Klinkerbildung ist, weist eine hohe Partikelkonzentration beim Zinkrecyclingprozess auf einen positiv zu bewertenden Prozesszustand hin. Eine Kenngröße, die einen Hinweis auf die Menge der Partikelkonzentration gibt, kann deshalb auch zur Beurteilung

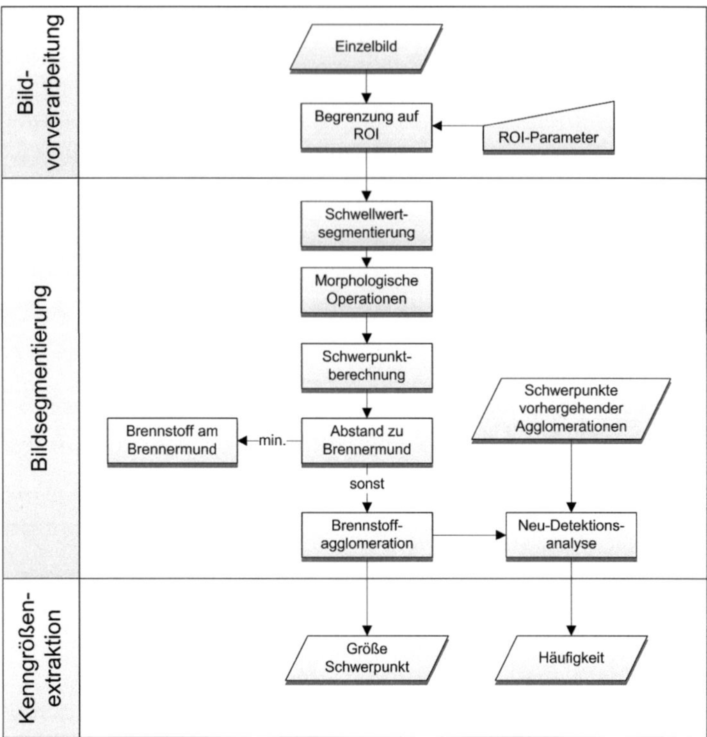

Abbildung 3.35: Neues Verfahren zur Ermittlung der Größe und Häufigkeit von Brennstoffagglomerationen

des Prozesszustands eingesetzt werden. Aufgrund der inhomogenen Verhältnisse in einem Drehrohrofen sowie unterschiedlicher Größen und Formen der Partikel kann bildbasiert nicht die genaue Partikelkonzentration in der Verbrennungsatmosphäre ermittelt werden, sondern nur eine Einschätzung über die Partikelkonzentration erfolgen. In diesem Abschnitt wird ein neuartiges Bildverarbeitungsverfahren vorgestellt, das eine Einschätzung der Partikelkonzentration ermöglicht.

Der Grundgedanke des vorgestellten Verfahrens ist, dass eine höhere Partikelkonzentration in der Verbrennungsatmosphäre zu einer Eintrübung/Verdunklung des gesamten Bildbereiches innerhalb des Drehrohrs führt. Die Hauptbrennzone im Feststoffbett mit üblicherweise den höchsten Temperaturen bzw. Intensitäten im Bild ist dann weniger gut vom Bereich des restlichen Drehrohrofens zu unterscheiden. Das lässt sich in einer Reduktion der Differenzen zwischen den mittleren Intensitäten des Bereichs der Hauptbrennzone sowie dem restlichen Bildbereich im Inneren des Drehrohrofens erkennen. In guter Näherung wird hierbei eine homogene Verteilung der Partikel im Drehrohrofen angenommen. Abb. 3.36 zeigt die zwei betrachteten Bildregionen im Drehrohrofen bei unterschiedlichen Partikelkonzentrationen.

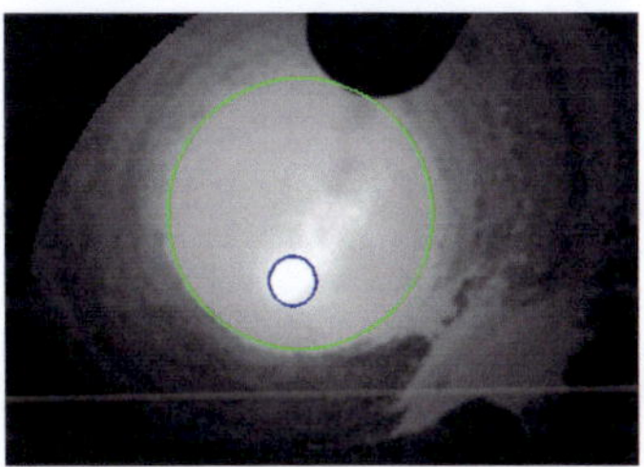 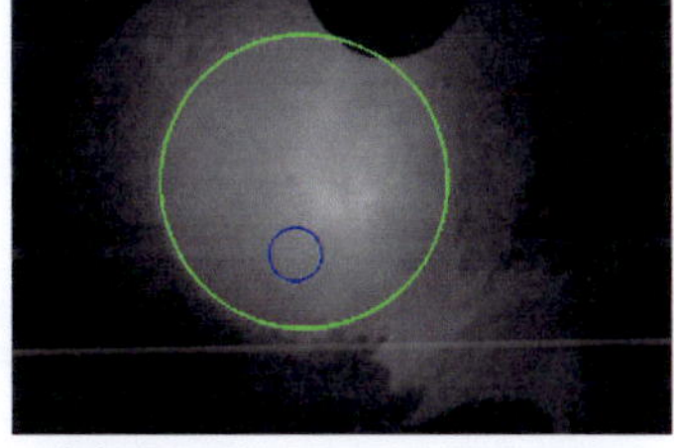

(a) Niedrige Partikelkonzentration   **(b)** Hohe Partikelkonzentration

Abbildung 3.36: Hauptbrennzone $\Omega_{P,1}$ (blau) und Referenzregion $\Omega_{P,2}$ (grün) in verschiedenen Aufnahme eines Zinkrecyclingprozesses

Mit Hilfe von Vorwissen über die Geometrie im Drehrohrofen werden die beiden Bildregionen $\Omega_{P,1}$ (Hauptbrennzone) und $\Omega_{P,2}$ (Referenzregion) einmalig manuell definiert (Eine automatisierte Segmentierung der beiden Regionen ist bei dem vorgestellten Verfahren nicht zweckmäßig, da die Segmentierung bei schlechter Sicht nicht robust genug geschehen kann). Anschließend wird für jedes Einzelbild der mittlere Intensitätswert der beiden Bildregionen berechnet und die Differenz der beiden Werte $\Delta T_{\text{Partikel}}$ gebildet (Gleichung (3.40)).

$$\overline{g_{P,1}} = \frac{1}{|\Omega_{P,1}|} \sum_{\mathbf{x} \in \Omega_{P,1}} g(\mathbf{x}) \tag{3.38}$$

$$\overline{g_{P,2}} = \frac{1}{|\Omega_{P,2}|} \sum_{\mathbf{x} \in \Omega_{P,2}} g(\mathbf{x}) \tag{3.39}$$

$$\Delta T_{\text{Partikel}} = \overline{g_{P,1}} - \overline{g_{P,2}} \tag{3.40}$$

Eine geringe Partikelkonzentration ist dann durch einen hohen Differenzwert $\Delta T_{\text{Partikel}}$ gekennzeichnet. Niedrige Differenzwerte sind ein Hinweis auf eine hohe Partikelkonzentration. Darüber hinaus ermöglicht die Kenngröße $\Delta T_{\text{Partikel}}$ die Bewertung der Bildgüte. Bei zu hoher Partikelkonzentration können andere Bildverarbeitungsverfahren deaktiviert werden, um fehlerhafte Berechnungen zu vermeiden. In Abb. 3.37 ist das Ablaufdiagramm des Verfahrens zur Abschätzung der Partikelkonzentration abgebildet.

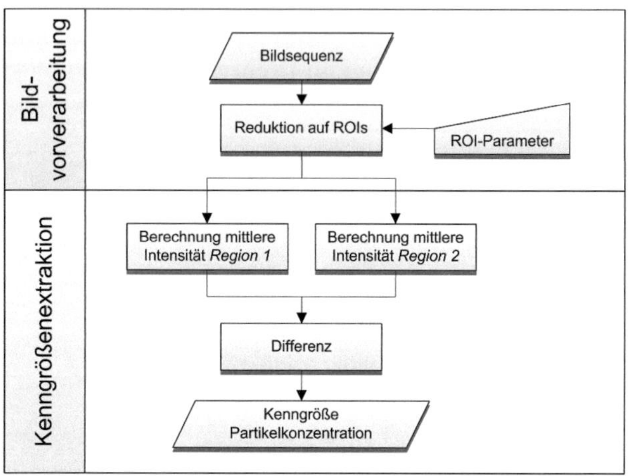

Abbildung 3.37: Neues Verfahren zur Extraktion eines Indikators für die Partikelkonzentration im Drehrohrofen

3.6 Anbackungen

Als Anbackung wird in der vorliegenden Arbeit festgesetztes Material aus dem Feststoffbett an der Drehrohrinnenwand bezeichnet. In Abb. 3.38 ist eine Infrarot-Aufnahme eines Drehrohrofens zur Zementherstellung mit deutlich sichtbaren Anbackungen dargestellt. Anbackungen sind in geringer Höhe (Stärke, Dicke) als schützende Schicht für die Drehrohrinnenwand gewünscht, da hierdurch Schäden an der Ausmauerung reduziert werden können (vgl. Abschnitt 1.2.1). Bei zu starken oder ungleichmäßigen Anbackungen im Drehrohr wird das Prozessverhalten jedoch negativ beeinflusst. Die Durchmischung des Feststoffbetts ist dann schlechter und der Wärmeübergang in das Feststoffbett ist ungleichmäßiger, was z. B. zu einer verringerten Produktqualität führt. Im Extremfall kann es zu einem Zubacken des kompletten Drehrohrquerschnitts mit einem damit verbundenen Stopp der Produktion kommen.

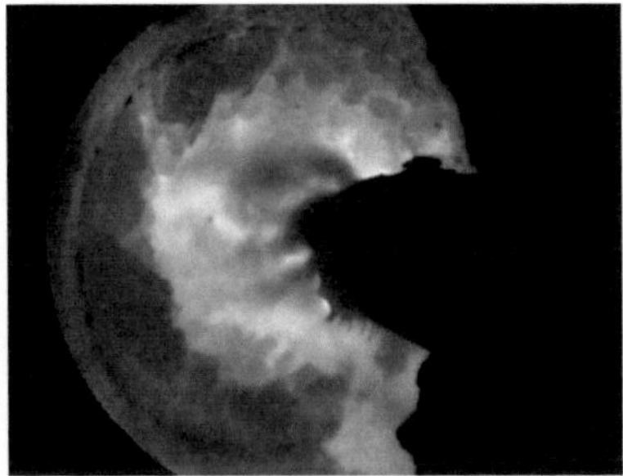

Abbildung 3.38: Beispielaufnahme eines Drehrohrofens zur Zementherstellung mit zahlreichen Anbackungen

Um obige Nachteile zu vermeiden, müssen frühzeitig Gegenmaßnahmen getroffen werden. Dazu zählen die Reduktion der Zufuhr von Aufgabematerial, die Erhöhung der Brennerleistung sowie die Beimischung spezieller Zusatzstoffe. Sind die Anbackungen schon zu umfangreich, muss ein Abschmelzvorgang durchgeführt werden. Dabei erhitzt der Brenner bei einer Unterbrechung der Zufuhr von Rohmaterialien das Drehrohrinnere so lange, bis es zum Abschmelzen und Ablösen der Anbackungen kommt. Da während des Abschmelzvorgangs ein Produktionsausfall stattfindet, wird mit Hilfe einer geeigneten Prozessführungsstrategie versucht, zu starke Anbackungen im Vorfeld zu vermeiden.

Üblicherweise werden dazu Linienscanner eingesetzt, welche die äußere Temperatur des Drehrohrmantels überwachen. Unregelmäßigkeiten im ermittelten Temperaturverlauf stellen ein Indiz für Anbackungen dar. In diesem Abschnitt wird eine neue Methode vorgestellt, die es ermöglicht, Anbackungen in einem Drehrohrofen mit Hilfe von Kameraaufnahmen aus dem Inneren des Drehrohrofens zu detektieren und zu bewerten.

3.6.1 Neue Methode zur Bestimmung von Höhe und Tiefe einer Anbackung

Die Höhe einer Anbackung stellt eine wichtige Größe zur Bewertung deren Gefährdungspotentials dar. So kann z. B. ab bestimmten kritischen Höhen einer Anbackung eine Warnmeldung an das Prozessleitsystem übermittelt werden. Zudem ist von Interesse, in welcher Tiefe sich die Anbackung im Drehrohr befindet. Höhe und Tiefe einer Anbackung sind bei einer bildbasierten

Analyse stark voneinander abhängig, da es durch die Abbildung einer dreidimensionalen Szene auf ein zweidimensionales Bild zu Mehrdeutigkeiten kommt. Anbackungen in verschiedenen Tiefen und Höhen können dadurch in den Aufnahmen auf den gleichen Bildpunkt abgebildet werden. Eine Herausforderung bei der Detektion von Anbackungen in den Aufnahmen besteht daher in der Unterscheidung, ob es sich um eine Anbackung geringer Höhe (bzw. einem Punkt an der Drehrohrwand) in großer Entfernung von der Kamera oder um eine Anbackung mit größeren Ausmaßen näher an der Kamera handelt (vgl. Abb. 3.39 links).[25]

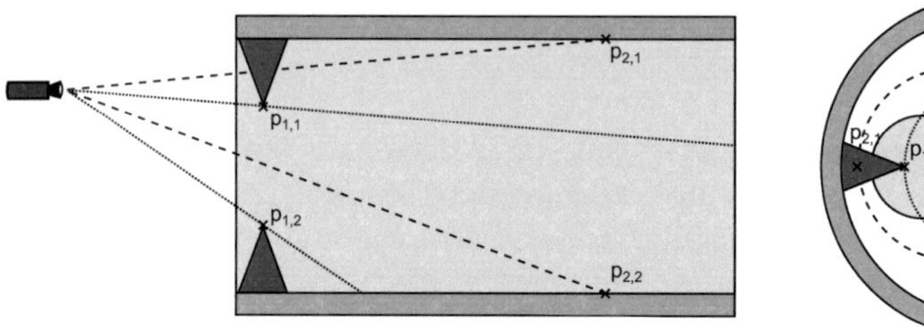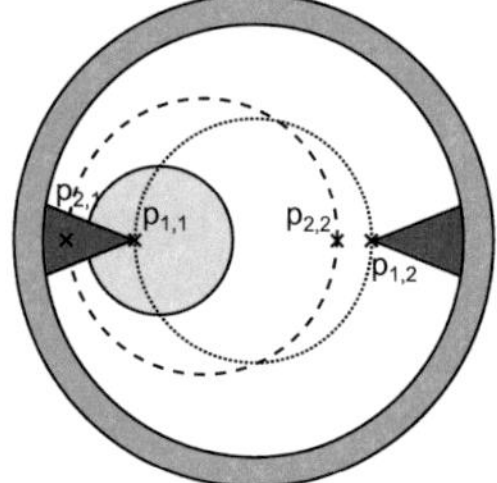

Abbildung 3.39: Szenario 1: Nahegelegene große Anbackung (schräge Kameraeinbauposition; Draufsicht)

Der Grundgedanke hinter dem hier neu vorgestellten Verfahren liegt darin, die spezifischen Kreisbewegungen, welche die Anbackungen in den Aufnahmen beschreiben, für die Bestimmung von Tiefe und Höhe einer Anbackung im Drehrohr zu nutzen.[26] Zunächst wird hierzu das Szenario einer schrägen Einbauposition der Kamera betrachtet. Abb. 3.39 rechts zeigt den Vergleich von Kreisbahnen, die ein Punkt p_1 auf einer Anbackung beschreibt[27] mit einem Punkt p_2, der einer Stelle an der Drehrohrwand (d. h. keine Anbackung) entspricht.[28] Zwischen den Punkten $p_{1,1}$ bzw. $p_{2,1}$ und $p_{1,2}$ bzw. $p_{2,2}$ liegt eine halbe Umdrehung des Drehrohrs. In den Schnittpunkten der Kreise befinden sich beide Punkte an der gleichen Position in den Aufnahmen. Es ist der Abbildung zu entnehmen, dass der Punkt p_1 einen Kreis mit geringerem Radius als Punkt p_2 beschreibt und der Mittelpunkt des beschriebenen Kreises

---

[25] Für eine übersichtlichere Darstellung wurde die Kameraeinbauposition in den folgenden Skizzen auf eine Ebene mit der Drehrohrachse gelegt.

[26] Eine vorherige geometrische Transformation des Drehrohrinnenmantels und anschließende Analyse wie in Abschnitt 3.2.2 aufgezeigt, ist für den vorliegenden Fall nicht zweckmäßig. Durch die Anbackungen kommt es zu einem perspektivischen Fehler bei der Transformation. Zudem ist die Ermittlung der Höhe einer Anbackung hierüber nicht möglich.

[27] Es ist im Folgenden als Punkt auf einer Anbackung immer die Spitze derselbigen in den Aufnahmen gemeint.

[28] Es kann hier näherungsweise von Kreisbahnen ausgegangen werden.

sich näher am Mittelpunkt des unteren Drehrohrendes in den Aufnahmen befindet.

In Szenario 2 (Abb. 3.40) befindet sich hinter der näher an der Kamera befindlichen ersten Anbackung eine weitere Anbackung, die in den Ausmaßen etwas höher als die erste Anbackung ist. Die von Punkt p_1 (der ersten Anbackung) beschriebene Kreisbahn ist in diesem Fall größer als die Kreisbahn von p_2. Der Mittelpunkt der ersten Kreisbahn befindet sich aber ebenfalls wieder näher am Mittelpunkt des unteren Drehrohrendes.

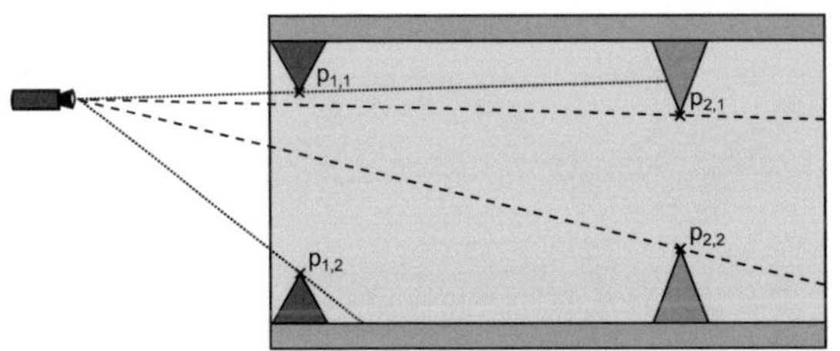
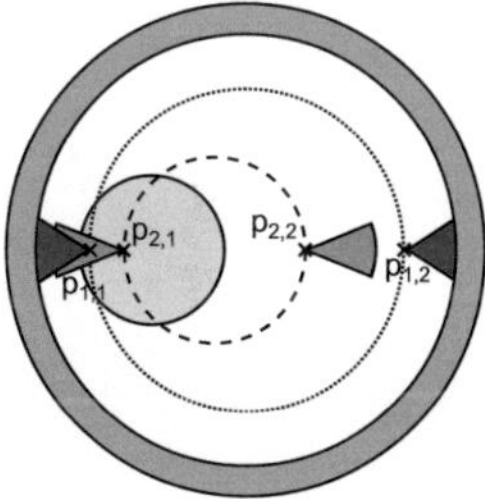

Abbildung 3.40: Szenario 2: Weiter entfernte Anbackung ist größer als nahegelegene Anbackung (schräge Kameraeinbauposition; Draufsicht)

Die Tiefe einer Anbackung im Drehrohr spiegelt sich also in der Position des Mittelpunkts der Kreisbewegung der Anbackung bei einer Umdrehung des Drehrohrs wider. Eine zentrale Kameraeinbauposition erlaubt keine Unterscheidung von Anbackungen mit dem vorgestellten Ansatz, da alle durchlaufenen Kreisbewegungen den identischen Kreismittelpunkt in den Aufnahmen besitzen. Abb. 3.41 zeigt ein Szenario, in dem zwei Anbackungen unterschiedlicher Höhe in den Aufnahmen die gleiche Kreisbahn umlaufen. Da keine Information über die Tiefe der Anbackung ermittelt werden kann, ist somit auch die Bestimmung der Höhe einer Anbackung bei einer zentralen Kameraeinbauposition nicht möglich.

Anhand der beiden Szenarien bei einer schrägen Kameraeinbauposition lässt sich leicht erkennen, dass sich alle potentiellen Mittelpunkte, die von Anbackungen umlaufen werden können, auf einer Strecke zwischen dem Bildmittelpunkt der Drehrohrzuführseite $\mathbf{x}_{m,i} = [x_{m,i}, y_{m,i}]$ sowie dem Bildmittelpunkt des näher gelegenen unteren Drehrohrendes $\mathbf{x}_{m,a} = [x_{m,a}, y_{m,a}]$ befinden müssen (Abb. 3.42a). Im Fall der zentralen Kameraeinbauposition befinden sich daher alle Mittelpunkte auf einem Punkt. (Abb. 3.42b)

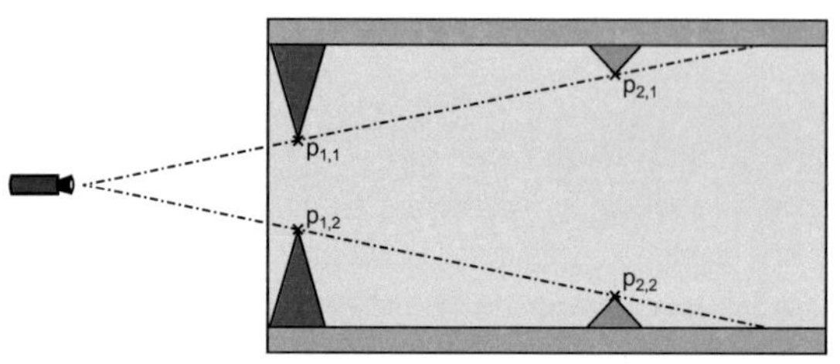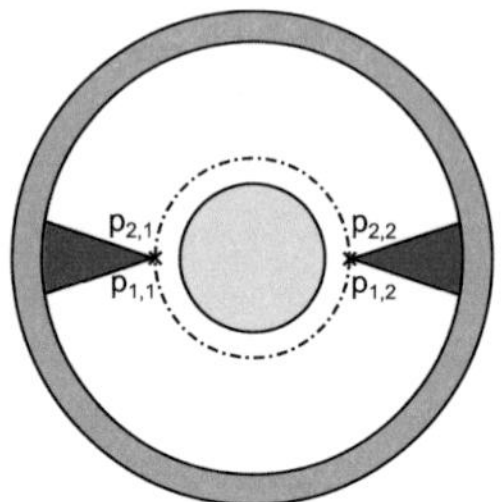

Abbildung 3.41: Szenario 3: Nahegelegene Anbackung größer als weiter entfernte Anbackung (zentrale Kameraeinbauposition; Draufsicht)

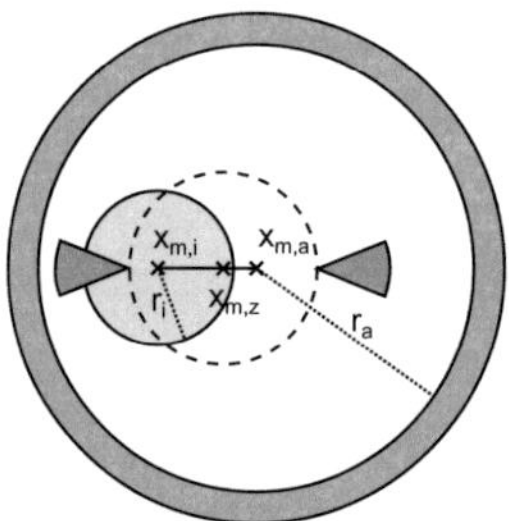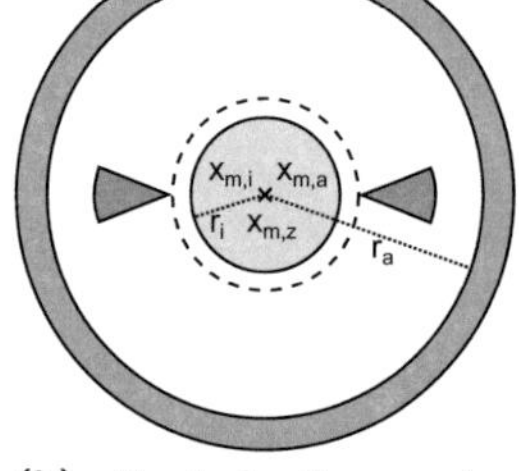

(a) Schräge Kameraeinbauposition

(b) Zentrale Kameraeinbauposition

Abbildung 3.42: Potentielle Mittelpunkte von Kreisbahnen zwischen dem Mittelpunkt des Drehrohrausgangs $\mathbf{x}_{m,i}$ und dem Mittelpunkt des Drehrohreingangs $\mathbf{x}_{m,a}$

Ist im Falle einer schrägen Kameraeinbauposition der Bildmittelpunkt der Kreisbewegung einer Anbackung $(x_{m,z}, y_{m,z})$ bekannt, dann lässt sich mit

$$z(x_{m,z}) = \frac{l_{\text{Drehrohr}}}{\frac{r_a}{r_i} - 1} \left(\frac{r_a}{\left(x_{m,z} - x_{m,i}\right)\left(\frac{r_a - r_i}{x_{m,a} - x_{m,i}}\right) + r_i} - 1 \right) \tag{3.41}$$

die gesuchte Tiefe z der Anbackung im Drehrohr ermitteln (vgl. hierzu auch Anhang A.1.1). Analog können hierzu auch die y-Komponenten der Mittelpunkte $y_{m,z}$ genutzt werden.

Anschließend kann aus dem potentiellen Radius eines Bildpunkts an der Drehrohrwand in derselben Tiefe $r_z(z)$ und dem Radius, der von der Anbackung umlaufenen Kreisbewegung $r_A(z)$, auf die Höhe der Anbackung h_A im

Drehrohr geschlossen werden. Der potentielle Radius eines Bildpunkts an der Drehrohrwand in der Tiefe z kann mit

$$r_z(z) = r_a \left(\frac{l_{\text{Drehrohr}}}{l_{\text{Drehrohr}} + z\left(\frac{r_a}{r_i} - 1\right)} \right) \qquad (3.42)$$

berechnet werden. Die Ermittlung der gesuchten Höhe der Anbackung h_A erfolgt dann mit

$$h_A(z) = r_{\text{Drehrohr}} \left(1 - \frac{r_A(z)}{r_z(z)} \right). \qquad (3.43)$$

Die Berechnungsvorschriften für die Bestimmung der Höhe und der Tiefe einer Anbackung beruhen auf der Annahme einer schrägen Einbauposition. Bei einer unteren Kameraeinbauposition kann die gleiche Herangehensweise angewendet werden, da hier die geometrischen Verhältnisse bei der Betrachtung der Anbackungen ähnlich zur schrägen Einbauposition sind. Die seitliche Kameraeinbauposition ist aufgrund der geringen Sichtweite in das Drehrohr für eine kamerabasierte Analyse von Anbackungen nicht geeignet. Werden mehrere Punkte in verschiedenen Tiefen z berücksichtigt, lässt sich ein Höhenprofil $h_A(z)$ der Anbackungen im Drehrohr realisieren.

Ermittlung der Kreisbahnen

Sind mehrere Positionen $\mathbf{p}_k$ einer Anbackung gegeben, dann lassen sich der zugehörige Mittelpunkt und der Radius r der beschriebenen Kreisbahn mit Hilfe der Optimierung eines Gütefunktionals E_A über die Methode der kleinsten Quadrate ermitteln. Ein Gütefunktional $E_{A,\text{geom}}$, bei der das zu minimierende Residuum dem geometrischen Abstand aller N_p Punkte zur geschätzten Kreisbahn entspricht, lautet:

$$E_{A,\text{geom.}} = \sum_{k=1}^{N_p} \left(\|\mathbf{p}_k - \mathbf{x}_m\|_2 - r \right)^2 \rightarrow \min \qquad (3.44)$$

Eine Lösung dieses Gütefunktionals, in dem die zu schätzenden Parameter $\mathbf{x}_m$ und r nichtlinear eingehen, kann z. B. mit Hilfe eines Gradientenabstiegsverfahrens erreicht werden. Eine algebraisch geschlossene Lösung des Problems lässt sich mit folgendem Ansatz realisieren[29]:

$$E_{\mathrm{A}} = \sum_{k=1}^{N_p} \left(\|\mathbf{p}_k - \mathbf{x}_m\|_2^2 - r^2 \right)^2 \rightarrow \min \tag{3.45}$$

Ausmultiplizieren und Vorzeichenänderung des inneren Terms (wegen Quadrierung erlaubt) führt zu:

$$E_{\mathrm{A}} = \sum_{k=1}^{N_p} \left(-\mathbf{p}_k^{\mathrm{T}}\mathbf{p}_k + 2\mathbf{p}_k^{\mathrm{T}}\mathbf{x}_m - \mathbf{x}_m^{\mathrm{T}}\mathbf{x}_m + r^2 \right)^2 \rightarrow \min \tag{3.46}$$

Hierbei ist die Restriktion, dass alle Mittelpunkte der Kreise auf der Strecke zwischen $\mathbf{x}_{m,i}$ und $\mathbf{x}_{m,a}$ liegen müssen, noch nicht berücksichtigt. Über eine einmalige Definition des geometrischen Drehrohrmodells in den Aufnahmen, bei der Kreismittelpunkte und Radien von zwei Positionen mit bekannter Tiefe im Drehrohr (z. B. unteres und oberes Drehrohrende) bestimmt werden, lassen sich die beiden Parameter m und n der Geradengleichung

$$y_m = m x_m + n, \tag{3.47}$$

auf der die Kreismittelpunkte liegen, berechnen. Unter Berücksichtigung der Restriktion für den Kreismittelpunkt lässt sich $\mathbf{x}_m = (x_m, y_m)$ als $\mathbf{x}_m = (x_m, m x_m + n)$ schreiben. Eingesetzt in Gleichung (3.46) und ausmultipliziert ergibt

$$E_{\mathrm{A}} = \sum_{k=1}^{N_p} \big(-(x_k^2 + y_k^2) + 2(x_k x_m + m y_k x_m + y_k n) - \\ (x_m^2 + m^2 x_m^2 + 2 m n x_m + n^2) + r^2 \big)^2 \rightarrow \min. \tag{3.48}$$

Umstellen der Gleichung führt auf

$$E_{\mathrm{A}} = \sum_{k=1}^{N_p} \big((-x_k^2 - y_k^2 + 2 y_k n - n^2) + (2 x_k + 2 m y_k - 2 m n) x_m - \\ x_m^2 - m^2 x_m^2 + r^2 \big)^2 \rightarrow \min. \tag{3.49}$$

---

[29] Dabei entspricht das zu minimierende Residuum der Differenzfläche zwischen einem Quadrat mit der Länge des Abstands des Punktes zum geschätzten Kreismittelpunkt und einem Quadrat mit der Länge des geschätzten Kreisradius.

Gleichung (3.49) lässt sich in Matrixschreibweise in der Form $\|\mathbf{A\Theta} - \mathbf{b}\|_2^2$ mit

$$\mathbf{A} = \begin{pmatrix} 1 & x_1 + my_1 - mn \\ \vdots & \vdots \\ 1 & x_{N_p} + my_{N_p} - mn \end{pmatrix}, \tag{3.50}$$

$$\mathbf{\Theta} = \begin{pmatrix} \Theta_1 \\ \Theta_2 \end{pmatrix} = \begin{pmatrix} -x_m^2 - m^2 x_m^2 + r^2 \\ 2x_m \end{pmatrix} \text{ und} \tag{3.51}$$

$$\mathbf{b} = \begin{pmatrix} x_1^2 + y_1^2 - 2y_1 n + n^2 \\ \vdots \\ x_{N_p}^2 + y_{N_p}^2 - 2y_{N_p} n + n^2 \end{pmatrix} \tag{3.52}$$

darstellen. In obiger Form kann eine Lösung über $\mathbf{\Theta} = \mathbf{A}^+ \mathbf{b}$ mit der Pseudoinversen

$$\mathbf{A}^+ = (\mathbf{A}^\mathrm{T}\mathbf{A})^{-1}\mathbf{A}^\mathrm{T}$$

ermittelt werden. Für Mittelpunktkoordinaten und Radius des Kreises ergeben sich daraus folgende Berechnungsvorschriften:

$$x_m = \frac{1}{2}\Theta_2 \tag{3.53}$$

$$y_m = m \cdot \frac{1}{2}\Theta_2 + n \tag{3.54}$$

$$r = \sqrt{\Theta_1 + \frac{1 + m^2}{4}(\Theta_2)^2} \tag{3.55}$$

Mit den daraus ermittelten Kreisparametern und Gleichung (3.41) bis Gleichung (3.43) lassen sich dann die Höhe und Tiefe einer Anbackung bestimmen. Sind in den ermittelten Positionen der Anbackungen viele Ausreißer zu erwarten, bietet es sich an, die Fehlerverteilung im Gütefunktional beispielsweise mit einem M-Schätzer zu berücksichtigen [127]. Eine alternative Vorgehensweise ist die vorherige Identifikation und Entfernung von Ausreißern im verwendeten Datensatz, was z. B. mit der RANSAC-Methode durchgeführt werden kann [38, 82].

Berücksichtigung der perspektivischen Verzerrung

Befindet sich der Kameraeinbauort weit versetzt von der Mittelachse des Drehrohrs und in naher Entfernung zum unteren Drehrohrende, ist die Vereinfachung, dass es sich bei den Bewegungen der Anbackungen in den Aufnahmen um Kreisbahnen handelt, nicht mehr gültig. Hierbei sind die Kreisbahnen vielmehr als Ovale zu erkennen, die für eine mathematisch geeignetere Betrachtung jedoch als Ellipsen approximiert werden können. Dementsprechend muss ein Gütefunktional genutzt werden, das die Schätzung einer Ellipsenbahn ermöglicht. Gleichung (3.56) zeigt ein solches Gütefunktional zur Ermittlung der Ellipsenparameter r_1, r_2, x_m und y_m auf Basis der Bildpunktkoordinaten $\mathbf{p}_k = (x_k, y_k)$.[30]

$$E_{\text{A,Ellipse,geom.}} = \sum_{k=1}^{N_p} \left(\sqrt{\left((x_k - x_m) \cdot \frac{r_1}{r_2} \right)^2 + (y_k - y_m)^2} - r_1 \right)^2 \rightarrow \min \qquad (3.56)$$

Die Mittelpunkte aller potentiellen Ellipsenbahnen, die von Anbackungen im Drehrohrofen beschrieben werden können, befinden sich wiederum auf einer Geraden. Es handelt sich folglich um ein nichtlineares Optimierungsproblem mit einer linearen Restriktion, das mit einem iterativen Verfahren gelöst werden kann.

Auf Basis des Mittelpunkts einer Ellipse kann die Tiefe einer Anbackung mittels Gleichung (3.41) bestimmt werden. Zur Ermittlung der Höhe einer Anbackung bietet es sich an, als Bezugsgröße die Hauptachse r_1 oder r_2 der Ellipse zu wählen und r_a und r_i auf die gleiche Achse zu beziehen.[31] Anschließend lässt sich mit Gleichung (3.42) und Gleichung (3.43) die Höhe der Anbackung berechnen.

3.6.2 Praktische Umsetzung

Eine Voraussetzung für den Einsatz des Verfahrens ist, dass eine Anbackung in mehreren Aufnahmen hintereinander genau lokalisiert werden kann. Die

---

[30] Es wird ohne Beschränkung der Allgemeinheit davon ausgegangen, dass die Hauptachse der Ellipse parallel zur x-Achse des Bildes liegt. Ist das nicht der Fall, kann eine Drehung des Bildes durchgeführt werden. Der entsprechende Winkel ist durch die Kameraeinbauposition gegeben.

[31] Die Hauptachse steht senkrecht auf einer Geraden vom Bildmittelpunkt zum Drehrohrmittelpunkt in den Aufnahmen. Sie unterliegt nicht der perspektivischen Verzerrung.

automatisierte Segmentierung von Anbackungen stellt sich in der praktischen Anwendung jedoch als sehr stark abhängig von den im Drehrohr herrschenden Prozessbedingungen dar. Durch die folgenden Punkte kann die Segmentierung negativ beeinflusst werden:

Partikelkonzentration Schlechte Sicht im von der Kamera weiter entfernten Bereich innerhalb des Drehrohrs.

Partikelsträhnen Ruß-, Staub- oder Aschesträhnen, die sich durch das Drehrohr bewegen und in den Aufnahmen dunkel zu erkennen sind.

Beleuchtungsverhältnisse Stark schwankende Beleuchtungsverhältnisse, insbesondere wenn ein Brenner am unteren Drehrohrende installiert ist.

Vor allem die Segmentierung von Anbackungen in großer Entfernung vom unteren Drehrohrende ist dadurch sehr stark betroffen. Ein weiterer Punkt, der die Segmentierung beeinträchtigen kann, ist eine zu niedrige Bildauflösung des Kamerasystems für den interessierenden Bildbereich. Bei zahlreichen Anbackungen entlang des Drehrohrs und der damit verbundenen Bestimmung unterschiedlicher Kreisbahnen wird eine hohe Bildauflösung benötigt, um Anbackungen beim Verfolgen über mehrere Aufnahmen diskriminieren zu können.

Ebenfalls muss beachtet werden, dass der Bereich des Feststoffbetts sowie der durch die jeweilige Kameraeinbauposition verdeckte Bereich der Drehrohrinnenwand für die Bestimmung der Kreisbahnen der Anbackungen nicht nutzbar sind. In beiden Bereichen sind die Anbackungen nur sehr schlecht oder gar nicht erkennbar. Daher verbleibt nur der sichtbare Bereich neben und oberhalb des Feststoffbetts, um die Kreisbahnen zu ermitteln.

Ist eine ausreichend genaue automatische Segmentierung wegen der Prozessbedingungen nicht möglich, kann das Verfahren dazu genutzt werden, eine manuelle Offline-Auswertung durchzuführen. Dabei wird die Position einer Anbackung in mehreren Bildern einer Bildsequenz manuell gekennzeichnet. Die so ermittelten Positionen können dann zur Analyse von Anbackungen genutzt werden.

Das vorgestellte neue Verfahren zur bildbasierten Analyse von Anbackungen in Drehrohröfen kann auch bei anderen Anwendungen eingesetzt werden, in denen eine Rotation um eine bekannte Rotationsachse gegeben ist und eine dreidimensionale Information aus zweidimensionalen Bildsequenzen ermittelt werden soll.

3.7 Gebinde

In Drehrohröfen zur Sonderabfallverbrennung werden häufig sogenannte Gebinde bei der Brennstoffaufgabe mit hinzugegeben. Es handelt sich dabei um kleinere Metall- oder Plastikfässer mit einer Länge von ca. 50 – 80 cm, die zumeist Abfallstoffe aus der chemischen Industrie beinhalten[32]. Im Drehrohrofen sollen die Abfallstoffe thermisch umgewandelt werden, um die Umweltgefährdung zu reduzieren. Nach der Aufgabe in den Ofen erhöhen sich die Temperatur und damit der Druck im Fass bis es letztlich aufplatzt. Stoffabhängig kann es dann zu einer schnellen Reaktion des Inhalts mit der Brennraumatmosphäre kommen. Durch die damit verbundene Verpuffung entstehen opake Rußschwaden im Drehrohr, welche aufgrund einer unvollständigen Verbrennung häufig mit einer Kohlenmonoxidspitze im Abgas des Drehrohrofens einher gehen. Durch eine rechtzeitige Zuführung zusätzlichen Sauerstoffs in der Nachbrennkammer kann der CO-Gehalt im Abgas reduziert werden. Für Betreiber solcher Anlagen ist es daher wünschenswert, Verpuffungen frühzeitig detektieren zu können.

In manchen Anlagen kann auch der Fall auftreten, dass ein Gebinde, ohne gezündet zu haben, durch das Drehrohr rollt und damit unbehandelt oder nur teilweise umgewandelt wieder ausgetragen wird. Da sich bei Auftreten eines solchen Durchrollers gegebenenfalls hochgiftige Stoffe im Feststoffaustrag befinden können, ist eine automatische Erkennung von Durchrollern ebenfalls eine wertvolle Information für den Betrieb einer Sonderabfallverbrennungsanlage. Es wird hier ein neues Bildverarbeitungsverfahren vorgestellt, das die Detektion und Bewertung von Gebinden in Drehrohröfen erlaubt [117, 119, 123].

In Abb. 3.43 ist eine Übersicht über die einzelnen Schritte des neu entwickelten Verfahrens zur Extraktion bildbasierter Kenngrößen für eingegebene Gebinde gegeben.

3.7.1 Bildvorverarbeitung und Segmentierung

Gebinde sind im Vergleich zur Drehrohrofenumgebung bei der Zugabe deutlich kälter.[33] Die Intensitätsdifferenz sowie Vorwissen über den möglichen

---

[32] Darunter zählen beispielsweise (giftige) organische Verbindungen mit hohem Brennwert.

[33] Aufgrund eines hohen Reflexionsgrades der Gebindehülle wird die Temperaturdifferenz in Kameraaufnahmen jedoch weniger stark wiedergegeben. Eine genaue Temperaturbestimmung des Gebindes ist aufgrund fehlender Kenntnis über den Emissionsgrad daher nur sehr grob möglich.

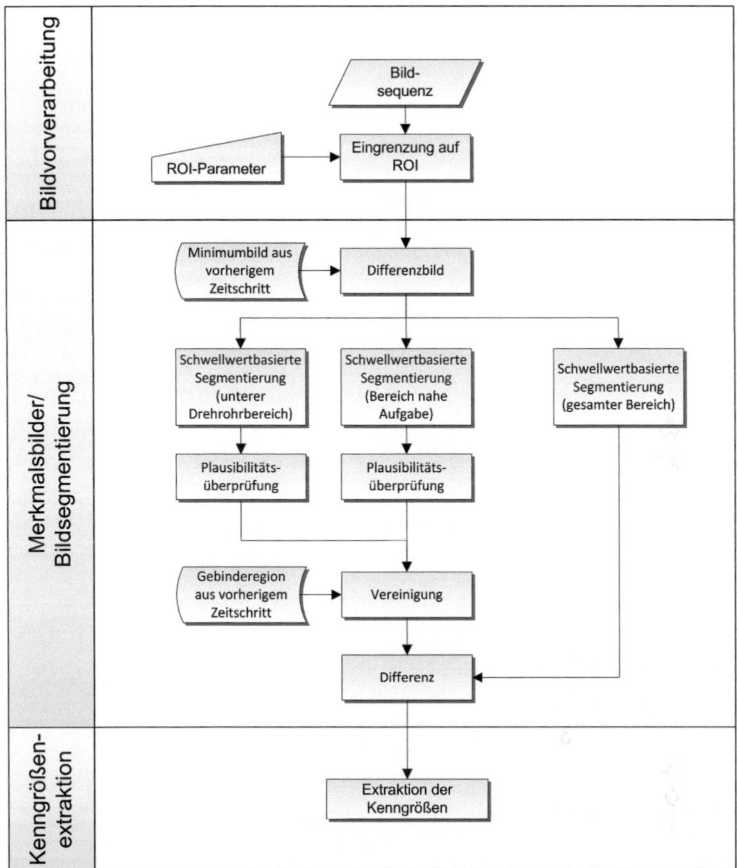

Abbildung 3.43: Neues Verfahren zur Gewinnung bildbasierter Kenngrößen über eingegebenes Gebinde

Aufenthaltsort von Gebinden können in einem neuen Verfahren zur automatisierten Detektion von Gebinden genutzt werden. Das Verfahren wird am Beispiel einer schrägen Kameraeinbauposition vorgestellt (Abb. 3.44).

Voraussetzungen für eine erfolgreiche Segmentierung von Gebinden mit dem entwickelten Verfahren sind:

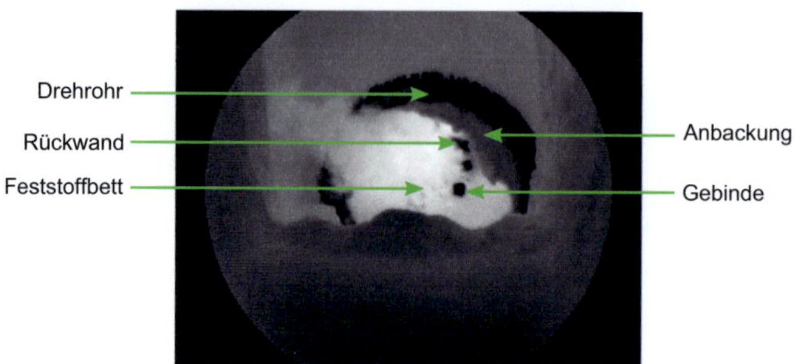

Abbildung 3.44: Beispielaufnahme (schräge Kameraeinbauposition) eines Drehrohrofens zur Sondermüllverbrennung mit eingegebenem Gebinde

- Es werden keine anderen kalten Stoffe über einen Dickstoffbrenner dem Ofen zugegeben. Die kalten Stoffe würden mit dem vorgestellten Verfahren ebenfalls als Gebinde deklariert werden. Eine Kameraeinbauposition (zentral, unten), die auch die Ermittlung der Höhe von Gebinden zuließe, kann eine Möglichkeit für eine zuverlässigere Segmentierung darstellen.[34]

- Es besteht eine ausreichend gute Sicht in den Drehrohrofen. Bei zu hoher Partikelkonzentration kann das vorgestellte Verfahren daher nicht genutzt werden.

- Es treten keine dunklen Partikelsträhnen auf, die ähnliche Intensitätswerte wie eingegebenes Gebinde aufweisen. Die Partikelsträhnen würden in dem Fall als Gebinde klassifiziert werden.

Zur Bildvorverarbeitung kann der untersuchte Bildbereich auf die geometrischen Grenzen des Drehrohrs und den Bereich unterhalb der Gebindeaufgabe[35] $\Omega_{G,ROI}$ eingeschränkt werden, um unnötige Rechenoperationen einzusparen. Gegebenenfalls müssen zusätzlich störende Anbackungen im Sichtbereich der Kamera detektiert und von der ROI entfernt werden, damit es nicht zu Fehlsegmentierungen kommt. In [117] wird ein solches Verfahren zur Bildvorverarbeitung vorgestellt. Abb. 3.45 zeigt die ROI, die zur Weiterverarbeitung genutzt wird.

Flammenfluktuationen im Feststoffbett können dazu führen, dass Gebinde kurzzeitig überdeckt werden und dann nicht mehr erkennbar sind. Mit Hilfe

---

[34] Es konnten im Rahmen der vorliegenden Arbeit keine Bildsequenzen von Sondermüllverbrennungsanlagen aus unteren und zentralen Kameraeinbaupositionen akquiriert werden, um die genannte These zu validieren.

[35] Größen, die sich auf Gebinde beziehen, sind mit dem Index G gekennzeichnet.

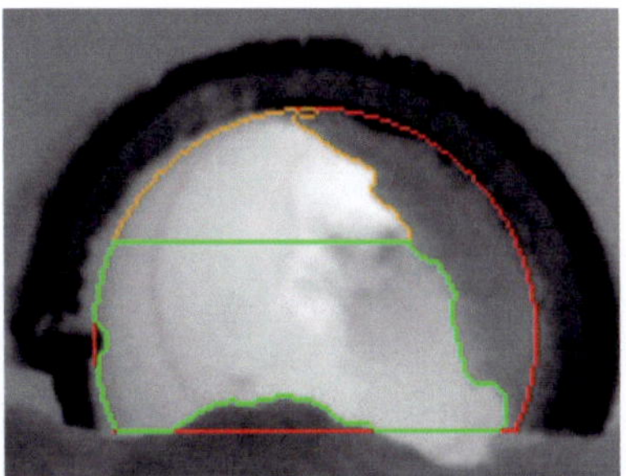

Abbildung 3.45: Geometrische Beschränkung der ROI (rot), mit Berücksichtigung von Anbackungen im Sichtfeld (orange) und finale ROI $\Omega_{G,ROI}$ unterhalb der Gebindeaufgabe zur Durchführung der Gebindedetektion (grün)

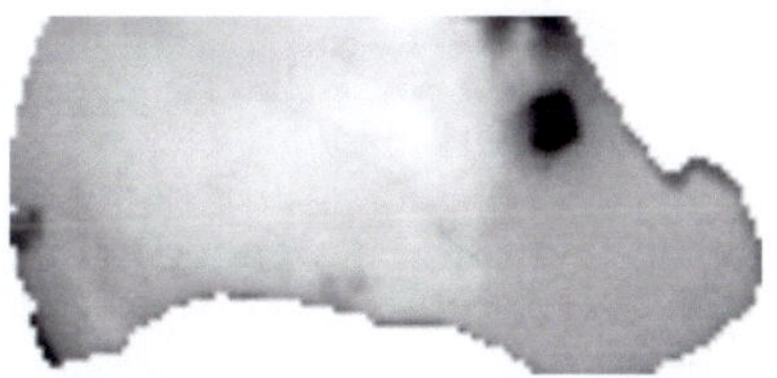

Abbildung 3.46: Minimumbild g_{min}

einer gleitenden zeitlichen Minimumfilterung der Länge N_{min} kann der Einfluss störender heißer Flammenfluktuationen reduziert werden.[36] Kalte Bildbereiche, wie Gebinde, werden dadurch im gefilterten Bild hervorgehoben (Abb. 3.46).

$$g_{min}(\mathbf{x}, t_k) = \min\left\{g(\mathbf{x}, t_{k-N_{min}}), \ldots, g(\mathbf{x}, t_k)\right\} \tag{3.57}$$

Eine ausschließlich intensitätsbasierte Segmentierung ist aufgrund stark schwankender Bedingungen (sowohl zeitlich als auch örtlich) nicht geeignet, um eine zuverlässige Segmentierung zu gewährleisten. Deshalb werden dynamische Eigenschaften der Gebinde zur Segmentierung herangezogen. Hierzu wird zunächst ein Differenzbild aus zwei aufeinanderfolgenden Minimumbildern berechnet:

$$g_{diff}(\mathbf{x}, t_k) = g_{min}(\mathbf{x}, t_k) - g_{min}(\mathbf{x}, t_{k-1}) \tag{3.58}$$

---

[36] Damit die Bewegung des Gebindes keinen zu großen Einfluss auf das Minimumbild hat, darf die Filterlänge N_{min} nicht zu hoch gewählt werden. In den untersuchten Bildsequenzen (Aufnahmerate von 50 fps) erwies sich eine Filterlänge von 50 als zweckmäßig.

Abbildung 3.47: Differenzbild g_{diff}

Negative Werte im Differenzbild weisen auf einen Übergang von warm zu kalt hin (vgl. Abb. 3.47). Das ist in Bildpunkten gegeben, in denen erstmalig Gebinde zu sehen ist und tritt z. B. bei der Zugabe eines Gebindes in den Drehrohrofen oder bei einer Bewegung des Gebindes auf. Positive Werte deuten auf eine Bewegung eines Gebindes im Drehrohrofen hin. Hier stellt der Bildpunkt, der zuvor von Gebinde eingenommen wurde, wieder den Hintergrund (Drehrohrwand oder Feststoffbett) dar.

Die Segmentierung auf Basis der Differenzbilder erfolgt schwellwertbasiert, d. h. alle Bildpunkte des Differenzbildes unterhalb eines Schwellwerts werden der Gebinderegion zugeordnet, alle anderen Bildpunkte dem Hintergrund. Ein ortsabhängiger Schwellwert kann hier definiert werden, um die Robustheit zu erhöhen. Wie sich in [117] gezeigt hat, bieten sich zwei ortsabhängige Schwellwerte, ein strengerer Schwellwert $s_{G,1}$ nahe der Drehrohraufgabe $\Omega_{\text{G,ROI,1}}$ und ein moderater Schwellwert $s_{G,2}$ für den restlichen Bereich $\Omega_{\text{G,ROI,2}}$ an (strengerer Schwellwert bedeutet: $s_{G,1} < s_{G,2}$). Gerade im Bereich der Drehrohraufgabe können je nach Kameraeinbauposition längerfristige stabile Flammen im Feststoffbett die Rückwand überdecken. Da stabile Flammen durch die Minimumfilterung nicht herausgefiltert werden, kann bei einer plötzlichen Änderung der Flamme ein Teil der kälteren Rückwand fälschlicherweise als Gebinderegion klassifiziert werden. Durch die Anwendung von zwei Schwellwerten kann die Gefahr von Fehlsegmentierungen reduziert werden.[37]

$$\Omega_{\text{G,1.1}}(t_k) := \left\{ \mathbf{x} \in \Omega_{\text{G,ROI,1}} \mid g_{\text{diff}}(\mathbf{x}, t_k) < s_{G,1} \right\} \tag{3.59}$$

$$\Omega_{\text{G,1.2}}(t_k) := \left\{ \mathbf{x} \in \Omega_{\text{G,ROI,2}} \mid g_{\text{diff}}(\mathbf{x}, t_k) < s_{G,2} \right\} \tag{3.60}$$

Zur Absicherung der Detektion können noch weitere Kriterien herangezogen werden. Zum einen bietet es sich an, zu kleine zusammenhängende Regionen zu verwerfen. Zum anderen kann die Temperatur der gefundenen Bildpunkte als weiteres Kriterium genutzt werden. Adaptiv, d. h. bezogen auf die

---

[37] Anwendungsabhängig sind aber auch alternative Herangehensweisen denkbar, wie z. B. ein Schwellwert direkt abhängig von der Tiefe im Drehrohr, um die mit längerer Wegstrecke zunehmende Extinktion zu berücksichtigen.

mittlere Temperatur im Drehrohrofen, kann ein Schwellwert definiert werden, unterhalb dessen die Temperatur eines Bildpunkts der Gebinderegion liegen soll. Hier ist wiederum ein ortsabhängiger Schwellwert anwendbar (Rückwand, restlicher Drehrohrofen). Beide Ergebnisregionen können dann vereinigt werden:

$$\Omega_{G,2}(t_k) = \Omega_{G,1.1}(t_k) \cup \Omega_{G,1.2}(t_k) \tag{3.61}$$

Die Region $\Omega_{G,2}(t_k)$ muss dann mit der Ergebnisregion aus dem vorangegangenen Zeitschritt vereinigt werden, damit nicht nur Bildpunkte, die eine Änderung im aktuellen Zeitschritt erfahren, zur Gebinderegion gezählt werden:

$$\Omega_{G,3}(t_k) = \Omega_{G,2}(t_k) \cup \Omega_G(t_{k-1}) \tag{3.62}$$

Vom Ergebnis der Vereinigung 3.62 müssen dann alle Bildpunkte, die im aktuellen Differenzbild Werte oberhalb eines Schwellwerts $s_{G,3}$ besitzen, ausgenommen werden, um die Bewegung des Gebindes entlang des Drehrohrs zu berücksichtigen. Zusätzlich kann die gefundene Region um unplausible Bildpunkte verringert werden, deren Temperatur im aktuellen Bild oberhalb eines von der mittleren Ofentemperatur abhängigen adaptiven Schwellwerts $s_{G,4}$ liegt. Die zu entfernende unplausible Bildregion $\Omega_{G,\mathrm{neg}}(t_k)$ bestimmt sich dann über:

$$\Omega_{G,\mathrm{neg}}(t_k) := \left\{ \mathbf{x} \in \Omega_{\mathrm{ROI},G} \mid g_{\mathrm{diff}}(\mathbf{x}, t_k) > s_{G,3} \vee g(\mathbf{x}, t_k) > s_{G,4} \right\} \tag{3.63}$$

Mit Hilfe von

$$\Omega_G(t_k) = \Omega_{G,3}(t_k) \setminus \Omega_{G,\mathrm{neg}}(t_k) \tag{3.64}$$

ergibt sich die finale Gebinderegion $\Omega_G(t_k)$ (vgl. Abb. 3.48), die zur Extraktion von Kenngrößen genutzt werden kann.

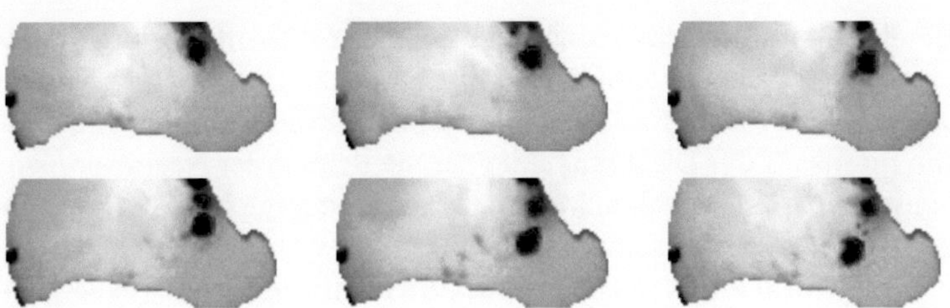

Abbildung 3.48: Segmentierte Gebinderegion Ω_G (rot) in einer Bildsequenz

3.7.2 Kenngrößenextraktion

Kenngrößen, die relevant für die weitere Betrachtung sind, können anhand der eingangs in diesem Abschnitt erwähnten Anforderungen abgeleitet werden. Einerseits ist die frühzeitige Erkennung einer drohenden Verpuffung von Gebinden wünschenswert. Hierfür kann die Größe der segmentierten Gebinde ermittelt werden (Die Größe entspricht der Anzahl der Bildpunkte einer zusammenhängenden Region). Nach der erstmaligen Erfassung eines Gebindes erhöht sich im Normalfall zunächst die Fläche, da sich das Gebinde in Richtung Kamera bewegt. Eine Reduktion der Größe kann dann ein Hinweis darauf sein, dass das Gebinde gezündet hat und eine baldige Verpuffung droht.

Andererseits ist auch eine automatisierte Detektion von Durchrollern realisierbar. Dabei kann die vertikale Position des Schwerpunkts einer Gebinderegion in den Aufnahmen ein Hinweis darauf geben, ob es sich beim detektierten Gebinde um einen möglichen Durchroller handelt. Anhand der extrahierten bildbasierten Informationen kann ein Prozessleitsystem entsprechende Gegenmaßnahmen einleiten.

3.7.3 Praktische Umsetzung

Bei der Analyse der akquirierten Bildsequenzen zeigte es sich, dass schwierige Sichtverhältnisse im Drehrohrofen zu Fehldetektionen führen können. Es lassen sich jedoch anlagen-/datenspezifische Möglichkeiten zur Verbesserung der Gebindedetektion nutzen:

Fehldetektionen treten überwiegend bei starker Rußentwicklung auf, wobei zeitweise kältere Bereiche im Drehrohr überdeckt und anschließend als Gebinde klassifiziert werden. Das kann berücksichtigt werden, indem zusätzlich die Intensität der Differenzbilder für die Region der Nachbrennkammer betrachtet wird. Bei zu hohen Maximalwerten oder auch zu starken Schwankungen (Differenz aus Maximal- und Minimalwert) über einen längeren Zeitraum (hier wurde empirisch der Wert 25 s bestimmt) bietet es sich an, die Gebindedetektion auszusetzen. Es zeigte sich ebenfalls, dass in dem Bereich kurz oberhalb der Brennzone durch die dortigen stark schwankenden Temperaturverhältnisse eine Vielzahl an Fehldetektion stattfinden. Dieser Drehrohrbereich (bei 25% der Drehrohrlänge) kann daher bei der Gebindedetektion ausgenommen werden, um die Fehlerrate weiter zu reduzieren. Zusammenfassend können die folgenden Parameter zur Absicherung einer Gebindedetektion zusätzlich berücksichtigt werden:

- Gebindegröße

- Maximum der Intensität Rußwolkendetektion

- Schwankung Rußwolkendetektion

- Nicht berücksichtigter Drehrohrbereich

3.8 Methoden zur Evaluierung der entwickelten Verfahren

Bezugnehmend auf Abschnitt 3.1 sollen hier Möglichkeiten vorgestellt werden, wie die einzelnen Verfahren bzw. die extrahierten Kenngrößen hinsichtlich Relevanz, Robustheit und Berechnungsaufwand bewertet werden können.

Relevanz Zur Bewertung der Relevanz der Kenngrößen, d. h. deren Fähigkeit den Prozesszustand zu beschreiben oder spezielle Effekte des Prozesses zu erfassen, wurden die folgenden Punkte untersucht:

- Analyse des Kenngrößenverlaufs im Vergleich zu anderen konventionellen Messgrößen

- Analyse des Kenngrößenverlaufs im Vergleich zu den Stellgrößen des Prozesses

- Analyse des Kenngrößenverlaufs im Vergleich zu einer manuellen optischen Einschätzung der Bilddaten

Die ersten beiden Punkte lassen sich z. B. mittels einer visuellen Gegenüberstellung der Größen oder aber quantitativ mittels einer Korrelationsanalyse untersuchen. Für den letzten Punkt ist ein manuelles Sichten und Bewerten der akquirierten Bilddaten notwendig. Auf dessen Basis kann eine qualitative Beurteilung der Relevanz vielzelner Kenngrößen erfolgen.

Robustheit Für den praktischen Einsatz wird gefordert, dass die Kenngrößen unempfindlich gegenüber kamera- oder prozessbedingten Störungen sind. Die Störungen können grundsätzlich in zwei Kategorien eingeteilt werden:

Erkennbare Störungen Hierunter zählen beispielsweise ein Ausfall der Kameratechnik, Verschmutzungen der Linse, aber auch zu starke Partikelkonzentrationen in der Verbrennungsatmosphäre. Solche Störungen lassen sich softwarebasiert nicht kompensieren. Hier kann eine vorgeschaltete Bildgütebewertung eingesetzt werden, um die Bildverarbeitung gegebenenfalls zu unterbrechen. Eine Möglichkeit hierzu wurde in Abschnitt 3.5 vorgestellt. Weitere Möglichkeiten finden sich z. B. in [43].

Kompensierbare Störungen So lange die Bilddaten eine ausreichend hohe Güte erreichen, sollen die entwickelten Verfahren möglichst unabhängig von Prozesszustandsänderungen oder kleineren Bildstörungen sinnvolle Ergebnisse liefern. Derartige Störungen lassen sich beispielsweise mittels zeitlicher Filterung oder mittels Vorwissen kompensieren. Letzteres ist über die Anwendung von Plausibilitätskriterien oder direkter Einbindung von Formvorwissen in den Segmentierungsprozess möglich.

Insgesamt ist die Robustheit der Verfahren jedoch schwierig zu bewerten, da keine Ground-Truth-Datensätze vorliegen und nicht alle Prozesszustände in den vorhandenen Messdaten abgedeckt sind. Es wurden daher auf Basis einzelner Stichproben bei unterschiedlichen Prozessbedingungen die Ergebnisse der Bildverarbeitungsverfahren evaluiert.

Berechnungsaufwand Für einen Einsatz der entwickelten Bildverarbeitungsverfahren in einem Online-System ist ein entsprechend niedriger Berechnungsaufwand für die bildbasierten Kenngrößen notwendig. Hierbei ist anzumerken, dass für eine Online-Fähigkeit der Verfahren nicht unbedingt ein Berechnungsaufwand in der Größenordnung der Abtastrate notwendig ist, da nicht zwangsläufig in jedem Abtastschritt Kenngrößen zur Verfügung stehen müssen. Es muss daher anwendungsabhängig beurteilt werden, ob der jeweilige Berechnungsaufwand den jeweiligen Anforderungen entspricht. Der Berechnungsaufwand für die Kenngrößen kann dadurch ermittelt werden, dass der Zeitaufwand $\Delta T_{\text{Aufwand}}$ für die Bildverarbeitung auf Basis der jeweiligen Eingabedaten (eines oder mehrere Bilder) an einem Referenzrechner bestimmt wird. In der vorliegenden Arbeit wurde hierzu ein

Windows XP-Rechner mit Intel Core 2 Duo Prozessor (1.99 GHz) und 1.90GB RAM eingesetzt.

Auf die Robustheit der Verfahren wurde bereits teilweise in diesem Kapitel bei der Beschreibung der Bildverarbeitungsverfahren eingegangen. Die Relevanz und der Berechnungsaufwand der bildbasierten Kenngrößen werden bei der Betrachtung der Anwendungsszenarien in Kapitel 4 evaluiert.

3.9 DREHSINE - Ein Software-Tool zur Analyse von Bildsequenzen aus Drehrohröfen

Im Rahmen der vorliegenden Arbeit entstand am Institut für Angewandte Informatik das Matlab-basierte Softwaretool DREHSINE, das die Offline-Analyse von Bildsequenzen aus Drehrohröfen ermöglicht. DREHSINE ist speziell dazu entwickelt worden, einen schnellen Überblick über Bildsequenzen zu liefern, Bildvorverarbeitungs- sowie Bildsegmentierungsverfahren zu vergleichen und bildbasierte Kenngrößen aus den Bilddatensätzen für eine weitere Analyse zu extrahieren. Mit Hilfe einer graphischen Oberfläche können allgemeine und anwendungsspezifische Parameter der verwendeten Verfahren angepasst werden. Es besteht die Möglichkeit, die gewählten Parameter zu speichern und bei einer weiteren Verwendung wieder zu laden, z. B. um Auswertungen zu wiederholen, zu vergleichen oder auf andere Bildsequenzen anzuwenden. Die Ergebnisse von Filterung und Segmentierung können für eine qualitative Analyse der Ergebnisse visualisiert sowie als Bildsequenz oder Video abgespeichert werden. Das Tool ist modular aufgebaut, um eine einfache Erweiterbarkeit zu gewährleisten. Das bedeutet, dass neue Verfahren zur Filterung, Segmentierung oder Kenngrößenextraktion mit Hilfe von Matlab programmiert und anschließend in DREHSINE integriert werden können.

Abb. 3.49 zeigt einen Screenshot der graphischen Oberfläche von DREHSINE. Im linken Teil befinden sich die Auswahlmenüs für die Methoden der Bildfilterung, Bildsegmentierung sowie zur Kenngrößenextraktion. Im Menü selbst sind die Optionen zur Eingabe allgemeiner und anwendungsspezifischer Parameter gegeben. Zudem befinden sich dort die Möglichkeiten, Visualisierungsoptionen (z. B. Nutzung einer Falschfarbendarstellung, Anzeige einer Temperaturskala) sowie allgemeine Vorverarbeitungsschritte (z. B. Rotationen oder Einschränkungen des untersuchten Bildbereichs) für die untersuchte Bildsequenz festzulegen. Der rechte Teil der Oberfläche wird von der Visualisierung eingenommen. Sowohl Original- als auch Ergebnisbild können gemeinsam betrachtet und bei Bedarf exportiert werden. Darüber hinaus befinden sich im rechten unteren Bereich Schaltflächen zur Beeinflussung der Abspieleigenschaften der analysierten Bildsequenzen.

Grundsätzlich ist für ein anschließendes Data-Mining auch ein Export der extrahierten Daten in andere Programme (z. B. Gait-CAD [79]) möglich.

Die in Kapitel 3 vorgestellten neuen Bildverarbeitungsverfahren für Drehrohrofenprozesse erlauben die Extraktion bildbasierter Kenngrößen für relevante Bereiche wie Feststoffbett (Abschnitt 3.2) und Feststoffaustrag (Abschnitt 3.3), aber auch für spezielle Effekte wie ungezündeter Brennstoff (Abschnitt 3.4), Partikelkonzentration in der Verbrennungsatmosphäre (Abschnitt 3.5), Anbackungen an der Drehrohrwand (Abschnitt 3.6) und eingegebenes Gebinde (Abschnitt 3.7). Alle Verfahren wurden in einem neu entwickelten Matlab-basierten Software-Tool implementiert (Abschnitt 3.9). In Abschnitt 3.8 wurden Möglichkeiten zur Bewertung der neuen Bildverarbeitungsverfahren aufgezeigt, welche im folgenden Kapitel bei der Anwendung der Verfahren auf ausgewählte Prozesse berücksichtigt werden.

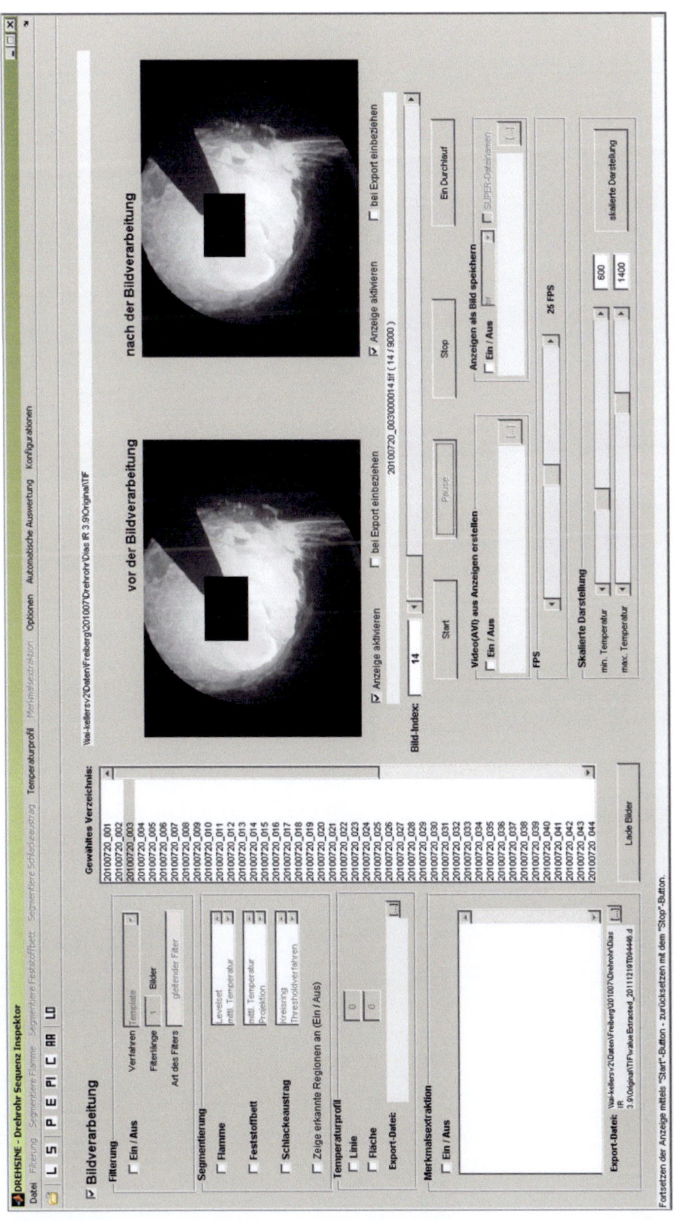

Abbildung 3.49: Screenshot der graphischen Oberfläche des Software-Tools DREHSINE

4 Analyse der neuen bildbasierten Kenngrößen und Ableitung darauf aufbauender Optimierungsstrategien für ausgewählte Prozesse

Die in Kapitel 3 vorgestellten Bildverarbeitungsverfahren bilden die Grundlage für die Extraktion bildbasierter Kenngrößen. In diesem Kapitel wird anhand ausgewählter Prozesse die Anwendbarkeit der entwickelten Verfahren untersucht. Auf Basis der Ergebnisse jener Untersuchungen werden mögliche Optimierungsstrategien für die untersuchten Prozesse vorgeschlagen. In Abschnitt 4.1 wird ein Drehrohrofenprozess betrachtet, der für das Recyceln von Zink eingesetzt wird. Dabei wird auf die Feststoffbetterkennung, die Feststoffaustragsanalyse und die Abschätzung der Partikelkonzentration eingegangen. Gegenstand von Abschnitt 4.2 ist die Anwendung des Bildverarbeitungsverfahrens zur Gebindeerkennung an einem Drehrohrofenprozess zur Sonderabfallverbrennung. Anschließend werden in Abschnitt 4.3 an einem Drehrohrofenprozess für die Zementherstellung die Bildverarbeitungsverfahren zur Analyse ungezündeten Brennstoffs sowie zur Bewertung von Anbackungen evaluiert. In Abschnitt 4.4 wird eine Übersicht über die Anwendbarkeit der entwickelten Bildverarbeitungsverfahren auf die verschiedenen untersuchten Prozesse gegeben.

4.1 Zinkrecycling

Im Jahr 2011 wurden weltweit ca. 12.7 Millionen Tonnen Zink verbraucht [56]. Die Hauptverwendung von Zink liegt hierbei im Bereich des Korrosionsschutzes durch Verzinkung. Weitere Anwendungsgebiete sind die Produktion von Metalllegierungen wie Messing und Bronzen sowie in der chemischen Industrie die Herstellung von Farben, Arzneimitteln und Kosmetika. Während dabei der Großteil der benötigten Zinkmenge bisher als Rohstoff aus Minen gewonnen wird, ist der Anteil an recyceltem Zink mit derzeit 30% zunehmend[1]. Die Vorteile von Zinkrecycling sind

- Reduktion der Deponierung als Reststoff,

- Energieeinsparung aufgrund des Wegfalls der Abbau- und Schmelzprozesse,

- Entlastung der Umwelt und

- Erhaltung von Zinkerz.

Mit einem Anteil von knapp 80% der weltweiten Recyclingkapazitäten stellt das Wälzverfahren, ein pyrometallurgisches Verfahren, dessen wesentlichste Komponente ein Drehrohrofen ist, die dominierende Technologie im Bereich des Zinkrecyclings dar [57, 98].

4.1.1 Prozessbeschreibung

Das Wälzverfahren wird dazu eingesetzt, aus zinkhaltigen Reststoffen, wie Stahlwerksstäuben, Galvanikschlämmen und anderen zinkhaltigen Abfällen das sogenannte Wälzoxid mit dem Hauptbestandteil Zinkoxid zu gewinnen. In Zinkelektrolysen und thermischen Zinkhütten kann das Wälzoxid wieder in reines Zink umgewandelt werden. Eine schematische Darstellung einer industriellen Anlage für das Wälzverfahren ist in Abbildung 4.1 zu sehen. Die Rohmaterialien mit Zinkgehalten von 20% bis 50% werden zusammen mit Koks und Zuschlagstoffen (Schlackebildnern) in pelletierter Form über eine Zuführeinrichtung dem Drehrohrofen zugegeben. Das zunächst noch feuchte Material durchläuft anschließend, wie bereits in Abschnitt 1.2.1 beschrieben, die verschiedenen Reaktionsphasen im Drehrohrofen. Der zugegebene Feststoff wird dabei zunächst von den entgegenströmenden Verbrennungsgasen getrocknet und bis zum Einsetzen der Reaktionen aufgeheizt. Da es sich um einen autothermen Prozess [96] handelt, wird im Normalbetrieb keine externe Wärmezufuhr über einen Brenner benötigt. Bei Temperaturen um 700 °C setzt die Reduktion des Zinkoxids ein:

$$ZnO + CO \longrightarrow Zn + CO_2$$

---

[1] Die noch relativ geringe Recyclingrate ist auf die Langlebigkeit von Zinkerzeugnissen, die bis zu 80 Jahre betragen kann, zurückzuführen.

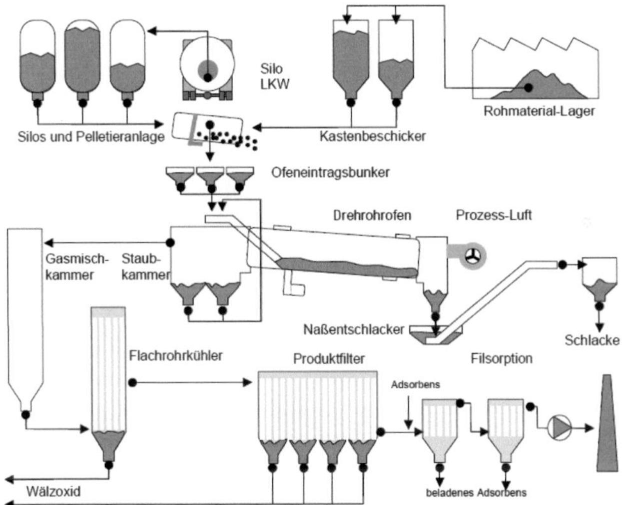

Abbildung 4.1: Schematische Darstellung des Wälzverfahrens (basierend auf [17])

Das Zink geht dabei in die Gasphase über, wo es mit dem verfügbaren Sauerstoff rückoxidiert

$$Zn + O \longrightarrow ZnO$$

und als feststoffförmiger Staub mit der zugeführten Prozessluft in die Staubkammer überführt wird. Dort werden schwere Partikel abgeschieden und in den Prozess zurück geleitet. Der staubhaltige Prozessgasstrom wird in weiteren Schritten abgekühlt, bevor das Endprodukt Wälzoxid separiert wird. Der Abscheidung des Wälzoxides können sich Absorptions- und Filsorptionsschritte anschließen, um Schadstoffe wie Quecksilber oder Dioxine aus der Abluft zu entfernen. Feststoffe, die während des Prozesses nicht verflüchtigt werden, verlassen als sogenannte Schlacke das untere Ende des Drehrohrofens. Die Schlacke wird im Straßenbau eingesetzt oder deponiert. Ein wichtiges Ziel der Anlagenbetreiber ist es, den Restzinkgehalt in der Schlacke gering zu halten.

Eine Erweiterung innerhalb des Wälzverfahrens stellt das SDHL[2]-Verfahren dar. Dabei wird am unteren Ende des Drehrohrofens mittels einer Luftlanze dem Prozess zusätzlicher Sauerstoff zur Verfügung gestellt. Das reduzierte Eisen reagiert mit dem Sauerstoff und stellt dem Prozess damit zusätzliche

---

[2] Die Abkürzung SDHL steht für die Namen der Erfinder: Saage, Dittrich, Hasche und Langbein)

Energie/Wärme zur Verfügung. Insgesamt kann der Kohlenstoffverbrauch und der CO_2-Ausstoß damit reduziert sowie das Zinkausbringen erhöht werden. Bei modernen Anlagen für das Wälzverfahren ist ein Gesamtzinkausbringen (Rückgewinnungsrate des Zinks) von bis zu 96% möglich [96, 97].

Um ein optimales Zinkausbringen zu ermöglichen, muss die Temperaturverteilung im Drehrohrofen auf spezifische Werte geregelt werden. Die Temperaturen sollen einerseits so hoch sein, dass das Zinkoxid vollständig reduziert wird. Andererseits führt eine zu hohe Temperatur zu Agglomerationen im Feststoffbett und die Reaktionsoberfläche nimmt ab, was ein geringeres Zinkausbringen bewirkt. Da es sich beim Aufgabematerial des Prozesses um ein Abfallprodukt mit schwankenden Materialeigenschaften handelt, sind die jeweils optimalen Temperaturen keine konstanten Werte, sondern müssen im laufenden Prozess ständig in Abhängigkeit der Materialeigenschaften und des Prozesszustands adaptiert werden.

Die Adaption erfolgt heutzutage zumeist manuell vom Wartenpersonal, welches das Verhalten der Schlacke am unteren Ende des Drehrohrofens beobachtet und die Prozessstellgrößen entsprechend anpasst. Im visuellen Spektralbereich ist die Sicht in den Drehrohrofen jedoch sehr gering, was unter Umständen zu Fehleinschätzungen des Prozesszustands führen kann. Mittels spezieller Infrarotkameras mit Spektralfilter kann die Sicht in den Drehrohrofen, wie in Abschnitt 2.2 gezeigt wurde, deutlich verbessert werden. Im Folgenden wird gezeigt, wie aus so akquirierten Bilddaten automatisiert ermittelte Kenngrößen zusätzliche Informationen für die Prozessregelung bieten können.

Zusammengefasst sind die Ziele im Abschnitt Zinkrecycling:

- eine Vorstellung der eingesetzten Bildakquisesysteme und der Randbedingungen der jeweiligen Messkampagnen,

- eine Untersuchung der Anwendbarkeit der neuen Bildverarbeitungsverfahren zur Analyse des Feststoffbetts aus einer unteren sowie aus einer schrägen Kameraeinbauposition basierend auf Abschnitt 3.2,

- eine Untersuchung der Anwendbarkeit des neuen Bildverarbeitungsverfahrens zur Analyse des Feststoffaustrags aus Abschnitt 3.3,

- eine Untersuchung der Anwendbarkeit des neuen Bildverarbeitungsverfahrens zur Analyse der Partikelkonzentration in der Brennraumatmosphäre aus Abschnitt 3.3 und

- die Ableitung von Möglichkeiten zur Prozessoptimierung auf Basis der neuen bildbasierten Prozesskenngrößen.

4.1.2 Bildakquise

Die analysierten Bildsequenzen wurden an zwei industriellen Drehrohröfen für das Wälzverfahren in mehreren jeweils mehrtägigen Messkampagnen erfasst:

Anlage 1 Der untersuchte Drehrohrofen ist 43 m lang und hat einen Innendurchmesser von 3.6 m. Er wird im Normalfall mit einer Drehzahl von $1.2\,\text{min}^{-1}$ betrieben. Die Verweilzeit des zugegebenem Feststoffs innerhalb des Drehrohrs beträgt ca. 4 bis 6 Stunden. Es wurden drei verschiedene Infrarotkamerasysteme an zwei unterschiedlichen Kameraeinbaupositionen eingesetzt. Die erste Kamera (256×128 Pixel) befand sich in einer unteren Kameraeinbauposition am unteren Ende des Drehrohrs. Die beiden anderen Kameras (320×240 Bildpunkte/384×288 Bildpunkte) waren an einer schrägen Kameraeinbauposition linksoberhalb der Rotationsachse ebenfalls am unteren Drehrohrende installiert. Da es sich um ein linksdrehendes Drehrohr handelt, wird das Feststoffbett (die Schlacke) an der rechten Drehrohrwand nach oben mitgeführt, bis der materialabhängige Schüttwinkel erreicht ist. Der Fokus der Messungen an Anlage 1 lag in der Untersuchung der Möglichkeiten einer kamerabasierten Analyse des Feststoffbetts und des Feststoffaustrags.

Anlage 2 Die Länge des Drehrohrofens an Anlage 2 beträgt 30 m bei einem Innendurchmesser von 2.1 m. Die Durchsatzmenge variiert im Bereich $1.5 - 2.8\,\text{t/h}$. Die hier eingesetzte Infrarotkamera besitzt eine Auflösung von 320×240 Bildpunkten und war an einer unteren Einbauposition installiert. An Anlage 2 wurden vorrangig kamerabasierte Kenngrößen zur Analyse der Partikelkonzentration untersucht.

Alle eingesetzten Kameras waren mit einem Spektralfilter bei $3.9 \pm 0.1\,\mu\text{m}$ ausgestattet, um die vorkommenden Verbrennungsgase zu durchdringen (vgl. Abb. 2.2). Die Intensitätswerte der einzelnen Bildpunkte entsprechen der absoluten Temperatur der erfassten Position im Drehrohrofen. Die Bildfrequenz der Kameras liegt bei 50 Bildern pro Sekunde. Um Speicherplatz zu sparen, wurde teilweise nicht durchgängig aufgenommen, sondern es wurden in unterschiedlichen Abständen (z. B. nach Änderungen von Prozessstellgrößen) jeweils mehrminütige Bildsequenzen akquiriert.

4.1.3 Analyse des Feststoffbetts

Untere Kameraeinbauposition

Im Rahmen der Messkampagne an Anlage 1 wurde ein Versuch durchgeführt, bei dem der Einfluss des Systemventilators, der verantwortlich für die Prozessluftzufuhr ist, auf das Feststoffbett untersucht wurde. Die Drehzahl des Systemventilators wurde dazu zwischen 15:00 Uhr und 17:00 Uhr schrittweise erhöht (Abb. 4.2a). Abb. 4.2b und Abb. 4.2c zeigen für den gleichen Zeitraum die Verläufe der extrahierten bildbasierten Kenngrößen *mittlere Temperatur* $\overline{g}_{\mathrm{Fb}}$ (Gleichung (3.4)) sowie *Schüttwinkel* $\xi_{\mathrm{Ks,min}}$ (Gleichung (3.2)) des Feststoffbetts. Die Ermittlung der Kenngrößen erfolgte mit Hilfe des in Abschnitt 3.2.1 vorgestellten Bildverarbeitungsverfahrens.

Durch die zusätzliche Zufuhr von Luft bzw. Sauerstoff kam es zu einer stärkeren Verbrennung im Drehrohrofen verbunden mit einer Erhöhung der Temperatur des Feststoffbetts. Die steigende Temperatur führte daraufhin zu einer Änderung der Materialeigenschaften des Feststoffs in Richtung einer teigigen/klebrigen Konsistenz. Dadurch wurde das Feststoffbett weiter an der Drehrohrinnenwand mit nach oben transportiert. Die Änderung der Materialeigenschaften lässt sich anhand des Verlaufs der extrahierten bildbasierten Kenngrößen *mittlere Temperatur* und *Schüttwinkel* deutlich erkennen. Ab 16:25 Uhr steigt der Schüttwinkel nochmals stark an. Hier kam es im Versuch zu einer Änderung des Bewegungsverhaltens des Feststoffbetts von einer rollenden Bewegung zu einer Kaskadenbewegung (vgl. Abb. 1.2). In Abb. 4.3 ist ein Streudiagramm dargestellt, welches den Zusammenhang zwischen der *mittleren Temperatur* und dem *Schüttwinkel* des Feststoffbetts nochmals verdeutlicht. Trotz Streuungen in den Datensätzen zeigt sich hier ein nichtlinearer Zusammenhang mit einer starken Erhöhung des Schüttwinkels bei Temperaturen oberhalb von 1230 °C.

Es zeigt sich, dass die extrahierten Kenngrößen eine nützliche Beschreibung des Prozesszustands im Drehrohrofen liefern und damit die Relevanz der Kenngrößen gegeben ist. Über die intensitätsbasierte Kenngröße *mittlere Temperatur* lässt sich das Temperaturverhalten des Feststoffbetts verfolgen. Durch die Berücksichtigung des gesamten Feststoffbetts ist diese Kenngröße aussagekräftiger als eine Pyrometermessung, die nur einen Punkt innerhalb des Feststoffbetts betrachtet und damit fehleranfälliger z. B. bei kalten Schlackeklumpen innerhalb des Feststoffbetts ist. Die Kenngröße *Schüttwinkel* kann dazu genutzt werden, auf die rheologischen Eigenschaften des Feststoffbetts sowie die Bewegungsform des Feststoffbetts zu schließen. Der

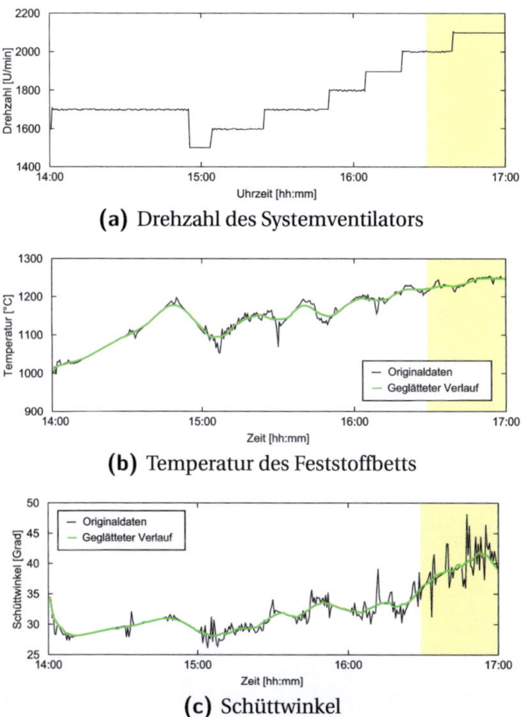

(a) Drehzahl des Systemventilators

(b) Temperatur des Feststoffbetts

(c) Schüttwinkel

Abbildung 4.2: Zeitlicher Verlauf von Kenngrößen an einem Drehrohrofen für das Zinkrecycling (zeitlicher Mittelwertfilter über 10 min für geglätteten Verlauf der bildbasierten Kenngrößen); Zeitraum Kaskadenbewegung ist gelb gekennzeichnet

Berechnungsaufwand des Bildverarbeitungsverfahrens beträgt im Durchschnitt 0.01 s für ein Einzelbild.

Schräge Kameraeinbauposition

Auf Anlage 1 wurden während zwei Messkampagnen (M1 und M2) Bilddaten aus einer schrägen Kameraeinbauposition akquiriert. Abb. 4.4 zeigt beispielhaft jeweils ein Bild einer Messkampagne.

Im Folgenden soll die Anwendbarkeit des in Abschnitt 3.2.2 vorgestellten Bildverarbeitungsverfahrens zur Analyse des Feststoffbetts aus einer schrägen Kameraeinbauposition untersucht und hinsichtlich seiner Robustheit

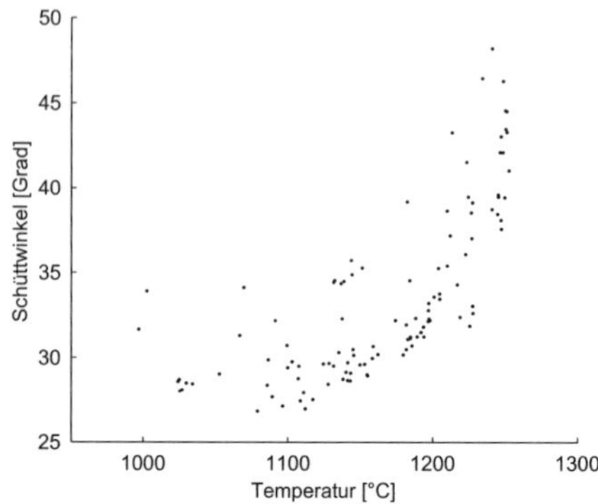

Abbildung 4.3: Streudiagramm zur Analyse des Zusammenhangs zwischen der *mittleren Temperatur* und dem *Schüttwinkel* des Feststoffbetts

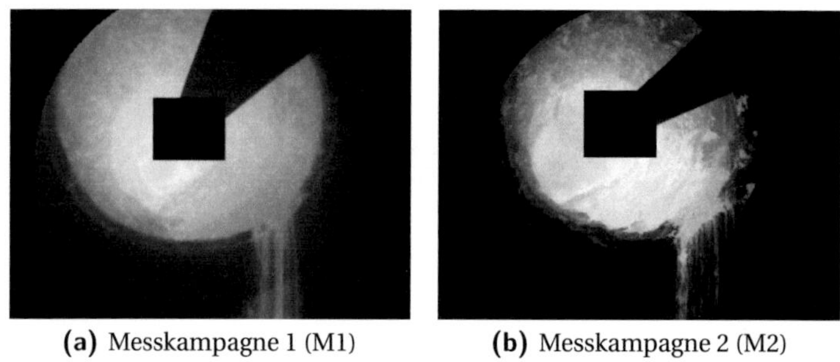

(a) Messkampagne 1 (M1)   **(b)** Messkampagne 2 (M2)

Abbildung 4.4: Beispielbilder der Messkampagnen M1 und M2

bei unterschiedlichen Prozesszuständen bewertet werden. Aufgrund nicht verfügbarer Ground-Truth-Datensätze wurden hierfür auf Basis der akqui-rierten Bilddaten manuell Referenz-Datensätze erstellt. Hierzu wurde die La-ge des Feststoffbetts im Drehrohrofen, d. h. der Schütt- und der Füllwinkel für ein Einzelbild, aus jeder Bildsequenz manuell anhand der Bilddaten mit-tels einer optischen Einschätzung bestimmt. Zur Bewertung der Robustheit wurden anschließend für beide Messkampagnen die automatisiert und die manuell ermittelten Winkel gegenübergestellt.

Die manuelle Erstellung der Referenz-Datensätze erfolgte bei Messkampa-gne M1 durch einen Experten und bei M2 durch zwei Experten. Es zeigte sich dabei bereits, dass auch eine manuelle Einschätzung auf Basis der Bilddaten nicht eindeutig ist, da die Ergebnisse der manuellen Ermittlung bei M2 bereits zwischen beiden Experten deutliche Abweichungen aufweisen. So beträgt die mittlere absolute Differenz beim Schüttwinkel 2.6° und beim Füllwinkel 7.3° zwischen den zwei manuell ermittelten Referenz-Datensätzen. Das ist darauf zurückzuführen, dass beim Vorhandensein von Anbackungen Teile des Feststoffbetts an der Drehrohrwand mit nach oben transportiert werden, was zu Uneindeutigkeiten bei der Zuordnung von Feststoffbett und Drehrohrwand führt.

Als Grundlage für die automatisierte Ermittlung von *Füllwinkel* β und *Schüttwinkel* ξ wurden sowohl intensitätsbasierte Merkmalsbilder basierend auf dem transformierten Drehrohrinnenmantel als auch dynamik-basierte Merkmalsbilder basierend auf der horizontalen Geschwindigkeit im transformierten Bildausschnitt genutzt (vgl. Abschnitt 3.2.2). Abb. 4.5 zeigt die automatisiert ermittelten Füll- und Schüttwinkel von M1 im Vergleich zu den manuell ermittelten Werten. Analog dazu zeigt Abb. 4.6 das Ergebnis für M2, wobei hier jeweils zwei manuelle Bewertungen vorliegen.

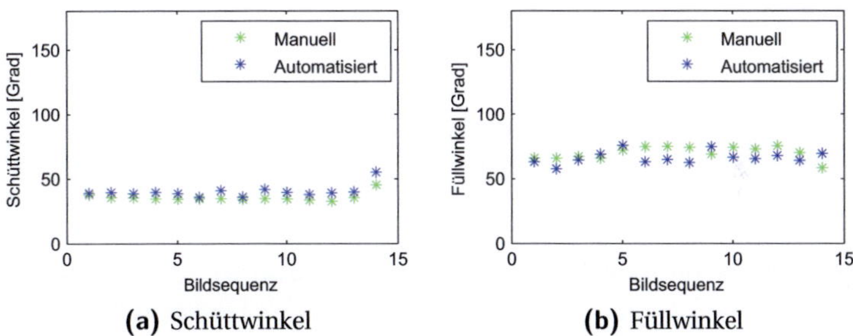

(a) Schüttwinkel   (b) Füllwinkel

Abbildung 4.5: Vergleich der automatisiert ermittelten Kenngrößen mit manuell ermittelten Werten für Messkampagne 1 (M1)

In Tabelle 4.1 sind die mittleren absoluten Differenzen zwischen den automatisiert und den manuell ermittelten Werten aufgeführt.[3]

Die höheren Differenzen bei M2 sind auf ein deutlich höheres Aufkommen an Anbackungen an der Drehrohrwand zurückzuführen (vgl. Abb. 4.4). Durch die Anbackungen wird eine Diskriminierung zwischen Feststoffbett und Drehrohrwand sowohl im Segmentierungsschritt des Bildverarbeitungsverfahrens als auch manuell erschwert, da immer wieder Material aus dem Feststoffbett entlang der Drehrohrwand nach oben transportiert wird.

---

[3] Für M2 wurde der Mittelwert aus den beiden manuell ermittelten Datensätzen als Referenzwert gewählt.

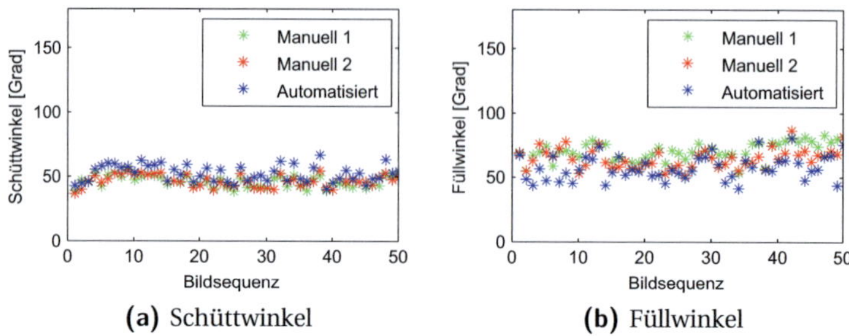

(a) Schüttwinkel **(b)** Füllwinkel

Abbildung 4.6: Vergleich der automatisiert ermittelten Kenngrößen mit manuell ermittelten Werten für Messkampagne 2 (M2)

	Differenz Schüttwinkel	Differenz Füllwinkel
Messkampagne 1	4.6°	7.1°
Messkampagne 2	6.2°	10.7°

Tabelle 4.1: Mittlere absolute Differenz zwischen manuell und automatisiert ermittelten Füll- und Schüttwinkeln bei zwei Messkampagnen

Bei M1 traten kaum Anbackungen auf. Daher sind hier die Abweichungen zwischen manueller und automatisierter Ermittlung von Füll- und Schüttwinkel insgesamt geringer. Auch hier sollte berücksichtigt werden, dass aufgrund ähnlicher Temperaturen von Drehrohrwand und Feststoffbett eine genaue manuelle Unterscheidung für den Referenz-Datensatz nicht immer möglich war und nur näherungsweise durchgeführt werden konnte. Die Abweichungen zwischen manuell und automatisiert ermittelten Werten sind hier jedoch vergleichsweise gering.

Bei der Anwendung des Bildverarbeitungsverfahrens zur Extraktion bildbasierter Kenngrößen des Feststoffbetts aus einer schrägen Kameraeinbauposition müssen daher die folgenden Punkte berücksichtigt werden:

- Die Lage des Feststoffbetts ist bildbasiert nur unzureichend zu identifizieren, wenn sich an der Drehrohrinnenwand zu viele Anbackungen befinden. Dadurch wird Material aus dem Feststoffbett weiter entlang der Drehrohrwand mit nach oben transportiert und stürzt deutlich später wieder herunter. Das Merkmalsbild für die Geschwindigkeit in x-Richtung weist dadurch auch niedrige bzw. negative Geschwindigkeiten[4] in einem Bereich auf, der nicht mehr zum eigentlichen Feststoffbett zu zählen ist. Ebenso wird das intensitätsbasierte Merkmalsbild durch das heiße Material an der Drehrohrwand beeinflusst. Der Segmentierungsschritt mit Formvorwissen kann das nicht ausreichend kompensieren. Extrahierte Kenngrößen wie Füll- und Schüttwinkel spiegeln dann nicht mehr die tatsächliche Geometrie des Feststoffbetts wider.

Über die Detektion von Anbackungen im Bereich des unteren Drehrohrendes gemäß Abschnitt 3.6 ließen sich Prozesszustände finden, in denen eine Segmentierung zu fehlerbehaftet wird. Das Verfahren kann dann darauf reduziert werden, nur die Formvorgabe als Region des Feststoffbetts zu berücksichtigen, um Fehler bei der Ermittlung intensitätsbasierter Kenngrößen des Feststoffbetts zu reduzieren.

- Sowohl bei der Berechnung des Optischen Flusses als auch bei der Level-Set-basierten Segmentierung handelt es sich um iterative Optimierungsverfahren. Das bedeutet, dass sich abhängig von der Anzahl der Iterationen auch der Rechenaufwand erhöht. Eine zu geringe Anzahl an Iterationen führt beim Optischen-Fluss-Verfahren zu einer Verringerung der Glattheit des gefundenen Geschwindigkeitsvektorfeldes und damit zu Ungenauigkeiten der Segmentierung. Beim Level-Set-Verfahren können zu wenige Iterationen dazu führen, dass das gesuchte Minimum nicht erreicht wird. Es muss folglich ein Kompromiss aus Genauigkeit und Rechenaufwand gefunden werden. In den untersuchten Bilddatensätzen (M1 und M2) wurde mit der verwendeten Parameterkonstellation ein Rechenaufwand von ca. 0.7 s pro Einzelbild benötigt. Für einen Online-Einsatz ist das vorgestellte Verfahren daher geeignet, wenn typische Aktualisierungszyklen von $1-5$ s betrachtet werden.

4.1.4 Analyse des Feststoffaustrags

Am unteren Ende des Drehrohrofens wird der umgewandelte Feststoff als Schlacke ausgetragen. Die kamerabasierte Analyse des Feststoffaustrags betrachtet damit ein Nebenprodukt des Drehrohrofenprozesses. In diesem Abschnitt wird die Relevanz der berechneten bildbasierten Kenngrößen (gemäß

---

[4] Negative Geschwindigkeit bedeutet eine Geschwindigkeit entgegengesetzt der Drehrichtung des Drehrohrs, wie es beispielsweise beim Abrutschen von Material auftritt.

des in Abschnitt 3.3 beschriebenen Verfahrens) mittels eines Vergleichs mit anderen Messgrößen sowie anhand von Originalbildern beurteilt.

Versuch 1 Abb. 4.7 zeigt den Verlauf der kamerabasierten Kenngröße *Austrittsrate* (vgl. Gleichung 3.29) im Vergleich zur Temperatur des Feststoffbetts[5]. Es handelt sich hierbei um den gleichen Versuch, welcher in Abschnitt 4.1.3 zur Analyse des Feststoffbetts aus einer unteren Kameraeinbauposition betrachtet wurde. Über Veränderungen der Prozessluftzufuhr wurde dabei eine Erhöhung der Feststoffbetttemperatur erreicht. Zunächst findet noch ein kontinuierlicher Austritt aus dem Ofen statt. Ab ca. 16:00 Uhr macht sich eine deutliche Abnahme der Austrittsrate bemerkbar, bis diese um 17:00 Uhr bei ca. 0.2 ist. Das bedeutet, die Schlacke wird nur noch unregelmäßig ausgetragen. Die Abnahme der Austrittsrate kann als ein Hinweis auf eine Änderung des rheologischen Verhaltens der Schlacke gedeutet werden. Der schwallweise Austritt der Schlacke aus dem Drehrohrofen wird durch ein Zusammenkleben bzw. Agglomerieren des Materials verursacht. Jener Prozesszustand ist negativ zu bewerten, da ein schlechterer Wärmeübergang in das Feststoffmaterial statt findet und es damit zu einer Erhöhung des Restzinkgehalts in der Schlacke kommen kann.

Abb. 4.8 zeigt ein Streudiagramm, das die Abhängigkeit zwischen der *mittleren Temperatur des Feststoffbetts* und der *Austrittsrate* illustriert. Hier ist zu erkennen, dass sich die *Austrittsrate*, bis auf wenige Ausreißer, bei Temperaturen unterhalb von 1200 °C im Bereich zwischen 0.85 und 1 bewegt. Bei höheren Temperaturen kommt es zu einem starken Abfallen der Austrittsrate.

Versuch 2 Für Versuch 2[6] ist der Verlauf der kamerabasierten Kenngröße *Anzahl zusammenhängender Regionen* mit dem dazugehörigen Verlauf der Feststoffbetttemperatur in Abb. 4.9 dargestellt[7]. Es ist der Abbildung zu entnehmen, dass ab 11:10 Uhr bei Temperaturen des Feststoffbetts um 1200 °C ein deutlicher Anstieg der *Anzahl zusammenhängender Regionen* auftritt[8]. Es handelt sich dann nicht mehr um einen breiten Strom des Feststoffaustrags, sondern um viele einzelne kleine Schlackeagglomerationen. Die

---

[5] Die Kenngrößen basieren auf Bilddaten, die von einer unteren Kameraeinbauposition an Anlage 1 akquiriert wurden.

[6] Die Bilddaten stammen von Anlage 1 aus einer schrägen Kameraeinbauposition.

[7] Aufgrund eines Kenngrößenverlaufs mit wenig Ausreißern wurde in beiden Abbildungen auf eine zusätzliche zeitliche Filterung zur Hervorhebung der Tendenz der Kenngrößen verzichtet.

[8] Auch bei einem kontinuierlichen Strom des Feststoffaustrags werden kleinere Partikel als Feststoffaustrag deklariert, weshalb die Anzahl der Regionen nicht auf 1 zurückgeht.

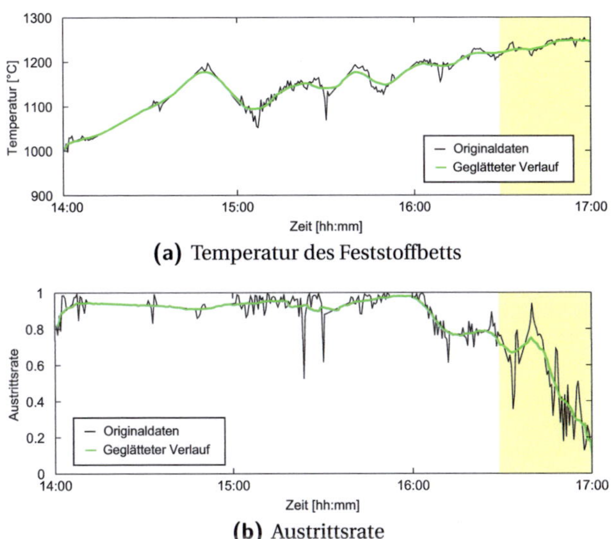

(a) Temperatur des Feststoffbetts

(b) Austrittsrate

Abbildung 4.7: Zeitlicher Verlauf bildbasierter Kenngrößen an einem Drehrohrofen für das Zinkrecycling (Mittelwertfilter über 10 min für geglätteten Verlauf); Zeitraum Kaskadenbewegung ist gelb gekennzeichnet

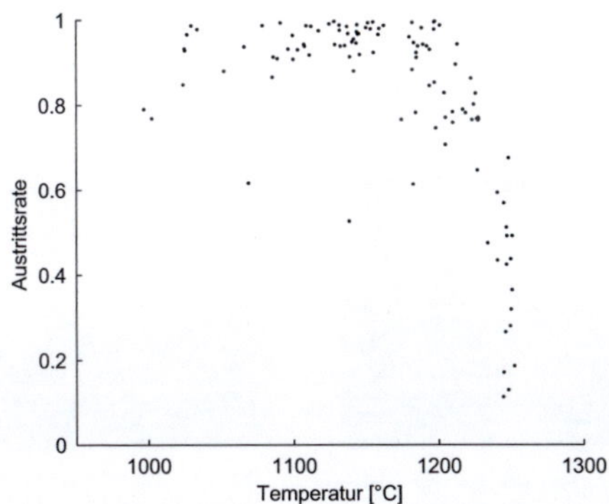

Abbildung 4.8: Streudiagramm zur Analyse des Zusammenhangs zwischen der *mittleren Temperatur des Feststoffbetts* und der *Austrittsrate*

Veränderung ist auch in den entsprechenden Bildaufnahmen zu erkennen (Abb. 4.10). Der unterschiedliche Zustand des Feststoffaustrags wird durch die extrahierte bildbasierte Kenngröße *Anzahl zusammenhängender Regionen* gut erfasst.

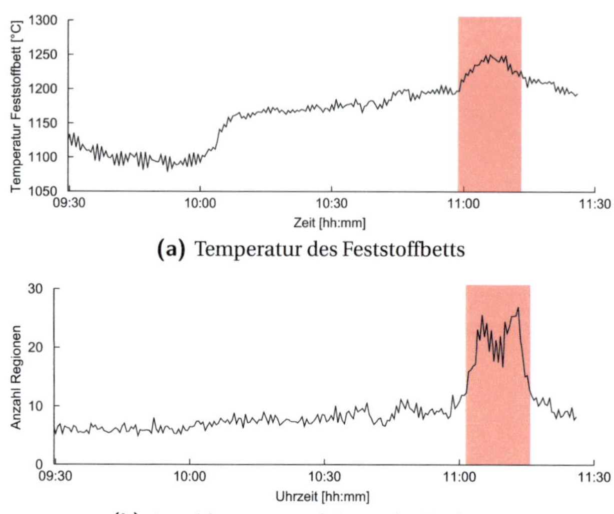

(a) Temperatur des Feststoffbetts

(b) Anzahl zusammenhängender Regionen

Abbildung 4.9: Zeitlicher Verlauf bildbasierter Kenngrößen an einem Drehrohrofen für das Zinkrecycling. Zeitraum mit hoher Temperatur des Feststoffbetts sowie Anstieg der Anzahl zusammenhängender Regionen sind rot hervorgehoben.

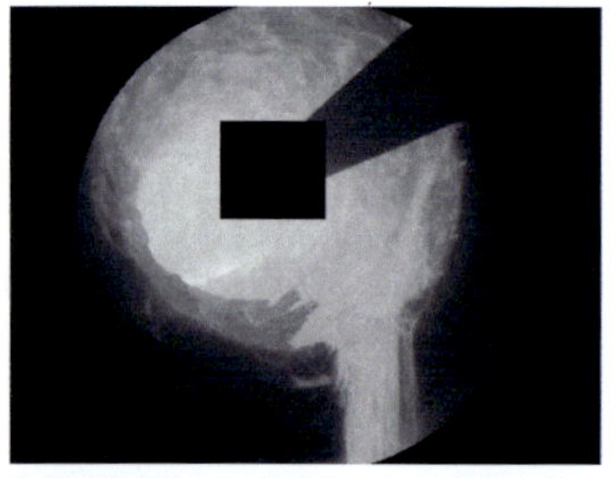

(a) Niedrige Anzahl zusammenhängender Regionen (10:00 Uhr)

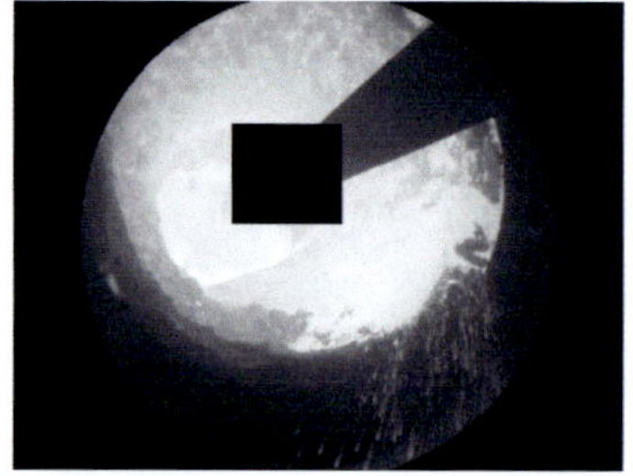

(b) Hohe Anzahl zusammenhängender Regionen (11:13 Uhr)

Abbildung 4.10: Verschiedene Zustände des Feststoffaustrags (beide Bilder sind jeweils skaliert auf $400 - 1325\,°C$)

In Abb. 4.11 sind Größen, die für den gleichen Versuch den Restzinkgehalt in der Schlacke beschreiben, aufgeführt. Das Ergebnis einer qualitativen optischen Analyse von Proben an mehreren Zeitpunkten durch einen Experten ist Abb. 4.11a zu entnehmen. Hierzu wurde anhand des Weißanteils der Probe, der mit dem Restzinkgehalt korreliert, eine Bewertung von 0 (sehr hoher Restzinkgehalt) bis 10 (sehr niedriger Restzinkgehalt) durchgeführt (vgl. Abb. 4.12). Die optische Einschätzung weist den niedrigsten Wert in dem Zeitraum auf, indem auch die *Anzahl zusammenhängender Regionen* maximal ist.

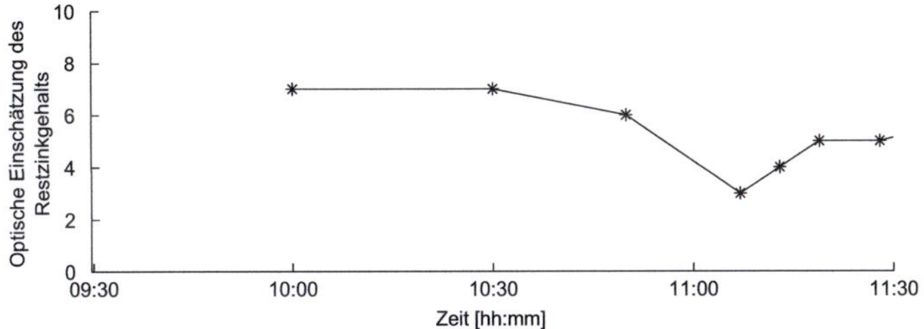

(a) Optische Einschätzung des Restzinkgehalts (0:hoch, 10:niedrig)

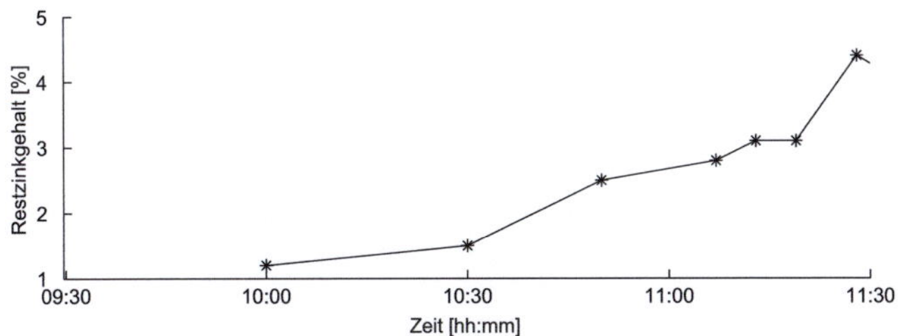

(b) Gemessener Restzinkgehalt bezogen auf die Trockensubstanz

Abbildung 4.11: Restzinkgehalt

Abbildung 4.12: Schlackeprobe

Für Abb. 4.11b wurde der Restzinkgehalt der entnommenen Proben im Labor ermittelt. Es zeigt sich ebenfalls eine Änderung des Restzinkgehalts, jedoch setzt die Erhöhung schon etwas früher ein und bleibt auch länger auf einem hohen Niveau. Ein direkter Zusammenhang mit dem scharfen Anstieg und Abfallen der Kenngröße *Anzahl zusammenhängender Regionen* und dem Restzinkgehalt ist hier jedoch nicht erkennbar.

Es wurde gezeigt, dass in der Kenngröße *Anzahl zusammenhängender Regionen* der rein optische Eindruck aus den Kamerabildern über die Konsistenz des Feststoffaustrags wiedergegeben wird. Auch kann ein Zusammenhang zwischen der optischen Einschätzung des Restzinkgehalts des Feststoffs und der Anzahl zusammenhängender Regionen angenommen werden. Es gibt auch Anzeichen für einen Zusammenhang mit den Laborwerten des Restzinkgehalts, jedoch scheint sich hier die eindeutige Änderung der Feststoffkonsistenz nicht direkt auf den gemessenen Restzinkgehalt ausgewirkt zu haben. Die Datenbasis zum Restzinkgehalt (optisch und Laborwerte) ist jedoch relativ klein, weshalb für eindeutige Aussagen zum Zusammenhang der bildbasierten Kenngrößen mit dem Restzinkgehalt weitere Versuche durchgeführt werden müssen. Insgesamt kann die bildbasierte Kenngröße *Anzahl zusammenhängender Regionen* aber als ein weiterer Indikator für eine Beurteilung der Feststoffkonsistenz/des rheologischen Verhaltens des Feststoffs genutzt werden. Der Berechnungsaufwand für das Verfahren (Bildsegmentierung und Kenngrößenextraktion) beträgt ca. 0.02 s pro Bild, womit es sich für den Online-Einsatz eignet.

4.1.5 Analyse der Partikelkonzentration

Beim Zinkrecycling ist eine hohe Partikelkonzentration in der Verbrennungsatmosphäre gewünscht, da das ein Anzeichen für ein hohes Zinkausbringen ist. An Anlage 2 wurde untersucht, inwieweit sich Partikelkonzentrationen mittels einer Kamera und einem eingesetzten Bildverarbeitungssystem abschätzen lassen. Eine exakte Bestimmung der Partikelkonzentration kann mit Hilfe von Kameras nicht geleistet werden. In Abschnitt 3.5 wurde jedoch ein Verfahren aufgezeigt, das einen Vergleich verschiedener Partikelkonzentrationen in der Verbrennungsatmosphäre ermöglicht. In Abb. 4.13 ist der Verlauf der extrahierten bildbasierten Kenngröße $\Delta T_{\text{Partikel}}$ basierend auf zwei Bildsequenzen mit unterschiedlichen Partikelkonzentrationen dargestellt (Beispielaufnahmen aus den beiden Sequenzen mit jeweils 3000 Bildern sind in Abb. 3.36 zu sehen). Es ist zu erkennen, dass die Kenngröße eine deutliche Unterscheidung zwischen hoher und niedriger Partikelkonzentrationen in der Verbrennungsatmosphäre ermöglicht.

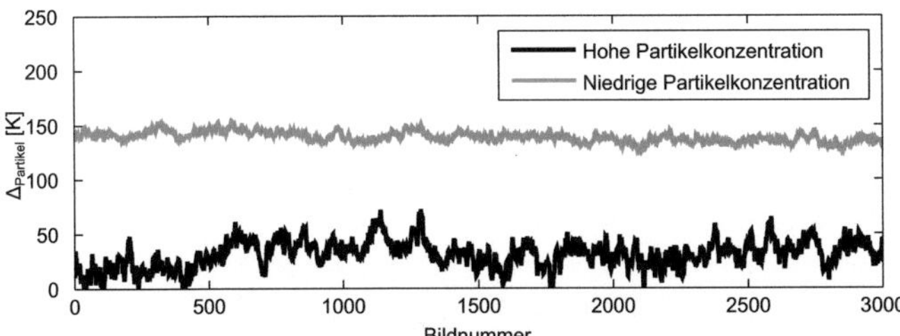

Abbildung 4.13: Vergleich der Temperaturdifferenzwerte $\Delta T_{\text{Partikel}}$ aus einer Bildsequenz mit hoher und einer mit niedriger Partikelkonzentration

Somit erlaubt die neue bildbasierte Kenngröße die Erkennung von verschiedenen Prozesszuständen, womit sie als relevant zur Prozessbeschreibung betrachtet werden kann. Für genaue Aussagen zum Zusammenhang zwischen bildbasierter Kenngröße und dem tatsächlichen Zinkausbringen im Prozess und damit zur Eignung der neuen Kenngröße für die Prozessregelung müssen jedoch weitere Messkampagnen durchgeführt werden. Da bei diesem Verfahren keine Bildsegmentierung statt findet, können Fehlsegmentierungen den Wert der Kenngröße nicht verfälschen, wodurch eine hohe Robustheit des Verfahrens gewährleistet ist. Zudem ist der Berechnungsaufwand mit ca. 0.001 s für ein Einzelbild sehr niedrig.

4.1.6 Möglichkeiten zur Prozessoptimierung

Eine kamerabasierte Analyse des zeitlichen Temperaturverlaufs im Feststoffbett kann dem Anlagenbetreiber nützliche Informationen hinsichtlich der Auswirkung einzelner Stellgrößenänderungen auf den Prozess liefern. Die Temperatur des Feststoffbetts kann aber auch direkt in die Prozessregelung eingebunden werden, um Schwankungen z. B. durch variierende Materialeigenschaften schnell zu erkennen und mit Veränderungen der Prozessluftzufuhr oder der Kokszugabe zu reagieren. Im Vergleich zu einer einfachen Pyrometermessung ist die bildbasierte Temperaturmessung robuster, da die gesamte erkennbare Region des Feststoffbetts zur Temperaturbestimmung herangezogen wird. Einzelne kältere Klumpen innerhalb des Feststoffbetts haben damit einen geringeren Einfluss auf die gemessene Temperatur und führen nicht zu einer unverhältnismäßigen Reaktion des Prozessleitsystems

[74]. Zudem ist es aufgrund der räumlichen Information[9] auch möglich, Temperaturprofile entlang der Tiefe des Drehrohrofens zu erstellen.

Es wurde gezeigt, dass sich mittels kamerabasierter Kenngrößen die rheologischen Eigenschaften/das Bewegungsverhalten des Feststoffbetts erfassen lassen. Eine deutliche Veränderung des Schüttwinkels stellt ein Anzeichen für den Übergang in eine andere Bewegungsform dar. Da zumeist das Rollen als Bewegungsform erwünscht ist, kann bei einem Übergang in eine andere Bewegungsform mit Hilfe der Prozessregelung eingegriffen werden. Hier ist es beispielsweise denkbar, die Prozessluftzufuhr oder die Ofendrehzahl anzupassen.

Des Weiteren wurden Indizien für einen Zusammenhang zwischen dem Verhalten des Feststoffaustrags und dem Prozesszustand gefunden (Abschnitt 4.1.4). Eine Erhöhung der Anzahl zusammenhängender Regionen kann mit einer Erhöhung des Restzinkgehalts im Feststoffaustrag in Verbindung stehen. Handelt es sich beim Feststoffaustrag an Stelle eines größeren Stroms um viele kleinere Agglomerationen, so kann das ein Anzeichen auf einen hohen Restzinkgehalt sein. Der Zusammenhang muss jedoch in einer Langzeituntersuchung bestätigt werden. Eine Abnahme der Austrittsrate stellt ebenfalls einen Indikator für eine Änderung der Konsistenz der Schlacke dar. Kenngrößen, die den Feststoffaustrag beschreiben, können daher ebenfalls zur Prozessüberwachung eingesetzt werden. So kann z. B. der unerwünschte Zustand von Agglomerationen in der Schlacke dadurch vermieden werden, dass eine Anpassung der Feststoffbetttemperatur oder eine Änderung der Zugabemenge von Schlackebildnern erfolgt.

Die bildbasierte Kenngröße zur Abschätzung der Partikelkonzentration kann einerseits als Bildgütebewertungsmaß eingesetzt werden, da bei zu hohen Partikelkonzentrationen eine zuverlässige Anwendung anderer Bildverarbeitungsverfahren nicht mehr möglich ist. Sie erlaubt damit die Selbstdetektion von für das Bildverarbeitungssystem nicht handhabbaren Zuständen. Andererseits kann sie als Indikator für Situationen mit geringen Partikelkonzentrationen in der Brennraumatmosphäre dienen. Bei zu niedrigen Werten kann dann gegebenenfalls über die Prozessregelung eingegriffen werden.

---

[9] bei schräger und zentraler Kameraeinbauposition

4.2 Sonderabfallverbrennung

Die thermische Umwandlung von Sonderabfällen in Sonderabfallverbrennungsanlagen stellt ein weiteres großes Einsatzgebiet von Drehrohröfen dar. In Deutschland gibt es ca. 30 Sonderabfallverbrennungsanlagen mit einer jährlichen Kapazität von 1.5 Millionen Tonnen. Ein Großteil der Anlagen befindet sich auf Standorten der chemischen Industrie, wo sie dazu genutzt werden, gefährliche Abfallstoffe der benachbarten Industrieproduktion zu entsorgen. Drehrohröfen ermöglichen dabei das Einbringen unterschiedlicher Aufgabematerialien in festem, pastösem oder flüssigem Zustand [103, 113].

4.2.1 Prozessbeschreibung

In Abb. 4.14 ist der Aufbau einer Sonderabfallverbrennungsanlage schematisch dargestellt. Während aus dem Bunker die feststoffförmigen Abfallstoffe dem Drehrohrofen zugeführt werden, ist über eine Gebindeaufgabe die Eingabe von Abfallstoffen in unterschiedlichen Konsistenzen möglich. Die organischen Anteile der Abfallstoffe werden während des Durchlaufens durch den Ofen vollständig oxidiert. Die anorganischen Bestandteile bilden eine Schmelze, die am unteren Ende des Drehrohrs wieder ausgetragen wird. Für die Verbrennung von Sonderabfällen sind teilweise sehr hohe Temperaturen (> 1200 °C) notwendig. Die hohen Temperaturen werden mittels eines oder mehrerer Brenner im Gleichstromprinzip[10] realisiert, die meist auch mit flüssigen oder pastösen Abfallstoffen beschickt werden. Die gasförmigen Verbrennungsprodukte gelangen in die angeschlossene Nachbrennkammer, wo ein möglichst vollständiger Ausbrand mit Hilfe weiterer Brenner angestrebt wird. Die heißen Rauchgase werden anschließend in einem Dampfkessel zur Stromerzeugung, Wärmegewinnung und/oder zur Bereitstellung von Prozessdampf genutzt. Eine Rauchgasreinigung dient der Filterung von Schadstoffen aus dem Rauchgas, bevor es über einen Kamin in die Umgebung abgegeben wird. Die aus dem Drehrohrofen ausgetragene Schmelze der nichtflüchtigen Stoffe (Schlacke) kann deponiert werden. Umfangreichere Prozessbeschreibungen zur Sonderabfallverbrennung in Drehrohröfen finden sich in [94] und [103].

Ein wichtiges Ziel beim Betreiben einer Sonderabfallverbrennungsanlage ist das Einhalten der gesetzlichen Grenzwerte für das Abgas. Dabei kommt dem

---

[10] Der oder die Brenner befinden sich auf der Seite der Drehrohraufgabe.

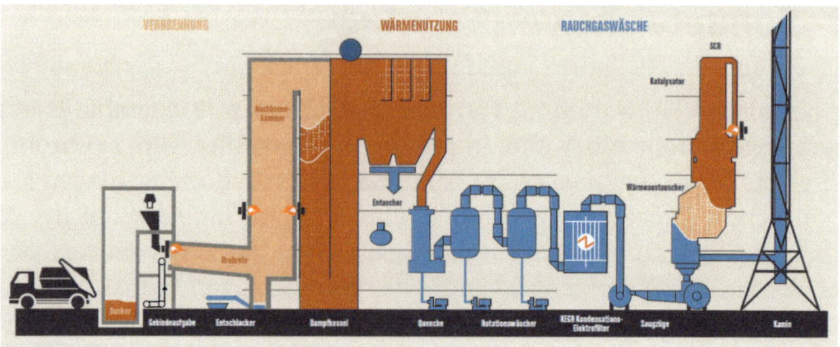

Abbildung 4.14: Schematische Darstellung einer Sonderabfallverbrennungsanlage [29]

vollständigen Ausbrand der Verbrennungsgase in der Nachbrennkammer eine besondere Bedeutung zu. Die Abfallstoffe, die in Form von Gebinden zugegeben werden, besitzen häufig sehr variable Brennwerte, die teilweise im Vorfeld auch nur näherungsweise bekannt sind. Hohe Brennwerte des Inhalts eines Gebindes verursachen ab bestimmten Temperaturen ein Aufplatzen der Gebindehülle. Es kommt dann zu einer schnellen Verpuffung verbunden mit einer starken Rauchentwicklung im Drehrohrofen, was zu einem kurzzeitigen unvollständigen Ausbrand des Verbrennungsgases führen kann. Konventionelle Sensorik, die über die Messung der Abgaswerte funktioniert, erfasst solche Situationen zu spät, so dass ein Gegensteuern z. B. durch eine Erhöhung der Sauerstoffzufuhr in der Nachbrennkammer nicht rechtzeitig durchgeführt werden kann. Wie sich der Einsatz einer Kamera zusammen mit einem Bildverarbeitungssystem zur Analyse von Gebinden und deren Verpuffungen eignet, wird im Folgenden gezeigt.

Zusammengefasst sind die Ziele im Abschnitt Sonderabfallverbrennung daher:

- eine Vorstellung des eingesetzten Bildakquisesystems und der Randbedingungen der Messkampagne,

- eine Untersuchung der Anwendbarkeit des neuen Bildverarbeitungsverfahrens zur Analyse von Gebinden aus Abschnitt 3.7 und

- die Ableitung von Möglichkeiten zur Prozessoptimierung auf Basis der neuen bildbasierten Prozesskenngrößen.

4.2.2 Bildakquise

Der hier untersuchte Drehrohrofen einer industriellen Sonderabfallverbrennungsanlage besitzt eine Länge von 12 m und hat einen Durchmesser von 3.5 m. Die Kapazität der Anlage liegt bei 75000 Tonnen pro Jahr. Neben Flüssigbrennern ist auch ein Dickstoffbrenner im Drehrohr installiert. Für die untersuchte Sonderabfallverbrennungsanlage finden sich weiterführende Informationen in [29].

Zur Bildakquise wurde eine Infrarotkamera mit Spektralfilter bei 3.9 ± 0.1 µm eingesetzt. Die Kamera wurde an einem schrägen Einbauort am unteren Ende des Drehrohrofens installiert. Die Bildauflösung betrug 320×240 Bildpunkte bei einer Bildfrequenz von 50 Bildern pro Sekunde. Während der zweitägigen Messkampagne wurde angestrebt, möglichst viele Prozesszustände unter den gegebenen Rahmenbedingungen (verfügbare Aufgabematerialien, Mindestdurchsatz, etc.) in den Bilddaten abzubilden. Der Fokus der Untersuchungen lag neben der einfachen Bestimmung von Temperaturverläufen des Feststoffbetts und der Drehrohrwand vor allem in der Untersuchung des Verhaltens von Gebinden im Drehrohrofen.

4.2.3 Analyse von Gebinden

Das in Abschnitt 3.7 vorgestellte Verfahren dient zur Detektion von Gebinden in Bildsequenzen sowie zur Extraktion verschiedener bildbasierter Kenngrößen. Darauf aufbauend soll untersucht werden, inwieweit eine frühzeitige Detektion von Verpuffungen realisiert werden kann. Um die – die Gebinde betreffenden – Kenngrößen bezüglich Relevanz und Robustheit untersuchen zu können, wird eine weitere Kenngröße aus den untersuchten Bildsequenzen als Referenzgröße extrahiert. Dabei handelt es sich um die mittlere Intensität für Differenzbilder (Variation) in einer Region oberhalb des Drehrohrofens (Abb. 4.15). Jene Region entspricht dem unteren Bereich der Nachbrennkammer. Ein erhöhtes Rußaufkommen in Folge von Verpuffungen ist im unteren Bereich der Nachbrennkammer durch ein Ansteigen der mittleren Intensitäten der Differenzbilder bemerkbar (Abb. 4.16). Als frühzeitiger Detektor für eine Verpuffung lässt sich die Kenngröße *mittlere Intensitäten der Differenzbilder* jedoch nicht nutzen, da sich die Verpuffung anhand der Kenngröße erst dann bemerkbar macht, wenn nicht mehr rechtzeitig eingegriffen werden kann. Sie kann aber als Referenz zur Bewertung der Relevanz und Robustheit der Gebinde betreffenden Kenngrößen herangezogen werden.

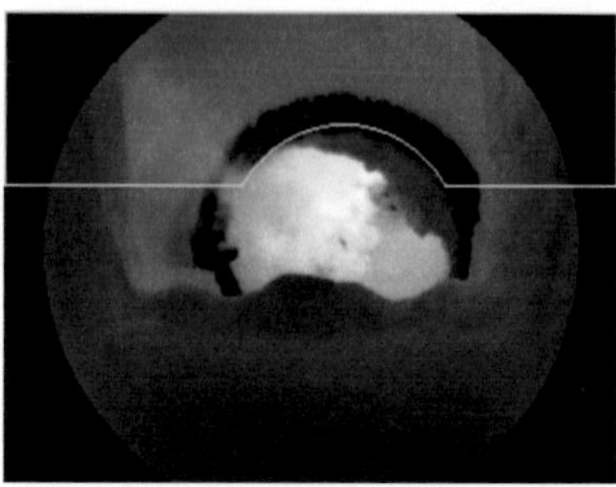

Abbildung 4.15: Bildbereich zur Ermittlung von Verpuffungen über die mittlere Intensität von Differenzbildern (grün umrandet)

Abb. 4.17 zeigt den Verlauf der Kenngröße *Gebindegröße* in zwei mehrminütigen Sequenzen. Im Vergleich dazu ist für den gleichen Zeitraum in Abb. 4.18 jeweils die Variation im unteren Bereich der Nachbrennkammer aufgeführt.[11]

In Abb. 4.17a ist nach 14:53 Uhr ein Anstieg und direkt darauf wieder ein Abfallen der Gebindegröße zu erkennen. Die Veränderung findet kurz vor der Erhöhung der Variation statt (Abb. 4.18a). Sie ist darauf zurückzuführen, dass das Gebinde zündet und sich die Temperaturen in der Region des Gebindes erhöhen bzw. bereits eine Rußentwicklung stattfindet. Eine Verpuffung ließe sich daher bereits im Vorfeld durch die Abnahme der Gebindegröße erkennen.

Dies zeigt auch Abb. 4.17b. Dort ist ein Ansteigen und Abfallen der Gebindegröße um 13:22 Uhr zu sehen. Auch hier findet kurz darauf eine Verpuffung statt (Abb. 4.18a).

Nicht jedes eingegebene Gebinde führt jedoch zu einer starken Verpuffung. Die Intensität einer Verpuffung ist abhängig vom umschlossenen Material bzw. dessen Brennwert. Abb. 4.19a zeigt ein Beispiel bei dem die Gebindegröße ansteigt und dann wieder abfällt. Das Material brennt jedoch sehr langsam mit einer längerfristigen Rußentwicklung ab, wie Abb. 4.19b zu entnehmen ist.

Über die Betrachtung der Längsposition des Gebindes (maximaler vertikaler Wert der Gebinderegion) im Drehrohr lassen sich zusätzliche Informationen

---

[11] Aufgrund von Chiprauschen und der Drehrohrbewegung ist der Wert immer größer als Null. Dieser Offset unterscheidet sich zwischen beiden Sequenzen leicht, da die Kameraeinbauposition bei beiden Aufnahmesequenzen geringfügig variiert.

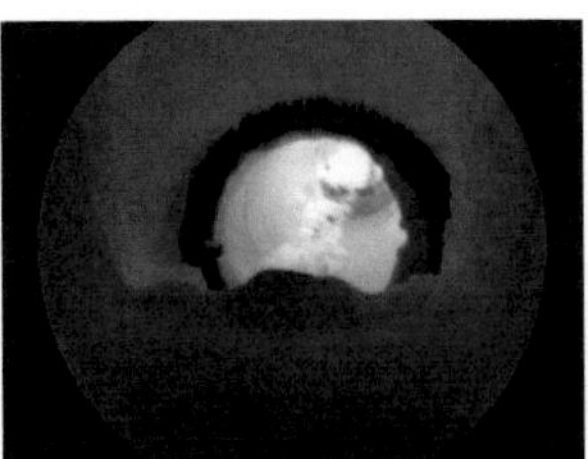

(a) Sequenz ohne Verpuffung - Originalbild

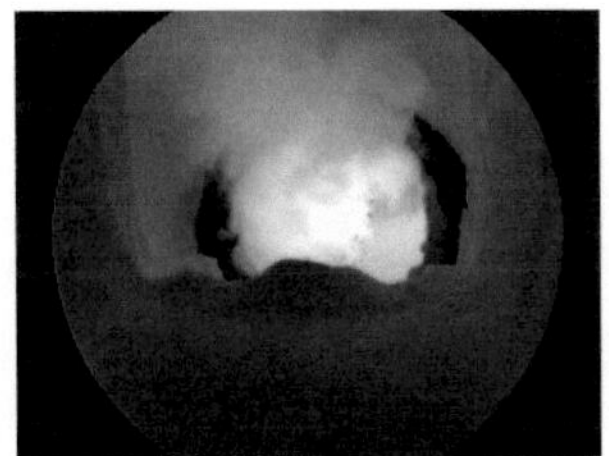

(b) Sequenz mit Verpuffung - Originalbild

(c) Sequenz ohne Verpuffung - Differenzbild

(d) Sequenz mit Verpuffung - Differenzbild

Abbildung 4.16: Ermittlung von Verpuffungen über Differenzbilder

bezüglich des Ausbrandverhaltens der Gebinde gewinnen. Besonders relevant ist die Längsposition des Gebindes bei der Detektion eines Durchrollers, d. h. eines Gebindes, welches das komplette Drehrohr durchläuft, ohne gezündet zu haben oder welches nur unvollständig verbrannt ist. Zum Zweck der Positionsbestimmung ist der Bildbereich im Drehrohr von der Gebindeaufgabe bis zum unteren Ende des Drehrohrofens prozentual unterteilt. Aufgrund der Kameraeinbauposition an der untersuchten Anlage ist das untere Ende des Drehrohrs nicht vollständig zu erkennen. Es wird daher hier die Bildzeile, die den maximal sichtbaren Bereich des Drehrohrs begrenzt, als 100% betrachtet. Zusätzlich wird der Sichtbereich im unteren Drehrohrbereich durch Schlackeanbackungen im Sichtfeld der Kamera weiter reduziert. Das führt dazu, dass der Maximalwert nicht immer erreicht werden kann, da ein durchrollendes Gebinde zuvor aus dem sichtbaren Bereich (ROI) verschwindet. Der Fokus liegt daher darauf, die Möglichkeiten des Verfahrens aufzuzeigen.

Ein vollständig bis zum Drehrohrende durchrollendes Gebinde konnte während der Dauer der Messkampagne nicht erfasst werden. Abb. 4.20 zeigt eine Bildsequenz, bei der ein Gebinde bis fast zum unteren Ende des Drehrohrs durchrollt, dort dann aufplatzt und kaltes Material entweicht. In Abb. 4.21 ist die dazugehörige extrahierte Kenngröße *vertikale Gebindeposition* zu sehen. Der Wert steigt zunächst an, bleibt dann konstant und nachdem er kurzzeitig

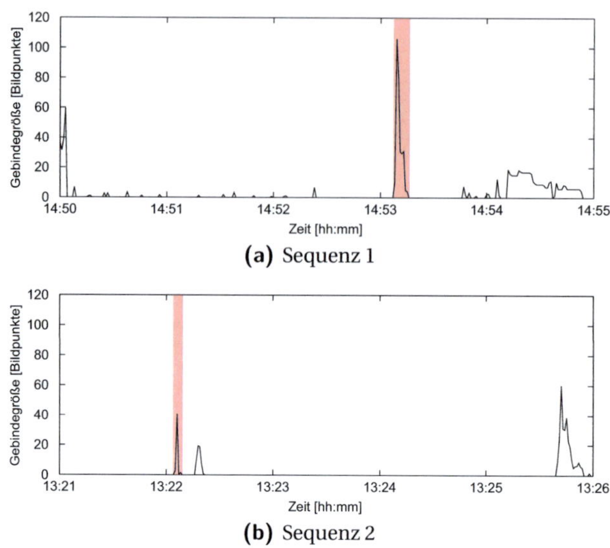

(a) Sequenz 1

(b) Sequenz 2

Abbildung 4.17: Verlauf der Kenngröße Gebindegröße

einbricht, steigt er erneut an. Das entspricht dem longitudinalen Bewegungs-verlauf des Gebindes im Drehrohr. Der kurze Einbruch ist auf eine Fehlseg-mentierung zurückzuführen.

Um insgesamt die Robustheit bei der Detektion von Gebinden bewerten zu können, wurde eine manuelle Auswertung der akquirierten Bildsequenzen durchgeführt[12]. Dazu wurde bei jedem Ausschlag der Gebindegröße größer als 10 Bildpunkte[13] die dazugehörige Bildsequenz betrachtet und überprüft, ob ein Gebinde erkennbar ist. Wie oben gezeigt wurde, kann eine längere Po-sitionsbeibehaltung des Gebindes zu fehlerhaften Zuordnungen und damit zu einer Abnahme der Gebindegröße führen. Damit ein eintretendes Gebin-de nicht mehrmals als neu deklariert wird, ist daher nach einer Detektion die weitere Detektion für einen Zeitraum von 30 s gesperrt. Es wurden für den vorliegenden Bilddatensatz 123 Detektionen gefunden, wobei es sich um 68 Treffer und 55 Fehldetektionen handelte.[14] Die hohe Anzahl an Fehldetektio-nen kann auf die schwierigen Sichtverhältnisse im Drehrohrofen zurückge-führt werden.

---

[12] Ein Ground-Truth-Datensatz mit Zeitpunkten der Gebindezugabe bzw. sichtbarem Gebinde im Drehrohr-ofen lag nicht vor.

[13] Diese Schwelle wurde empirisch ermittelt.

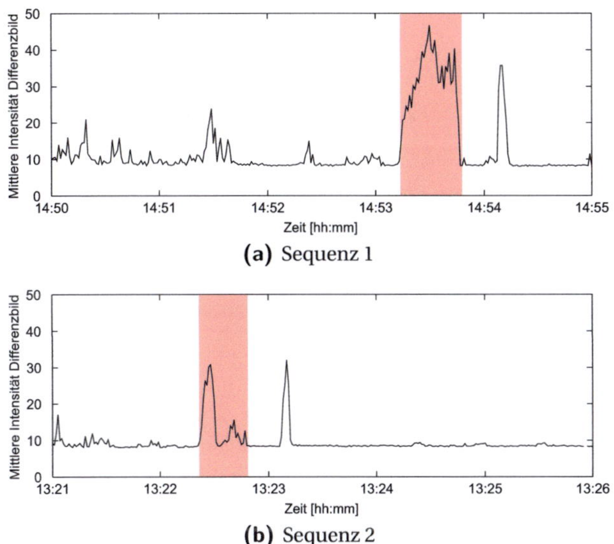

(a) Sequenz 1

(b) Sequenz 2

Abbildung 4.18: Verlauf der Kenngröße Mittlere Intensität der Differenzbilder

Durch die Berücksichtigung der in Abschnitt 3.7 eingeführten Parameter zur Erhöhung der Zuverlässigkeit von Gebindedetektionen verringert sich die Anzahl der Fehldetektionen, aber es führt auch zu einem Verlust von korrekten Detektionen. In einer Untersuchung mit mehreren Parameterkombinationen erwiesen sich für den untersuchten Bilddatensatz die in Tabelle 4.2 vorliegenden Werte als die geeignetsten, mit einem geringen Verlust an korrekten Detektionen und gleichzeitig starker Reduktion der Fehldetektionen. Die geeignetste Parameterkombination führte zu 71 Detektionen mit 54 Treffern und 17 Fehldetektionen. In Tabelle 4.3 sind die Ergebnisse nochmals gegenübergestellt.

Anhand der verfügbaren Bilddaten wurde gezeigt, dass eine kamerabasierte Analyse von Gebinden in Drehrohröfen zur Sonderabfallverbrennung möglich ist. Über die Abnahme der Gebindegröße lässt sich eine Verpuffung eines Gebindes detektieren, bevor sie in der Nachbrennkammer registriert wird.

---

[14] Aufgrund der großen Datenmenge war es nicht möglich, den kompletten Datensatz zu sichten und Zeitpunkte mit Gebinden zu markieren, d. h. es können auch Gebinde aufgetreten sein, die gar nicht detektiert wurden.

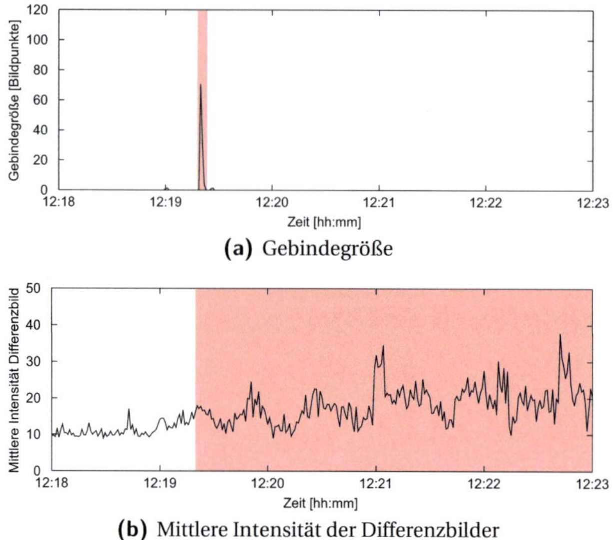

(a) Gebindegröße

(b) Mittlere Intensität der Differenzbilder

Abbildung 4.19: Sequenz mit langsamer Verbrennung des Gebindes

Gebindegröße	> 10 Bildpunkte
Maximum Rußwolkendetektion	< 25 K
Schwankung Rußwolkendetektion	< 10 K
Nicht berücksichtigter Drehrohrbereich	21-29%

Tabelle 4.2: Parameter zur Verbesserung der Gebindedetektion bei den untersuchten Bilddaten (vgl. Abschnitt 3.7.3)

Des Weiteren wurde dargelegt, wie die Position eines Gebindes genutzt werden kann, um Durchroller oder Gebinde, deren Verbrennung erst sehr spät einsetzt, zu identifizieren. Es existieren jedoch auch einige Punkte, die eine zuverlässige und robuste Kenngrößenextraktion erschweren. Im Folgenden sind die Schwierigkeiten aufgeführt und Möglichkeiten zur Abhilfe in zukünftigen Messkampagnen angegeben:

- Durch die nicht optimal auf die untersuchte Anlage angepasste Kameraoptik konnte nur ein geringer Bildanteil tatsächlich für die Anwendung der Bildverarbeitungsverfahren genutzt werden. Dadurch sind weiter entfernte Bereiche im Drehrohr nur sehr ungenau zu erkennen,

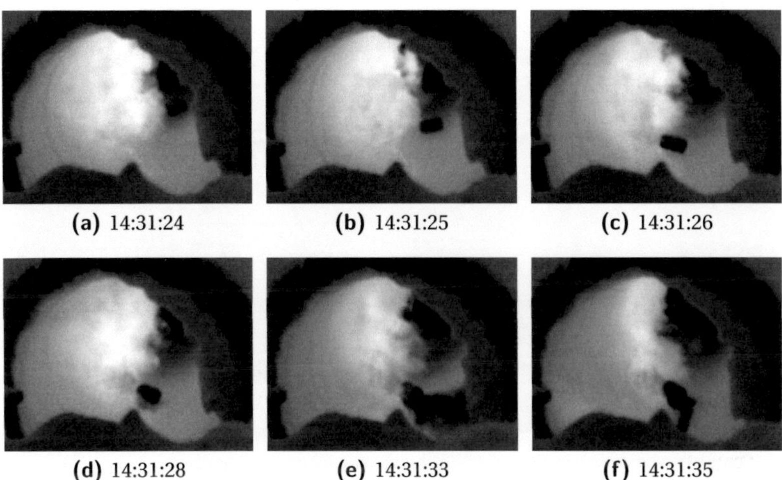

(a) 14:31:24   (b) 14:31:25   (c) 14:31:26

(d) 14:31:28   (e) 14:31:33   (f) 14:31:35

Abbildung 4.20: Beispielsequenz mit aufplatzendem Fass am unteren Ende des Drehrohrs

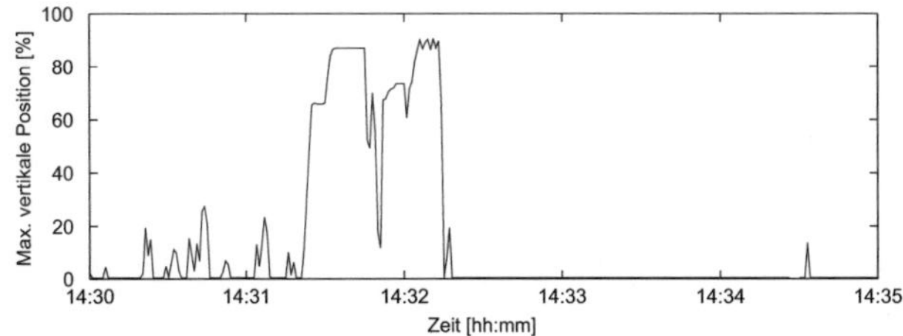

Abbildung 4.21: Vertikale Position des Gebindes

was die Genauigkeit und auch die Robustheit des Verfahrens verringert. Eine Lösung für zukünftige Projekte/feste Installationen ist eine genau auf die örtlichen Gegebenheiten angepasste Kameraoptik.

- Ein weiterer negativer Einfluss sind Überdeckungen durch Verbrennungsprozesse im Feststoffbett. Ein Gebinde kann unter Umständen so stark von Rauch oder Flammen überdeckt werden, dass es in den Bildern nicht mehr zu erkennen ist. Das kann bereits als einsetzende Verpuffung gewertet werden, obwohl das Gebinde noch nicht gezündet

	Detektionen	Treffer	Fehldetektionen
Ohne Parameterberücksichtigung	123	68	55
Mit Parameterberücksichtigung	71	54	17

Tabelle 4.3: Ergebnisse der Gebindedetektion ohne und mit Berücksichtigung der Parameter aus Tabelle 4.2

hat. Die tatsächlich einsetzende Verpuffung lässt sich nicht mehr feststellen. Da jene Information in den Bilddaten nicht gegeben ist, existiert keine direkte Gegenmaßnahme mittels Bildverarbeitungsmethoden. Das Feststoffbett bzw. die Brennzone (Bereich des Feststoffbetts, in dem Verbrennungsprozesse ablaufen) kann aber parallel segmentiert werden, um bei Überschneidungen der Positionen von Gebinde und Brennzone weitere Maßnahmen zu unterbinden.

- Bei Spülungen von Dickstoffbrennern kommt kurzzeitig kaltes Material in den Ofen. Das kalte Material ist wegen ähnlicher Temperaturen und Bewegungsverhalten in den Aufnahmen nicht oder nur sehr schwierig von Gebinden zu unterscheiden. Es führt aber in einigen Fällen auch zu starkem Aufbrennen mit verbundener Rußentwicklung. Die Betrachtung als Gebinde mit einer einsetzenden Verpuffung bringt in jenem Fall für die Prozessführung keinen Nachteil. Für eine weitere Plausibilitätsprüfung kann bei einer höheren Kameraauflösung beispielsweise die Form der Gebinderegion genutzt werden. Eine Alternative kann auch eine Benachrichtigung des Bildverarbeitungssystems durch die Prozessregelung bei Auftreten eines Spülvorgangs sein.

- Nicht jedes eingegebene Gebinde führt auch zu einer Verpuffung. Das Vorhandensein einer Verpuffung ist abhängig vom Inhalt/Brennwert des zugegebenen Gebindes. Mit Hilfe der Integration von Prozesswissen über den Inhalt/Brennwert kann eine mögliche Verpuffungsdetektion verifiziert sowie die Gegenmaßnahmen der Prozessregelung adaptiert werden.

- Schlackeanbackungen im Sichtfeld der Kamera behindern die Analyse der Gebindeposition. Durch eine Umleitung des Schlackeflusses aus dem Sichtfeld der Kamera heraus kann der für die Bildverarbeitung nutzbare Bildanteil erhöht werden.

4.2.4 Möglichkeiten zur Prozessoptimierung

Ein Problem bei der Zuführung von Gebinden in Sondermüllverbrennungsanlagen stellen CO-Peaks im Abgas dar, die auf eine unvollständige Verbrennung zurückzuführen sind. Es wurde dargestellt, wie eine frühzeitige Detektion von Verpuffungen über ein Bildverarbeitungssystem realisiert werden kann. Dadurch ist es rechtzeitig möglich, über eine gezielte Zuführung von zusätzlichem Sauerstoff in der Nachbrennkammer einen vollständigen Ausbrand zu gewährleisten, wodurch die Anzahl von CO-Peaks im Abgas reduziert werden kann.

Die Möglichkeit, über ein Bildverarbeitungssystem durchrollendes und möglicherweise unvollständig verbranntes Gebinde erkennen zu können, gibt Anlagenbetreibern die Information, dass der Schadstoffgehalt in der Schlacke hoch ist. Ist das der Fall, muss die Schlacke nochmals dem Verbrennungsprozess zugeführt werden, bevor sie deponiert werden kann. Bisher wird über aufwendige Probennahmen untersucht, wie hoch der Schadstoffgehalt ist. Rechtzeitige Kenntnis über einen zu hohen Schadstoffgehalt in der Schlacke kann z. B. die Menge an Schlacke, die nochmals verbrannt werden muss, reduzieren.

4.3 Zementherstellung

Einer der häufigsten Einsatzbereiche von Drehrohröfen ist die Zementproduktion. Weltweit werden jährlich 3.7 Milliarden Tonnen Zement produziert [110]. Der Energiebedarf für die Zementherstellung ist enorm. Zudem trägt der auf die Zementherstellung zurückzuführende CO_2-Ausstoß zu $5 - 7\,\%$ zum gesamten weltweiten anthropogenen CO_2-Ausstoß bei.

4.3.1 Prozessbeschreibung

Kalkstein und Ton sind die Rohstoffe zur Zementherstellung. Beide werden in Steinbrüchen gewonnen. Nach einer Zerkleinerung größerer Brocken werden die Rohstoffe in einer Rohr- oder Walzenmühle zu Rohmehl (Kalkstein ca. 78%, Ton ca. 22%) gemahlen. Anschließend wird das Rohmehl mit Wasser zu Kugeln mit einem Durchmesser von ca. 1 cm geformt. Die Kugeln werden einer Vorwärmeranlage zugeführt, bevor sie in den Drehrohrofen eingegeben werden. Der Drehrohrofen wird bei der Zementherstellung meist im Gegenstromprinzip betrieben, d. h. der Brenner befindet sich am unteren Drehrohrende. Bei Temperaturen in der Verbrennungsatmosphäre von bis zu 2000 °C durchläuft das Aufgabematerial mehrere Phasen, bevor es bei Temperaturen im Feststoffbett um 1450 °C zur Sinterung zu sogenanntem Klinker kommt. Dabei handelt es sich um unterschiedlich große Partikel mit Durchmessern von bis zu 3 cm. Am Drehrohrende wird der Klinker ausgetragen und nach der Kühlung unter Zugabe von Gips und weiteren Zusatzstoffen zum Endprodukt Zement vermahlen [51, 104, 114].

In Abb. 4.22 ist der schematische Ablauf des Zementherstellungsprozesses gezeigt. Einen Überblick über Möglichkeiten zur Modellierung des Zementherstellungsprozesses in einem Drehrohrofen bietet [100].

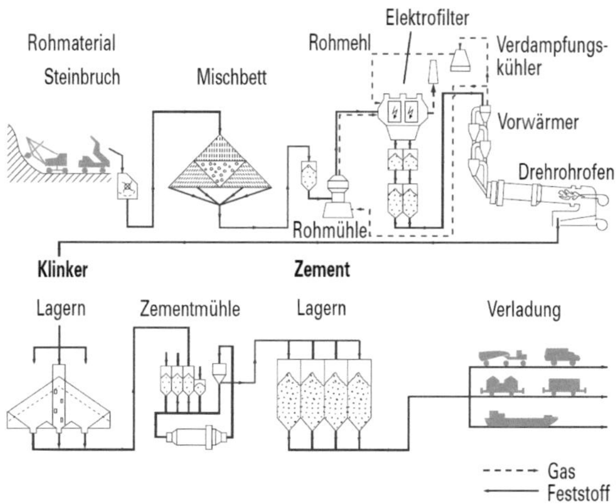

Abbildung 4.22: Schematischer Ablauf des Zementherstellungsprozesses (basierend auf [114])

Aufgrund des erheblichen Energiebedarfs bei der Zementherstellung wird neben den Regelbrennstoffen Kohle und Öl ein möglichst hoher Anteil an Ersatzbrennstoffen (z. B. kunststoffbasierter Brennstoff, Tiermehl, Sägenebenprodukte) in den Brennern angestrebt [83, 93]. Neuere Brennergenerationen erlauben einen Anteil von bis zu 100% an Ersatzbrennstoffen. Hohe Anteile von Ersatzbrennstoffen können jedoch auch zu Agglomerationen des Brennstoffs führen, wodurch Brennstoff erst im Feststoffbett zündet und gegebenenfalls dort auch nur unvollständig ausbrennt. Ein solcher Prozesszustand ist nicht erwünscht, da er mit einer Beeinträchtigung der Produktqualität einhergeht. Es wird im Folgenden untersucht, wie die Anwendbarkeit der in Abschnitt 3.4 beschriebenen Bildverarbeitungsverfahren zur Analyse des ungezündeten Brennstoffs an realen industriellen Anlagen zu bewerten ist.

Ein weiteres Problem bei Drehrohröfen zur Zementherstellung stellen zu starke Anbackungen des Feststoffs an der Drehrohrinnenwand dar. Derartige Anbackungen führen zu einer Reduktion des Drehrohr-Querschnitts, was eine Änderung des Prozessverhaltens zur Folge hat. Im schlimmsten Fall können Anbackungen auch zu einem Stillstand der Anlage führen, um einen Abschmelzvorgang durchzuführen. In Abschnitt 3.6 wurde ein Verfahren zur kamerabasierten Analyse von Anbackungen in Drehrohren vorgestellt, dessen Anwendbarkeit hier an Aufnahmen einer industriellen Anlage untersucht wird.

Zusammengefasst sind die Ziele im Abschnitt Zementherstellung daher

- eine Vorstellung der eingesetzten Bildakquisesysteme und der Randbedingungen der jeweiligen Messkampagnen,

- eine Untersuchung der Anwendbarkeit des neuen Bildverarbeitungsverfahrens zur Analyse von Anbackungen aus Abschnitt 3.6,

- eine Untersuchung der Anwendbarkeit der neuen Bildverarbeitungsverfahren zur Analyse von ungezündetem Brennstoff aus Abschnitt 3.4 und

- die Ableitung von Möglichkeiten zur Prozessoptimierung auf Basis der neuen bildbasierten Prozesskenngrößen.

4.3.2 Bildakquise

Die Bildakquise fand an zwei verschiedenen Anlagen zur Zementherstellung statt.

Anlage 1 Ziel der Messkampagne auf Anlage 1 war zum einen die Analyse des Brenners hinsichtlich des Verhaltens bei Anteilen von bis zu 100% Ersatzbrennstoff. Zum anderen wurde hier untersucht, wie Anbackungen im Drehrohrofen mit Hilfe von Bildverarbeitungsmethoden analysiert werden können. Die Länge des Drehrohrs der Anlage beträgt 75 m bei einem Innendurchmesser von 2.5 m.

Anlage 2 Bei Anlage 2 kam es zu Schwankungen der Produktqualität beim Einsatz von Ersatzbrennstoffen. Hier lag daher der Fokus auf der Analyse des ungezündeten Brennstoffanteils bzw. von Brennstoffagglomerationen. Das Drehrohr ist 125 m lang und hat einen Innendurchmesser von 4.9 m.

Eingesetzt wurde bei beiden Anlagen eine Infrarotkamera mit Spektralfilter bei 3.9 ± 0.1 µm. Die Bildaufnahmerate betrug 50 Bilder pro Sekunde bei einer Auflösung von 320 × 240 Bildpunkten. Bei beiden Anlagen wurde eine schräge Kameraeinbauposition gewählt, um eine möglichst gute Sicht auf den Brenner und damit den ungezündeten Brennstoff zu haben.

4.3.3 Analyse von Anbackungen

Das in Abschnitt 3.6 vorgestellte Verfahren erlaubt die Bestimmung der Position in Längsrichtung und der Höhe von Anbackungen in einem Drehrohrofen. Im Folgenden wird das Verfahren dazu angewendet, eine Anbackung in einem Drehrohrofen zur Zementherstellung näher zu analysieren. Zunächst wurden hierfür einmalig manuell Kreise bestimmt, die in den Aufnahmen dem unteren Drehrohrende sowie dem Drehrohr ohne Anbackungen in einer Referenztiefe entsprechen. Die jeweiligen Kreismittelpunkte werden zur Berechnung der beiden Parameter m und n der Restriktion nach Gleichung (3.47) (vgl. Abschnitt 3.6.1) benötigt.[15]

Abb. 4.23 zeigt mehrere Aufnahmen einer Bildsequenz, in der eine Anbackung manuell lokalisiert wurde. Die ermittelten Koordinaten wurden anschließend dazu genutzt, über die Minimierung von Gleichung (3.55) die dazugehörigen Kreisparameter zu schätzen. Das Ergebnis der Schätzung ist Abb. 4.24 zu entnehmen. Es zeigt sich, dass bereits mit einer geringen Anzahl von Bildpunkten (hier: 6 Bildpunkte) eine relativ gute Schätzung der beschriebenen Kreisbahnen möglich ist.

Über Gleichung (3.41) und Gleichung (3.42) sind die entsprechenden Höhen und Tiefen im Drehrohr der Anbackung zu berechnen. In Tabelle 4.4 sind die Ergebnisse dargestellt.

---

[15] Eine Möglichkeit, noch genauere Ergebnisse zu erhalten, ist eine Definition des geometrischen Modells des Drehrohrs bei einem Stillstand der Anlage, bei dem keine Störungen durch die Verbrennungsatmosphäre und Anbackungen gegeben sind. Das obere Drehrohrende bzw. ein Referenzpunkt im Drehrohr lassen sich dabei in den Aufnahmen präziser ermitteln.

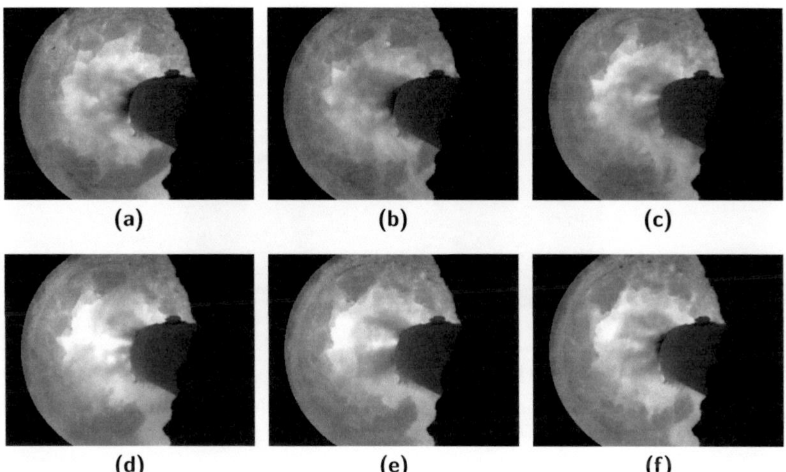

Abbildung 4.23: Zeitliche Änderung der Position einer Anbackung in einem Drehrohrofen zur Zementherstellung (manuell detektiert)

Es zeigt sich, dass das neu entwickelte Verfahren dazu geeignet ist, bildbasierte Kenngrößen zu extrahieren, welche die Analyse von Anbackungen ermöglichen. Es kann prinzipiell auch dazu genutzt werden, Höhenprofile der Anbackungen in einem Drehrohrofen zu erstellen, wenn mehrere hiervon betrachtet werden.[16]

Eine automatisierte bildbasierte Kenngrößenextraktion war mit dem vorliegenden Datenmaterial aufgrund der stark schwankenden Sichtverhältnisse nicht möglich. Bei Prozessen mit weniger starken Störungen kann ein Segmentierungsverfahren dazu angewendet werden, die Positionen von Anbackungen für die weitere Verwendung automatisiert in den Aufnahmen zu detektieren. In einem derartigen Fall ist auch ein Online-Einsatz des Verfahrens denkbar.

4.3.4 Analyse von ungezündetem Brennstoff

Ein hoher Anteil von Ersatzbrennstoffen kann zu Problemen im Ausbrandverhalten des Brennstoffs führen. In Abschnitt 3.4 wurden zwei neue

---

[16] Ebenfalls ist es denkbar, das Bildverarbeitungsverfahren bei anderen Anwendungen mit rotierenden (auch nicht-zylindrischen) Reaktoren anzuwenden, falls sich dort im Inneren Anbackungen oder vergleichbare Ablagerungen bilden.

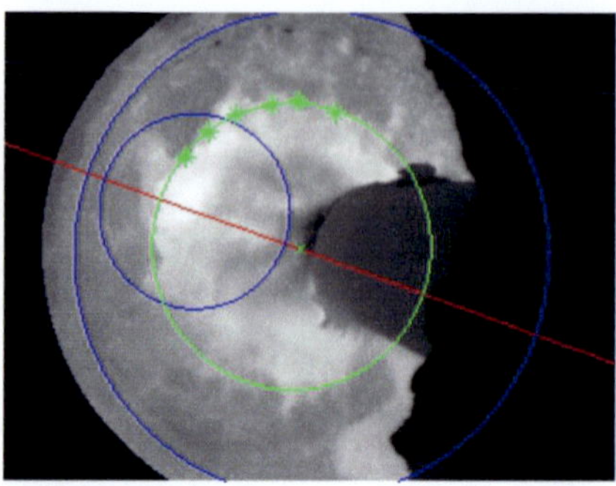

Abbildung 4.24: Ergebnis der Schätzung der Kreisbahn einer Anbackung auf Basis von sechs manuell detektierten Positionen (rote Linie entspricht der Restriktion für die Kreismittelpunkte; die beiden blauen Kreise werden als Referenz genutzt)

Verfahren vorgestellt, welche die Analyse von ungezündetem Brennstoff erlauben.

Anlage 1 In der untersuchten Anlage wurden verschiedene Brennstoffkombinationen aus Tiermehl, Sägenebenprodukten und kunststoffbasiertem Brennstoff eingesetzt. Aufgrund von Aussagen des Anlagenbetreibers, kommt es dadurch zu Agglomerationen des Brennstoffs, welche erst im Feststoffbett ausbrennen. Durch den Einsatz einer Infrarotkamera konnte das Auftreten von Agglomerationen in den Bildaufnahmen bestätigt werden. Mit Hilfe des neuen Bildverarbeitungsverfahrens aus Abschnitt 3.4 wurde eine automatisierte Analyse der Bilddaten bezüglich der Brennstoffagglomerationen durchgeführt. Dabei wurden Kenngrößen zur Häufigkeit sowie zur Größe der Agglomerationen extrahiert.

In Abb. 4.25 sind die Verläufe der Kenngröße *Größe der Agglomeration* über einen Zeitraum von 1500 Bildern (entspricht 30 s) für zwei unterschiedliche Brennstoffkombinationen aufgeführt. Tabelle 4.5 zeigt die zugehörigen Durchsatzmengen. Bei Kombination A ist der Anteil an Tiermehl hoch und der kunststoffbasierte Brennstoff wird nicht eingesetzt. Dagegen ist bei Kombination B der Anteil an kunststoffbasiertem Brennstoff hoch und auf Tiermehl wird verzichtet.

Die Größe der Agglomerationen liegt hier bei beiden Kombinationen in einem ähnlichen Bereich und bietet daher in solch einem Fall keine Möglichkeit zur Charakterisierung des Brennstoffverhaltens. Es ist

Parameter:	
Kreisparameter äußerer Kreis	$x_{m,a} = 162$, $y_{m,a} = 124$, $r_a = 125$
Kreisparameter innerer Kreis	$x_{m,i} = 100$, $y_{m,i} = 103$, $r_i = 50$
Tiefe innerer Kreis	$l_{\text{Drehrohr}} = 5\,\text{m}$
Steigung Restriktionsgerade	$m = 0.35$
Ordinatenabschnitt Restriktionsgerade	$n = 67.75$
Ergebnis:	
Geschätzte Kreisparameter	$x_m = 151.0$, $y_m = 120.6$, $r_A = 73.3$
Tiefe der Anbackung	$z_A = 0.4\,\text{m}$
Drehrohrradius im Bild in obiger Tiefe	$r_z = 118.7$
Höhe der Anbackung	$h_A = 0.51\,\text{m}$

Tabelle 4.4: Benötigte Werte und Ergebnis der Berechnung der Tiefe und Höhe einer Anbackung

	Kombination A	Kombination B
Tiermehl	3.5 t/h	0.0 t/h
Sägenebenprodukte	1.0 t/h	1.0 t/h
kunststoffbasierter Brennstoff	0.0 t/h	2.0 t/h
Kohle	4.0 t/h	4.4 t/h

Tabelle 4.5: Durchsatzmengen bei zwei Bildsequenzen mit unterschiedlichen Brennstoffkombinationen

der Abbildung aber zu entnehmen, dass es bei Kombination A deutlich häufiger zu Agglomerationen kommt als bei Kombination B. Die Berechnung der Häufigkeiten der Agglomerationen ergab für die Bildsequenz mit Kombination A 82 Agglomerationen pro Minute und für die Bildsequenz mit Kombination B 20 Agglomerationen pro Minute.

Zur Bestimmung der Robustheit des Verfahrens wurde eine manuelle Auswertung hinsichtlich der Detektionsgenauigkeit bei beiden Sequenzen durchgeführt. Hierbei muss bedacht werden, dass auch bei einer manuellen Auswertung in manchen Situationen mit starken Störungen z. B. aufgrund von Partikelsträhnen nicht mit absoluter Sicherheit eine Detektion bestätigt oder abgelehnt werden konnte.

In der Bildsequenz mit Kombination A sind neben 5 falschen von insgesamt 41 Detektionen außerdem 6 Situationen erkennbar, in denen vorhandene Agglomerationen nicht detektiert wurden. Die manuelle Auswertung ergab bei Kombination B, dass in 8 von 10 Situationen eine Bildregion fälschlich als Agglomeration klassifiziert wurde. Die nicht detektierten Agglomerationen und der vor allem bei der Bildsequenz

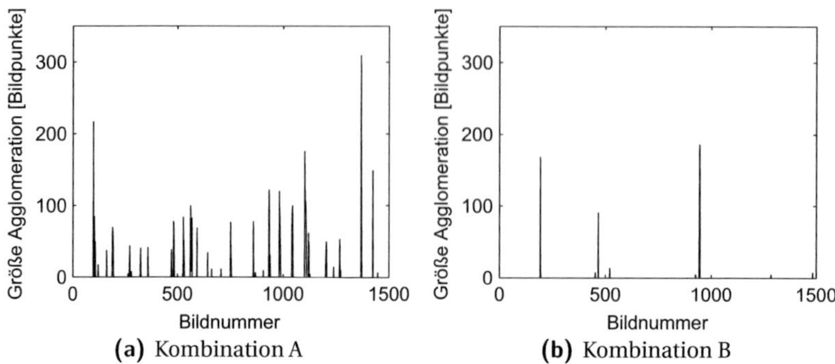

Abbildung 4.25: Verlauf der Kenngröße Größe der Agglomeration

mit Kombination B hohe Anteil an fehlerhaften Zuordnungen sind auf folgende Ursachen zurückzuführen:

- Von der Drehrohrinnenwand herabstürzendes kaltes Material (Anbackungen) wird fälschlicherweise als Agglomeration detektiert.

- Dunkle Partikelsträhnen, die vom Austrag in Richtung Drehrohraufgabe ziehen, behindern die Sicht in den Ofen und können daher ebenfalls zu falschen Zuordnungen oder zu nicht detektierten Agglomerationen führen.

Für einen längerfristigen Einsatz eines Bildverarbeitungssystems werden die folgenden Gegenmaßnahmen zur Verringerung des Einflusses bzw. zur Vermeidung obiger Fehlerquellen vorgeschlagen:

- Bei einer höheren Bildauflösung in der ROI ist es denkbar, herabstürzendes Material durch seine Bewegungseigenschaften herauszufiltern. Im Gegensatz zu Brennstoffagglomerationen aus dem Brenner mit einer typischen Flugbahn findet bei herabstürzendem Material nur eine Bewegung von oben nach unten statt.

- Zur Reduktion von Fehlern durch Partikelsträhnen kann eine vorangehende Bewertung der Bildgüte über die Partikelkonzentration z. B. mit dem Verfahren aus Abschnitt 3.5 genutzt werden. Bei zu hohen Partikelkonzentrationen wird die Detektion von Brennstoffagglomerationen ausgesetzt und ein Hinweis ausgegeben.

Anlage 2 In Anlage 2 wurde die Inbetriebnahme eines neuen Brennermodells, das einen Anteil von bis zu 100% Ersatzbrennstoff erlaubt, mit einem Kamerasystem für eine spätere bildbasierte Analyse begleitet. Es konnte in den akquirierten Bildsequenzen beobachtet werden, dass ein Teil des Brennstoffstroms ungezündet in das Feststoffbett übergeht. In Abschnitt 3.4 wurde ein Verfahren vorgestellt, das die automatisierte Bestimmung der Wurfweite ungezündeten Brennstoffs aus Kameraaufnahmen ermöglicht. Dessen Anwendbarkeit soll hier anhand eines Bilddatensatzes bewertet werden.

Abb. 4.26 zeigt den Verlauf der Wurfweite innerhalb der Bildsequenz. Die mittlere Wurfweite der Sequenz beträgt 5.25 m bei einer Standardabweichung von 0.49 m. Zeitpunkte, an denen die Wurfweite nicht berechnet werden konnte, z. B. weil die nutzbaren Datenpunkte keine plausible Wurfweite ergaben oder weil kein ungezündeter Brennstoff ins Feststoffbett überging, sind als Lücken im Kenngrößenverlauf erkennbar.

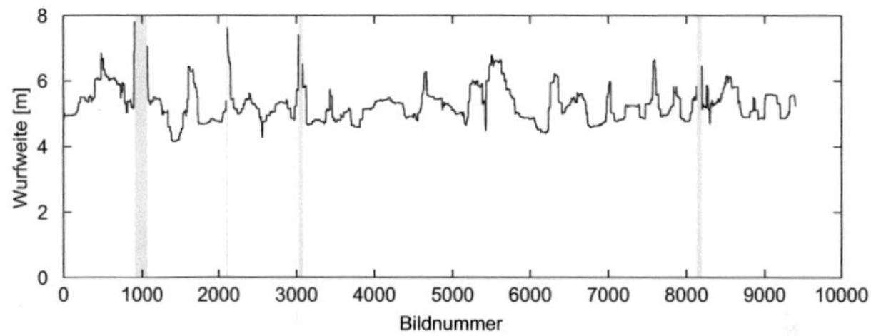

Abbildung 4.26: Verlauf der Wurfweite in einer Bildsequenz; Datenlücken sind grau markiert

Die hohen Schwankungen der Wurfweite sind einerseits auf die turbulenten Strömungsverhältnisse im Drehrohrofen zurückzuführen. Andererseits beeinträchtigen aber auch die folgenden Punkte die Anwendbarkeit des Verfahrens:

- Da die Wurfbahn bei schlechter Sicht teilweise auch auf Basis weniger Datenpunkte in Brennernähe geschätzt wird, ist es möglich, dass zwar eine Wurfweite angegeben wird, aber der Brennstoff bereits vorher in der Flugphase zündet und verbrennt.

- Auch bei 100% Ersatzbrennstoff ist in den Aufnahmen nicht immer ein eindeutiger Brennstoffstrom identifizierbar. Es findet eine Art Auffächern des Brennstoffs statt, wodurch Teile auch bereits in der Flugphase zünden und verbrennen. Es wird mit dem Verfahren daher oftmals nur die minimal erkennbare Wurfweite ermittelt. Einzelne größere Agglomerationen im Brennstoffstrom können den Wert der Wurfweite zeitweise (aufgrund der zeitlichen Filterung) verringern.

- Eine Analyse des Flugverhaltens der Ersatzbrennstoffe war bei Anlage 2 nur möglich, wenn der Brenner nicht zusätzlich mit Kohle befeuert wurde. Im Falle einer Kohlezugabe verdeckt die Flammenstrahlung den ungezündeten Ersatzbrennstoff, wodurch er in den Bildaufnahmen nicht mehr zu erkennen ist. Der untersuchte neu installierte Brenner konnte nur wenige Minuten bei einem Anteil von 100% Ersatzbrennstoff gefahren werden, da die Auswirkungen auf den Prozess negativ waren. Daher stand nur ein kleiner Bilddatensatz für die Entwicklung des Verfahrens und die Analyse zur Verfügung.

4.3.5 Möglichkeiten zur Prozessoptimierung

In diesem Abschnitt wurde gezeigt, dass die kamerabasierte Analyse von Anbackungen möglich ist. Mit dem neu vorgestellten Verfahren lassen sich die Höhe und Tiefe von Anbackungen ermitteln. Sind entsprechende Voraussetzungen erfüllt und ist ein Segmentierungsverfahren robust einsetzbar, dann ist auch eine automatisierte Ermittlung der Kenngrößen sowie die Erstellung eines Höhenprofils machbar. Bei zu hohen Anbackungen im Drehrohrofen kann ein Warnhinweis an das Prozessleitsystem ausgegeben werden. Ein automatisiertes Eingreifen ist über eine Erhöhung der Brennerleistung bzw. eine Änderung der Flammengeometrie oder eine Beigabe von Zusatzstoffen bei der Feststoffaufgabe möglich. Beides führt zu einem Abschmelzen der Anbackungen.

Mit Hilfe der Verfahren in Abschnitt 3.4 ist es möglich, ungezündeten Brennstoff in Bezug auf die Wurfweite in den Drehrohrofen, aber auch in Bezug auf die Häufigkeit von Agglomerationen des Brennstoffs in Bildsequenzen zu analysieren. Bei einem Online-Einsatz eines Bildverarbeitungssystems ist es denkbar, dass automatisiert die Brennstoffzusammensetzung angepasst wird, wenn die Kenngröße *Häufigkeit von Brennstoffagglomerationen* zunimmt. Es wurde auch gezeigt, dass sich die *Wurfweite* von ungezündetem Brennstoff bei gegebenen Randbedingungen ermitteln lässt. Das kann bei der Inbetriebnahme eines Brenners dazu eingesetzt werden, eine optimale

Einstellung der Tragluft zu identifizieren. Der Nutzen der Kenngröße *Wurfweite* für den laufenden Betrieb einer Anlage muss anhand einer längeren Messkampagne untersucht werden.

4.4 Übersicht über die Anwendbarkeit der entwickelten Bildverarbeitungsverfahren

Die folgende Tabelle 4.6 zeigt eine Übersicht über die Anwendbarkeit der entwickelten Verfahren für die untersuchten Drehrohrofenprozesse. Unter Berücksichtigung der in Abschnitt 4.1 bis 4.3 aufgezeigten Ergebnisse erfolgte im Hinblick auf Relevanz, Robustheit und Berechnungsdauer der in Kapitel 3 vorgestellten neuen Bildverarbeitungsverfahren eine qualitative Bewertung.

Verfahren	Zink	Sonderabfall	Zement
Feststoffbett (Abschnitt 3.2.1)	+++	x	x
Feststoffbett (Abschnitt 3.2.2)	++	x	x
Feststoffaustrag (Abschnitt 3.3)	+++	x	x
Ungezündeter Brennstoff (Abschnitt 3.4)	∘	x	++
Partikelkonzentration (Abschnitt 3.5)	+++	x	+++
Anbackungen (Abschnitt 3.6)	+	x	+
Gebinde (Abschnitt 3.7)	∘	+++	∘

Tabelle 4.6: Bewertung der Anwendbarkeit der entwickelten Bildverarbeitungsverfahren (sehr gute, onlinefähige Anwendbarkeit (+++), gut geeignet und bedingt onlinefähig (++), wertvolle Hinweise auf das Prozessverhalten (+), Verfahren nicht notwendig (∘), Verfahren nicht eingesetzt (x))

Tabelle 4.6 zeigt, dass alle entwickelten Verfahren bei mindestens einem Anwendungsfall zum Einsatz kamen. Hervorzuheben beim Anwendungsfall Zinkrecycling sind die sehr gute Anwendbarkeit der Verfahren zur Analyse des Feststoffbetts aus einer unteren Kameraeinbauposition, zur Analyse des Feststoffaustrags sowie zur Analyse der Partikelkonzentration. Aufgrund des geringen Rechenaufwands sind sie auch für einen Online-Einsatz geeignet. Letzteres gilt für das Verfahren zur Analyse des Feststoffbetts aus einer schrägen bzw. zentralen Kameraeinbauposition nur bedingt. Anbackungen sind beim Zinkrecycling mit dem vorgestellten Verfahren aufgrund der manuellen Segmentierung im Online-Einsatz analysierbar. Das vorgestellte Verfahren kann jedoch im Offline-Einsatz wertvolle Hinweise auf das Prozessverhalten liefern. Gebinde treten beim Zinkrecycling nicht auf und aufgrund des nicht benötigten Brenners am unteren Drehrohrende wird hier auch keine Analyse von ungezündetem Brennstoff benötigt. Im Anwendungsfall Sonderabfallverbrennung wurde das Verfahren zur Analyse von Gebinden eingesetzt, welches eine sehr gute Anwendbarkeit aufweist und auch online eingesetzt werden kann. Andere Verfahren wurden im Bereich Sonderabfallverbrennung nicht eingesetzt. Das Verfahren zur Analyse ungezündeten Brennstoffs zeigt eine gute Anwendbarkeit im Anwendungsfall Zementherstellung, wo es beispielsweise bei der Inbetriebnahme eines neuen Brenners genutzt werden kann. Das Verfahren zur Analyse der Partikelkonzentration ist hier genau wie beim Zinkrecycling sehr gut geeignet und die Verwendung des Verfahrens zur Analyse von Anbackungen ist hier ebenfalls möglich. Gebinde treten bei der Zementherstellung nicht auf.

In Kapitel 4 wurde die Anwendbarkeit der entwickelten Bildverarbeitungsverfahren anhand ausgewählter Drehrohrofenprozesse untersucht. In Abschnitt 4.1 wurde hierfür der Zinkrecyclingprozess betrachtet und die neuen Bildverarbeitungsverfahren zur Analyse des Feststoffbetts (Abschnitt 3.2), zur Analyse des Feststoffaustrags (Abschnitt 3.3) sowie zur Abschätzung der Partikelkonzentration in der Brennraumatmosphäre (Abschnitt 3.5) auf die während mehrerer Messkampagnen akquirierten Bilddaten angewandt. Abschnitt 4.2 beschäftigte sich mit der Anwendbarkeit des neuen Bildverarbeitungsverfahrens zur Analyse von Gebinden (Abschnitt 3.7) bei Bilddaten einer Sonderabfallverbrennungsanlage. In Abschnitt 4.3 wird die Anwendbarkeit der neuen Bildverarbeitungsverfahren zur Analyse von Anbackungen (Abschnitt 3.6) und zur Analyse von ungezündetem Brennstoff (Abschnitt 3.4) anhand von Bilddaten aus einer Zementherstellungsanlage untersucht. Auf Basis der neuen bildbasierten Kenngrößen wurden für jeden der betrachteten Prozesse Möglichkeiten zur Prozessoptimierung vorgeschlagen. In Abschnitt 4.4 wurde eine kurze Übersicht über die Anwendbarkeit der entwickelten Bildverarbeitungsverfahren gegeben.

5 Zusammenfassung

Das Ziel der vorliegenden Arbeit bestand in der Konzeption und Entwicklung neuer kamerabasierter Verfahren zur Analyse und Optimierung von Drehrohrofenprozessen. Im Gegensatz zu konventionellen Messsystemen erlauben kamerabasierte Systeme die räumliche Erfassung des Prozesses im Inneren eines Drehrohrofens und ermöglichen damit neue Einblicke in den Prozesszustand. Ein solches kamerabasiertes System besteht aus einem Bildakquisesystem sowie aus einem Bildverarbeitungssystem, das Kenngrößen aus den erfassten Bilddaten extrahiert. Die Kenngrößen können einerseits dazu eingesetzt werden, das Prozessverständnis zu erweitern und Verbesserungen an der Drehrohrofenanlage durchzuführen, andererseits können sie online im Prozessleitsystem für eine optimierte Regelung oder zur Ausgabe von Bedienerinformationen verwendet werden. Die Nutzung der kamerabasierten Informationen zielt u. a. auf eine Verringerung des Energieverbrauchs, eine Reduktion von Emissionen und eine höhere Produktqualität ab.

Sowohl für eine Offline-Analyse der Bilddaten aber insbesondere für den Online-Einsatz wird eine hohe Verlässlichkeit der berechneten Kenngrößen gefordert. Das spezielle Anwendungsszenario, das im Allgemeinen durch starke prozessbedingte Störeinflüsse auf die Bilddaten gekennzeichnet ist, stellt eine große Herausforderung an die Bildverarbeitungsverfahren dar. Eine weitere Erschwernis ergibt sich durch die geringe Bildauflösung der für Drehrohrofenprozesse verfügbaren Infrarotkamerasysteme. Standardbildverarbeitungsverfahren sind aufgrund der genannten Schwierigkeiten nicht in der Lage, die erforderliche Verlässlichkeit zu gewährleisten.

Die notwendige Erhöhung der Robustheit der Kenngrößenberechnung wird durch die in der vorliegenden Arbeit neu entwickelten Bildverarbeitungsverfahren dadurch erzielt, dass physikalisches Vorwissen in Form von Geometrie, Dynamik sowie verfahrenstechnischen Eigenschaften des betrachteten Prozesses in die Bildverarbeitung integriert wird. Es zeigt sich dabei, dass die Einbindung von Vorwissen in jedem Schritt der Bildverarbeitung, von der Bildvorverarbeitung über die Berechnung von Merkmalsbildern und die Bildsegmentierung bis hin zur Kenngrößenberechnung gewinnbringend einsetzbar ist. Ein weiterer großer Vorteil der neu entwickelten Bildverarbeitungsverfahren besteht in der physikalischen Interpretierbarkeit der extrahierten Kenngrößen, welche sich dadurch direkt mit dem Prozessverhalten in Verbindung bringen lassen. Die Entwicklung der Bildverarbeitungsverfahren stellt damit einen wesentlichen Beitrag beim Aufbau eines kamerabasierten Systems zur Analyse und Optimierung von Drehrohrofenprozessen dar.

In Kapitel 2 wurden neue Konzepte zur Bildakquise bei Drehrohrofenprozessen vorgestellt und Aussagen zum Einsatz von Bildverarbeitungssystemen bei Drehrohrofenanlagen abgeleitet. Hierbei wurde zunächst auf die Wahl des Kameraeinbauorts eingegangen, die einen hohen Einfluss darauf hat, welche bildbasierten Kenngrößen prinzipiell extrahiert werden können. Zudem wurden eine Simulation der Strahlungseigenschaften im Hinblick auf das Transmissionsverhalten elektromagnetischer Strahlung in der Verbrennungsatmosphäre eines Drehrohrofens durchgeführt und die Konsequenzen auf die Wahl des Bildakquisesystems erörtert. Ein am Ende von Kapitel 2 vorgestelltes neuartiges Verfahren zur Störungskompensation erlaubt über die Berücksichtigung von Reflexionseigenschaften eine genauere Bestimmung der Feststoffbetttemperatur in einem Drehrohrofen.

Kapitel 3 beschäftigte sich mit den neu entwickelten Bildverarbeitungsverfahren, welche die Berechnung der bildbasierten Kenngrößen ermöglichen. Neben den Bildvorverarbeitungsschritten und der Gewinnung von Merkmalsbildern aus den akquirierten Bildsequenzen wurde auf die Bildsegmentierungsmethoden sowie die Kenngrößenextraktion eingegangen. Dabei wurde gezeigt, wie möglichst umfangreiches Vorwissen über den betrachteten Prozess in die jeweiligen Algorithmen integriert werden kann, um den Einfluss von Störungen auf die Ergebnisse zu reduzieren und dadurch eine höhere Robustheit der Bildverarbeitungsverfahren zu erreichen. Abschließend wurde das im Rahmen der vorliegenden Arbeit neu entwickelte Software-Tool DREHSINE vorgestellt, das alle entwickelten Verfahren für eine effiziente Offline-Analyse der Bilddaten nutzbar macht.

In Kapitel 4 wurden die Bildverarbeitungsverfahren auf Bildsequenzen ausgewählter industrieller Drehrohrofenprozesse (Zinkrecycling, Sonderabfallverbrennung, Zementherstellung) angewandt und die berechneten Kenngrößen sowie die verwendeten Verfahren hinsichtlich Relevanz, Robustheit und Rechenaufwand analysiert. Den bildbasierten Kenngrößen wurden dabei konventionell gemessene Prozesskenngrößen gegenübergestellt und Zusammenhänge sowie Ergebnisse diskutiert. Darauf aufbauend wurden Optimierungsstrategien für die jeweiligen Prozesse vorgeschlagen.

Die wesentlichen Ergebnisse der Arbeit sind:

1. Entwicklung einer Konzeption zur kamerabasierten Analyse und Optimierung von Drehrohrofenprozessen,

2. Ableitung von Aussagen zum Einsatz von Kamera- und Bildverarbeitungssystemen bei Drehrohrofenanlagen anhand einer Analyse der Kameraeinbaupositionen und der strahlungsphysikalischen Bedingungen der Ofenatmosphäre,

3. Entwicklung eines neuartigen Verfahrens zur Kompensation von Temperaturmessfehlern, die durch Reflexionseffekte im Drehrohrofen verursacht werden,

4. Entwicklung einer variationsbasierten Methode zur Extraktion kamerabasierter Kenngrößen des Feststoffbetts aus einer unteren Kameraeinbauposition unter Nutzung von Formvorwissen,

5. Entwicklung einer Optischen-Fluss-basierten Methode zur Extraktion kamerabasierter Kenngrößen des Feststoffbetts aus schräger und zentraler Kameraeinbauposition unter Nutzung von Form- und Bewegungsvorwissen auf Basis eines adaptierten Level-Set-Ansatzes,

6. Ableitung neuer Kenngrößen zur Beschreibung des Feststoffaustragsverhaltens und Entwicklung einer Methode zu deren robusten Extraktion,

7. Entwicklung einer Methode zur Analyse des Bewegungs- und Agglomerationsverhaltens des ungezündeten Brennstoffanteils in Drehrohr-Brennerflammen,

8. Entwicklung einer Methode zur schnellen Detektion von Gebindeverpuffungen,

9. Herleitung einer geometrischen Methode zur kamerabasierten Analyse der Lage und Ausdehnung von Anbackungen im Drehrohrofen,

10. Entwicklung einer referenzbasierten Methode zur kamerabasierten Abschätzung der Partikelkonzentration in der Ofenatmosphäre,

11. Implementierung aller entwickelten Methoden in das Software-Tool DREHSINE zur effizienten Offline-Analyse von Bildsequenzen aus Drehrohröfen,

12. Ableitung von Aussagen zum Zusammenhang bildbasierter Kenngrößen mit konventionellen Prozesskenngrößen für ausgewählte Prozesse,

13. Erarbeitung von Strategien zur Optimierung ausgewählter Prozesse auf der Basis bildbasierter Kenngrößen.

Basierend auf den Ergebnissen der vorliegenden Arbeit ist es möglich, die vorgestellten Bildverarbeitungsverfahren in ein Online-Bildverarbeitungssystem zu integrieren. Die damit neu verfügbaren Informationen können dann zur Prozessoptimierung im Leitsystem einer Drehrohrofenanlage genutzt werden. Folgende weitere mögliche Schritte ergeben sich hieraus:

- Für einen Dauereinsatz eines Bildverarbeitungssystems an einer konkreten Anlage muss das Bildakquisesystem (Optik) an die konkreten örtlichen Gegebenheiten angepasst werden. Dadurch kann eine höhere Bildauflösung des relevanten Bildbereichs erzielt werden, was die Qualität der bildbasierten Kenngrößenberechnung verbessert.

- Anhand von Langzeituntersuchungen ist es möglich, weitere, bisher nicht berücksichtigte Prozesszustände in den Bilddaten abzudecken. Die umfangreichere Datenbasis kann zum einen dazu eingesetzt werden, Optimierungen und Erweiterungen der Bildverarbeitungsverfahren hinsichtlich ihrer Robustheit durchzuführen. Zum anderen können aber auch die Relevanz der Kenngrößen genauer untersucht und die gefundenen Zusammenhänge mit Prozesszuständen quantifiziert werden.

- Die vorgestellten Strategien zur Optimierung der Regelung können im Rahmen eines Online-Einsatzes validiert werden.

Da Drehrohrofenprozesse durch hohe Energieumsätze gekennzeichnet sind und sie in vielen verfahrenstechnischen Bereichen eingesetzt werden, tragen sie zu einem deutlichen Anteil an den weltweiten anthropogenen Emissionen bei. Die Optimierung von Drehrohrofenprozessen ist daher gerade im Hinblick auf die Einhaltung von Klimaschutzzielen, wie sie beispielsweise im Kyoto-Protokoll vereinbart wurden, oder in Bezug auf die Ressourceneffizienz von besonderem Interesse. Eine derartige Prozessoptimierung kann z. B. auf die direkte Reduktion schädlicher Emissionen, auf eine Erhöhung der Energieeffizienz, auf den vermehrten Einsatz von Ersatzbrennstoffen oder auf eine Erhöhung der Anlagenstandzeiten von Drehrohröfen abzielen.

Die in der vorliegenden Arbeit vorgestellten Verfahren stellen einen wichtigen Baustein für den Aufbau einer Optimierung von Drehrohrofenprozessen auf der Basis von Kamerainformationen dar. Es wurde gezeigt, wie sich die neu entwickelten Verfahren einsetzen lassen, um bestimmte Bereiche und

Effekte von Drehrohrofenprozessen offline aber auch online genauer analysieren zu können. Die dadurch neu gewonnenen Informationen können dann in der Prozessregelung dazu genutzt werden, um Drehrohrofenprozesse hinsichtlich ökonomischer sowie ökologischer Ziele zu optimieren. Mögliche Optimierungen wurden anhand dreier verbreiteter Drehrohrofenanwendungen dem Zinkrecycling, der Sonderabfallverbrennung und der Zementherstellung aufgezeigt.

Auch wenn Drehrohrofenprozesse im Gegensatz zu Themen aus Verkehr und Wohnen sicherlich nicht im Fokus öffentlicher Betrachtungen stehen, wenn es um Klima-/Umweltschutz oder Energieeffizienz geht, bieten sie dennoch ein hohes Potential zur Optimierung, das nicht ungenutzt bleiben sollte. Die hier vorgestellte Konzeption von Bildverarbeitungsverfahren für Drehrohrofenprozesse zusammen mit der Weiterentwicklung von Kamera- und Rechentechnik stellen eine wesentliche Grundlage dar, eine kamerabasierte Optimierung von Drehrohrofenprozessen zu realisieren.

A Anhang

A.1 Erläuterungen zum Drehrohrofen

A.1.1 Geometrische Zusammenhänge in einem Drehrohrofen

In diesem Abschnitt werden geometrische Beziehungen zwischen verschiedenen Größen in einem Drehrohrofen hergeleitet. Dadurch ist es beispielsweise möglich, den Drehrohrinnenmantel aus Bildaufnahmen räumlich in ein ebenes Rechteck zu transformieren. Hierbei wird die rotierende Bewegung des Drehrohrs in eine horizontale Bewegung transformiert, was Berechnungen bezüglich des Bewegungsverhaltens des Feststoffbetts vereinfachen kann (vgl. Abschnitt 3.2.2). Zudem erlauben die vorgestellten geometrischen Beziehungen Aussagen über die Lage einzelner Bildbereiche in Weltkoordinaten (Tiefe und Höhe im Drehrohrofen) allein auf Basis der Bildaufnahmen. (vgl. Betrachtung ungezündeten Brennstoffs in Abschnitt 3.4 und Untersuchung von Anbackungen in Abschnitt 3.6)

Unter Anwendung von Strahlensätzen und trigonometrischen Abhängigkeiten sowie dem vereinfachten Modell einer Lochkamera (skizziert in Abb. A.1) ergeben sich die in Gleichung (A.1) und (A.2) dargestellten Zusammenhänge zwischen Weltkoordinaten und Bildkoordinaten.

$$\frac{d_{\text{Bild}}/\cos\alpha_2}{d_{\text{Kamera}}/\cos\alpha_2} = \frac{2\cdot r_a}{2\cdot r_{\text{Drehrohr}}} \tag{A.1}$$

$$\frac{d_{\text{Bild}}/\cos\alpha_1}{(d_{\text{Kamera}}+l_{\text{Drehrohr}})/\cos\alpha_1} = \frac{2\cdot r_i}{2\cdot r_{\text{Drehrohr}}} \tag{A.2}$$

Kürzen der Gleichungen führt zu:

$$\frac{d_{\text{Bild}}}{d_{\text{Kamera}}} = \frac{r_a}{r_{\text{Drehrohr}}} \tag{A.3}$$

$$\frac{d_{\text{Bild}}}{d_{\text{Kamera}}+l_{\text{Drehrohr}}} = \frac{r_i}{r_{\text{Drehrohr}}} \tag{A.4}$$

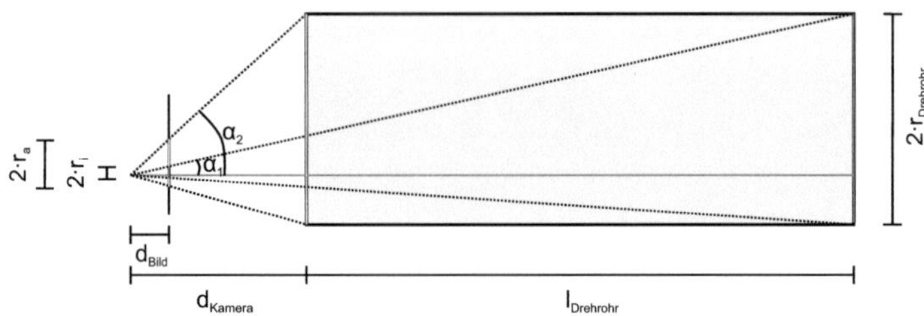

Abbildung A.1: Skizze eines Drehrohrs mit relevanten Größen für die geometrische Transformation

Hierbei entsprechen d_{Bild} der Bildweite, r_a dem Radius des unteren Drehrohrendes im Bild, r_i dem kleineren Radius des Drehrohrendes auf der Zuführseite im Bild, l_{Drehrohr} und r_{Drehrohr} der Länge und dem Radius des Drehrohrs. α_1 und α_2 sind jeweils Winkel der waagrechten Kathete zur jeweiligen Hypotenuse. Gleichung (A.5) zur direkten Bestimmung des Kameraabstands zum Drehrohr d_{Kamera} folgt aus obigen Gleichungen.

$$d_{\text{Kamera}} = \frac{l_{\text{Drehrohr}}}{\frac{r_a}{r_i} - 1} \tag{A.5}$$

Zusammenhang zwischen Radius im Bild und der Tiefe im Drehrohr
Für beliebige Tiefe im Drehrohr z (Abstand zum unteren Drehrohrende) lässt sich der dazugehörige Radius im Bild $r(z)$ analog wie oben herleiten (vgl. Abb. A.2):

$$\frac{d_{\text{Bild}} / \cos \alpha_3}{(d_{\text{Kamera}} + z) / \cos \alpha_3} = \frac{2 \cdot r(z)}{2 \cdot r_{\text{Drehrohr}}} \tag{A.6}$$

bzw.

$$\frac{d_{\text{Bild}}}{d_{\text{Kamera}} + z} = \frac{r(z)}{r_{\text{Drehrohr}}} \tag{A.7}$$

α_3 ist der Winkel der Waagrechten zur Hypotenuse. Unter Berücksichtigung von Gleichung (A.7) und Ersetzen von d_{Bild} mittels (A.3) ergibt sich der Zusammenhang

$$r(z) = \frac{r_a \cdot d_{\text{Kamera}}}{d_{\text{Kamera}} + z} \tag{A.8}$$

Weiteres Ersetzen von d_{Kamera} mit Gleichung (A.5):

$$r(z) = \frac{r_a}{1 + \frac{z}{l_{\text{Drehrohr}}} \left(\frac{r_a}{r_i} - 1 \right)} \tag{A.9}$$

Aufgelöst nach z ergibt sich schließlich

$$z(r) = \frac{l_{\text{Drehrohr}}}{\frac{r_a}{r_i} - 1} \left(\frac{r_a}{r} - 1 \right).$$

(A.10)

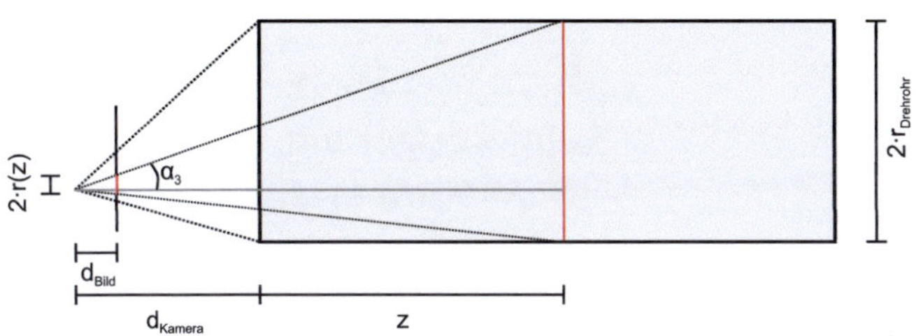

Abbildung A.2: Skizze eines Drehrohrs mit relevanten Größen zur Bestimmung von r_z

Zusammenhang zwischen Radius und Mittelpunkt In Abb. A.3 ist die lineare Abhängigkeit von Mittelpunkten $\mathbf{x}_m(r) = [x_x(r), y_m(r)]$ und Radien dargestellt, die zu folgender Beziehung führt:

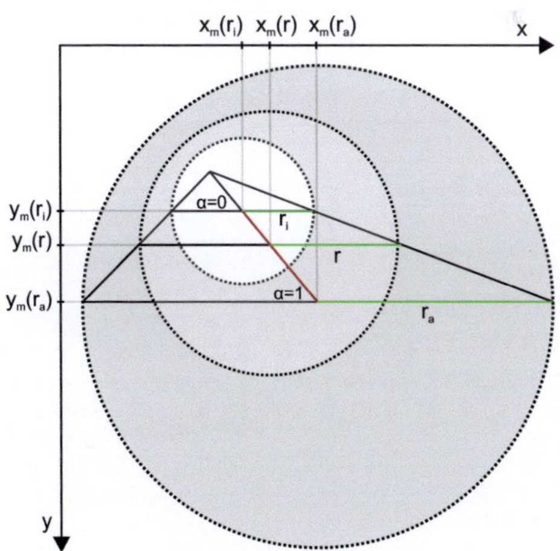

Abbildung A.3: Relevante Distanzen zur Bestimmung der Koordinaten des Kreismittelpunkts $\mathbf{x}_m(r)$

$$\alpha = 0 \quad \text{für} \quad r = r_i$$
$$\alpha = 1 \quad \text{für} \quad r = r_a \tag{A.11}$$
$$\alpha(r) = \frac{r - r_i}{r_a - r_i}$$

Dabei stellt α eine Hilfsvariable dar.

$$x_m(r) = x_m(r_i) + \alpha(r) \cdot k_x$$
$$x_m(r_i) = x_m(r_i) + 0 \cdot k_x \tag{A.12}$$
$$x_m(r_a) = x_m(r_i) + 1 \cdot k_x$$

Damit ergibt sich $k_x = x_m(r_a) - x_m(r_i)$. Die x-Koordinate des Mittelpunkts $x_m(r)$ in Abhängigkeit eines beliebigen Radius r zwischen r_i und r_a ist dann:

$$x_m(r) = x_m(r_i) + (x_m(r_a) - x_m(r_i)) \cdot \frac{r - r_i}{r_a - r_i} \tag{A.13}$$

Für die y-Koordinate des Mittelpunkts $y_m(r)$ gilt analog

$$y_m(r) = y_m(r_i) + \left(y_m(r_a) - y_m(r_i)\right) \cdot \frac{r - r_i}{r_a - r_i} \tag{A.14}$$

Zusammenhang zwischen Tiefe im Drehrohr und Mittelpunkt Durch Einsetzen von Gleichung (A.8) in Gleichung (A.13) ergibt sich die x-Koordinate des Mittelpunkts x_m in Abhängigkeit von der Tiefe z im Drehrohr:

$$x_m(z) = x_{m,i} + \left(\frac{x_{m,a} - x_{m,i}}{r_a - r_i}\right) \cdot \left(\frac{r_a \cdot d_{\text{Kamera}}}{d_{\text{Kamera}} + z} - r_i\right) \tag{A.15}$$

Ersetzen von d_{Kamera} mittels Gleichung (A.5) resultiert in

$$x_m(z) = x_{m,i} + \left(\frac{x_{m,a} - x_{m,i}}{r_a - r_i}\right) \cdot \left(\frac{r_a}{1 + \frac{z}{l_{\text{Drehrohr}}}\left(\frac{r_a}{r_i} - 1\right)} - r_i\right) \tag{A.16}$$

Umgestellt nach z ist das

$$z(x) = \frac{l_{\text{Drehrohr}}}{\frac{r_a}{r_i} - 1} \left(\frac{r_a}{(x - x_{m,i})\left(\frac{r_a - r_i}{x_{m,a} - x_{m,i}}\right) + r_i} - 1\right). \tag{A.17}$$

Äquivalent hierzu lassen sich auch die Gleichungen zur Ermittlung der y-Koordinaten des Mittelpunkts berechnen:

$$y_m(z) = y_{m,i} + \left(\frac{y_{m,a} - y_{m,i}}{r_a - r_i}\right) \cdot \left(\frac{r_a}{1 + \frac{z}{l_{\text{Drehrohr}}}\left(\frac{r_a}{r_i} - 1\right)} - r_i\right) \tag{A.18}$$

und

$$z(y) = \frac{l_{\text{Drehrohr}}}{\frac{r_a}{r_i} - 1}\left(\frac{r_a}{(y - y_{m,i})\left(\frac{r_a - r_i}{y_{m,a} - y_{m,i}}\right) + r_i} - 1\right). \tag{A.19}$$

Damit sind mit Gleichungen (A.8), (A.15) und (A.18) alle Formeln verfügbar, um für eine gegebene Tiefe im Drehrohr z den Radius $r(z)$ sowie die Koordinaten des Mittelpunkts $\mathbf{x}_m(z)$ im Kamerabild zu bestimmen. Abb. A.4 zeigt beispielhaft wie die Innenwand eines Zylinders geometrisch anhand der obigen Gleichungen transformiert wird. Hierzu wurde ein Schachbrettmuster an der Innenwand des Zylinders angebracht. Aufgrund der Verzeichnung der Kamera, der Bildauflösung und einer leicht schrägen Kameraposition ergeben sich durch die Projektion insbesondere in den Randpositionen leichte Abweichungen zum idealen Schachbrettmuster.

(a) Originalbild

(b) Bild nach Transformation

Abbildung A.4: Beispielhafte Anwendung des Abbildungsalgorithmus

A.1.2 Algorithmus zur geometrischen Transformation des Drehrohrinnenmantels

Nach den oben ermittelten Abbildungsvorschriften lässt sich für eine Aufnahmesequenz eines Drehrohrs einer gegebenen Länge eine Lookup-Tabelle

(Korrespondenzen-Bild/Zuordnungsvorschrift) erzeugen, in welcher für jeden Bildpunkt des transformierten Bildes die Koordinaten des Originalbildes hinterlegt sind. Mit Hilfe der Lookup-Tabelle (LUT) lässt sich dann das transformierte Bild aufbauen. Darin werden die Bildpunkte auf den Kreisen des Originalbildes in Zeilen übertragen. Die Anzahl der Kreise im Originalbild entspricht folglich der Anzahl der Zeilen im transformierten Bild. Die radiale Auflösung der Kreise spiegelt sich in der Anzahl der Spaltenelemente des transformierten Bildes wieder. Im Folgenden werden die einzelnen Schritte zur Erstellung der transformierten LUT erläutert.

1. Spezifizierung der Auflösung in der Tiefe. Daraus ergibt sich über die Anzahl der Kreise letztendlich die Anzahl der Zeilen im transformierten Bild.

2. Festsetzung der radialen Auflösung, bestimmt die Anzahl der Spalten im transformierten Bild.

3. Manuelle Determinierung der Kreismittelpunkte und Radien des Drehrohranfangs ($x_{m,i}$, $y_{m,i}$, r_i) sowie des Drehrohrendes ($x_{m,a}$, $y_{m,a}$, r_a) in einer Originalaufnahme.

4. Berechnung aller dazwischenliegenden Kreise mit Hilfe der Gleichungen aus dem vorangegangenen Abschnitt und der gewählten Tiefenauflösung.

5. Ermittlung der Koordinaten aller Kreiselemente entsprechend der radialen Auflösung für jeden der Kreise.

6. Speichern der Koordinaten in der LUT. Eine Zeile in der LUT entspricht hierbei einem kompletten Kreisumfang $[0\ 2\pi[$. Die Anzahl der Kreise bestimmt die Anzahl der Zeilen in der LUT. In der ersten Zeile befindet sich der Kreis des oberen Drehrohrendes, der über $x_{m,i}$, $y_{m,i}$, r_i gegeben ist, in der letzten Zeile ist der Kreis des unteren Drehrohrendes abgebildet.

Um eine Rücktransformation aus dem transformierten Bild in das Originalbild durchführen zu können, wird parallel eine zweite LUT aufgebaut. In dieser LUT ist die inverse Zuordnung der Bildpunkte aus dem transformierten Bild zu den entsprechenden Bildpunkten im Originalbild gegeben.

Je nach gewählter Auflösung und gegebener Bildauflösung werden einzelne Bildpunkte mehrfach abgebildet (insbesondere im oberen Teil des Drehrohrs). Dies ließe sich durch eine höhere Bildauflösung, geringere Auflösung in der Tiefe bzw. radial vermeiden. Die oben gezeigten Gleichungen sind ausgelegt für ein zylinderförmiges Drehrohr ohne Beladung. Sowohl die Beladung als auch Anbackungen an der Drehrohrwand verhindern eine genaue Zuordnung der Tiefe zu einem Kreis im Originalbild. Da sowohl Beladung als auch Anbackungen sehr variabel auftreten können, ist eine Kompensation nicht möglich.

A.2 Strahlungsphysikalische Grundlagen

Im Folgenden werden Grundlagen der elektromagnetischen Strahlungsphysik erläutert. Nach der Definition der wichtigsten radiometrischen Größen wird auf Wechselwirkungen elektromagnetischer Strahlung mit Materie eingegangen. Das elektromagnetische Spektrum umfasst den Bereich von sehr energiereicher kurzwelliger Gamma-Strahlung über den für den Menschen sichtbaren Spektralbereich bis hin zu Radiowellen (vgl. Abb. A.5). Es kann sowohl in Form der Welleneigenschaften *Wellenlänge* λ und *Frequenz* ν als auch als *Energie* des einzelnen Photons (Welle-Teilchen-Dualismus) charakterisiert werden. Wellenlänge und Frequenz sind über die Gleichung $c_0 = \lambda \nu$ ineinander überführbar, wobei es sich bei c_0 um die Lichtgeschwindigkeit im Vakuum $2.998 \cdot 10^8$ m/s handelt.

Der Zusammenhang zur elektromagnetischen Energie des korrespondierenden einzelnen Photons lässt sich über $E = h\nu = h\frac{c_0}{\lambda}$ herstellen. Üblicherweise wird elektromagnetische Strahlung in ihrer Wellenlänge λ (Einheit: μm) angegeben, da diese bei der Betrachtung von Wechselwirkungen der Strahlung mit Materie, z. B. Streuungseigenschaften an Partikeln, von Bedeutung ist. Es muss dabei jedoch berücksichtigt werden, dass die Wellenlänge im Gegensatz zur Frequenz durch die Brechungseigenschaften des Mediums beeinflusst werden kann. In einigen Fällen wird in der Literatur auch das reziproke Element der Wellenlänge, die *Wellenzahl* $\tilde{\nu} = \frac{1}{\lambda}$ (Einheit: cm^{-1}), aufgeführt.

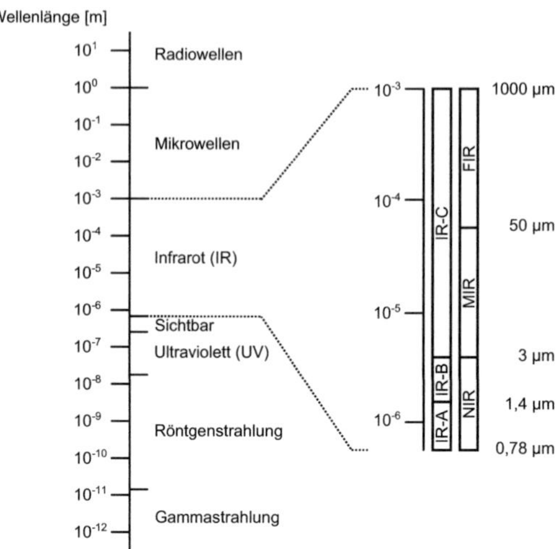

Abbildung A.5: Elektromagnetisches Spektrum mit Wellenlängenskala

A.2.1 Radiometrische Größen

Als Radiometrie wird die Wissenschaft der Messung elektromagnetischer Strahlung bezeichnet. Im Folgenden werden die gebräuchlichsten radiometrischen Größen in Anlehnung an DIN 5031 [32] definiert. Dabei wird zwischen Größen, welche die Strahlungsquelle beschreiben, und Größen, welche die Strahlungswirkung auf der Empfängerseite wiedergeben, unterschieden. Die geometrischen Verhältnisse von Strahlungsquelle und Empfänger veranschaulicht Abbildung A.6.

Strahlungsmenge/Strahlungsenergie

$$Q \quad \text{Einheit} \quad \text{J} \tag{A.20}$$

Die *Strahlungsmenge Q* ist ein Maß für die Energie einer elektromagnetischen Welle und deren Kapazität Arbeit zu verrichten.

Strahlungsfluss/Strahlungsleistung

$$\Phi = \mathrm{d}Q/\mathrm{d}t \quad \text{Einheit} \quad \text{J s}^{-1} \text{ bzw. W} \tag{A.21}$$

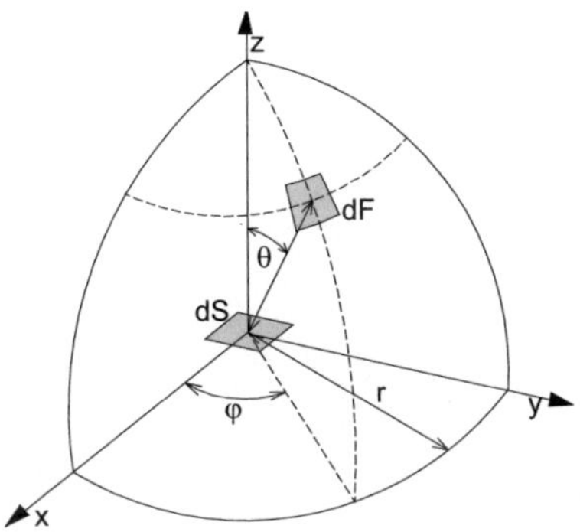

Abbildung A.6: Geometrische Anordnung von Strahlungsquelle (Flächen-element dS) und Empfänger (Flächenelement dF) [35]

Der Strahlungsfluss oder die Strahlungsleistung Φ ist die in einem bestimm-ten Zeitintervall dt von einer Strahlungsquelle abgegebene Strahlungsmen-ge dQ.

Um die räumliche Verteilung der Strahlung zu berücksichtigen, wird die-se auf den Raumwinkel bezogen. Der Raumwinkel ist als $\Omega = A_K/r^2$ defi-niert, wobei A_K die Kalottenfläche eines symmetrisch aufgebauten Konus' mit kreisförmig begrenzter Kalotte und r der zugehörige Kugelradius ist. Der dimensionslosen Größe Ω wird zur Unterscheidung zu Flächenwinkeln die Einheit sr (Steradiant) zugeordnet. Insbesondere ist der sog. Einheitsraum-winkel $\Omega_0 = 1$ sr für eine Fläche $A_K = 1\,\mathrm{m}^2$ und $r = 1\,\mathrm{m}$ definiert. Der größte Raumwinkel beträgt 4π sr (Kugeloberfläche geteilt durch r^2), wenn die Strah-lung in den gesamten Raum abgestrahlt wird.

Hemisphärische Größen

Als hemisphärische Größen werden diejenigen strahlungsphysikalischen Größen bezeichnet, welche die gesamte Strahlungsmenge in bzw. aus dem Halbraum (Raumwinkel 2π sr) über dem Objekt betrachten.

Strahlungsflussdichte Die Strahlungsflussdichte ist der Quotient aus Strahlungsfluss dΦ je Flächeneinheit. Die auf eine Fläche dF auftreffende

Strahlungsflussdichte wird als **Bestrahlungsstärke** E bezeichnet. Die Strahlungsflussdichte, die von einer Fläche dS emittiert wird, nennt sich **spezifische Ausstrahlung** M.

$$E = d\Phi/dF \qquad \text{Einheit} \quad \text{W m}^{-2} \qquad\qquad \text{(A.22)}$$

bzw.

$$M = d\Phi/dS \qquad \text{Einheit} \quad \text{W m}^{-2} \qquad\qquad \text{(A.23)}$$

Die oben angegebenen radiometrischen Größen sind integrale Werte, da der Strahlungsfluss die gesamte elektromagnetische Strahlung, ungeachtet ihrer spektralen Verteilung, zusammenfasst. Um die Abhängigkeit von der Wellenlänge λ zu berücksichtigen, werden spektrale Größen definiert.

Spektrale Strahlungsflussdichte Die spektrale Strahlungsflussdichte ist die Strahlungsflussdichte pro Wellenlängenintervall $d\lambda$. Hierbei wird wiederum unterschieden in **spektrale Bestrahlungsstärke** $E_\lambda(\lambda)$ und in **spektrale spezifische Ausstrahlung** $M_\lambda(\lambda)$.

$$E_\lambda(\lambda) = \frac{d^2\Phi}{dFd\lambda} \qquad \text{Einheit} \quad \text{W m}^{-2}\,\mu\text{m}^{-1} \qquad\qquad \text{(A.24)}$$

bzw.

$$M_\lambda(\lambda) = \frac{d^2\Phi}{dSd\lambda} \qquad \text{Einheit} \quad \text{W m}^{-2}\,\mu\text{m}^{-1} \qquad\qquad \text{(A.25)}$$

Gerichtete Größen

Gerichtete Größen betrachten die Strahlung in bzw. aus einem bestimmten Raumwinkel oberhalb des betrachteten Objekts.

Strahlstärke Die *Strahlstärke*

$$I = d\Phi/d\Omega \qquad \text{Einheit} \quad \text{W sr}^{-1} \qquad\qquad \text{(A.26)}$$

ist der in eine Raumwinkeleinheit sr ausgesandte Strahlungsfluss $d\Phi$.

Strahldichte   Die *Strahldichte* (auch Strahlungsdichte) ist der Strahlungsfluss $d\Phi$, der bezogen auf das vom Detektor aus gesehene Flächenelement in Ausbreitungsrichtung dS zum Detektor in das Raumwinkelelement $d\Omega$ abgestrahlt wird.

$$L = \frac{d^2\Phi}{dS \cdot d\Omega} \qquad \text{Einheit} \quad W\,m^{-2}\,sr^{-1} \qquad\qquad (A.27)$$

Da i. A. die vom Detektor beobachtete Fläche dS mit dem Abstand r quadratisch zunimmt ($dS \propto r^2$) und gleichzeitig der vom Detektor erfasste Raumwinkel $d\Omega$ quadratisch mit dem Abstand r abnimmt ($d\Omega \propto 1/r^2$), ist die Strahldichte bei verlustfreier Übertragungsstrecke unabhängig vom Messabstand.

Wie aus Abb. A.7b ersichtlich, verkleinert sich die Fläche dS, auf die der Detektor die Strahlungsleistung $d\Phi$ des Flächenelements dS_0 bezieht, gemäß $dS = dS_0 \cdot \cos\theta$. Damit folgt für die Strahldichte:

$$L = \frac{d^2\Phi}{dS_0 \cdot \cos\theta \cdot d\Omega} \qquad \text{Einheit} \quad W\,m^{-2}\,sr^{-1} \qquad\qquad (A.28)$$

Spektrale Strahldichte   Die spektrale Strahldichte

$$L_\lambda(\lambda) = dL/d\lambda \qquad \text{Einheit} \quad W\,m^{-2}\,sr^{-1}\,\mu m^{-1} \qquad\qquad (A.29)$$

ist die Strahldichte dL pro Wellenlängenbereich $d\lambda$.

Ist die Strahlstärke richtungsunabhängig, also $dI/d\Omega = $ konst., dann handelt es sich um einen isotropen (Punkt-)Strahler. Der Strahlungsfluss beträgt dann $\Phi = 4\pi I$. Isotrope Punktstrahler kommen kaum vor, da reale Körper eine Geometrie besitzen und jedes Flächenstück dS einen Teil zum Gesamtstrahlungsfluss Φ beiträgt. Im Allgemeinen ist die Strahlstärke I aber eine Funktion der Abstrahlrichtung (über die Winkel θ, φ, vgl. Abb. A.6). Ist die Strahlstärke I eines Flächenelements dS nur vom Abstrahlwinkel θ abhängig und genügt sie dem LAMBERTschen Gesetz

$$I(\theta) = I_N \cdot \cos\theta \qquad\qquad (A.30)$$

dann handelt es sich um einem LAMBERTschen Strahler (auch diffuser Strahler). $I_N = I(0°)$ bezeichnet dabei die Strahlstärke in Normalenrichtung der Strahlungsfläche. Mit Gleichung (A.27) folgt damit

$$L = \frac{dI}{dS_0 \cdot \cos\theta} = \frac{dI_N}{dS_0} \qquad\qquad (A.31)$$

Das Raumwinkelelement $d\Omega$ lässt sich zerlegen in $d\phi \cdot d\beta \cdot \sin\phi \cdot \Omega_0$ ($\phi = 0..\pi/2$) und ($\beta = 0..2\pi$). Damit ergibt sich

$$\Phi = \int_{\beta=0}^{2\pi} \int_{\theta=0}^{\pi/2} I_N \cdot \cos\theta \cdot \sin\theta \cdot d\theta d\beta \cdot \Omega_0$$

$$\Phi = 2\pi \cdot I_N \int_{\theta=0}^{\pi/2} \cos\theta \cdot \sin\theta \cdot d\theta \cdot \Omega_0 \tag{A.32}$$

$$\Phi = \pi \cdot I_N \cdot \Omega_0$$

Damit gilt auch

$$\frac{d\Phi}{dA} = \pi \cdot \frac{dI}{dA \cdot \cos\theta} \cdot \Omega_0 \qquad \text{also} \quad M = \pi \cdot L \cdot \Omega_0 \tag{A.33}$$

Die Strahldichte L ist also nicht nur unabhängig vom Abstand zwischen Strahlungsquelle und Empfänger, sondern beim LAMBERTschen Strahler auch unabhängig von der Abstrahlrichtung. Aus diesem Grund erscheint z. B. eine glühende Kugel als gleichmäßig leuchtende Kreisfläche, obwohl die Abstrahlrichtung und der Abstand zwischen Strahlungsquelle und Empfänger variiert.

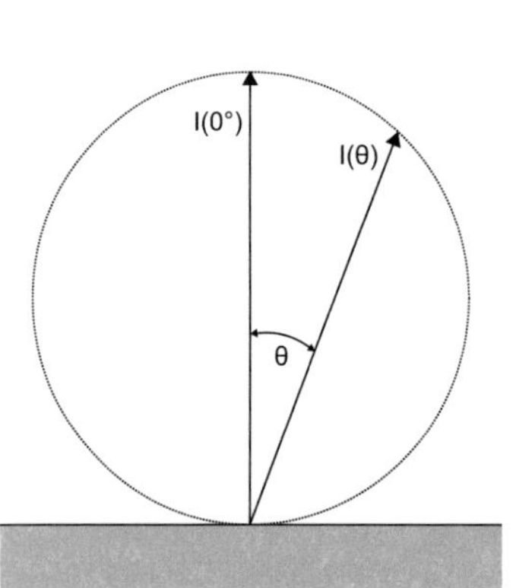

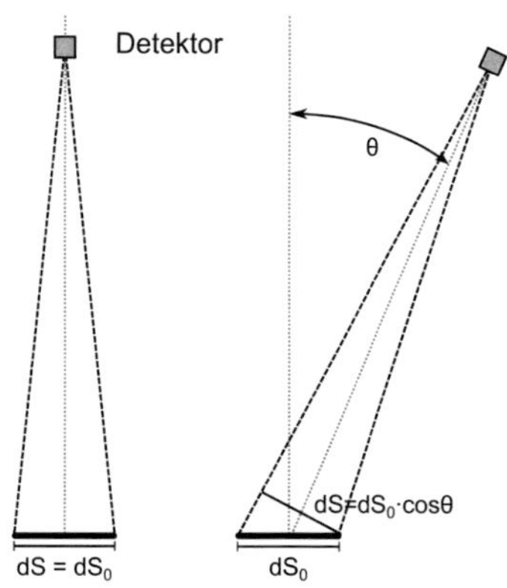

(a) Richtungsabhängigkeit der Strahlstärke

(b) Richtungsunabhängigkeit der erfassten Strahldichte

Abbildung A.7: Eigenschaften eines LAMBERTschen Strahlers

Eine Übersicht über den Zusammenhang der eingeführten Größen ist in Abb. A.8 gegeben.

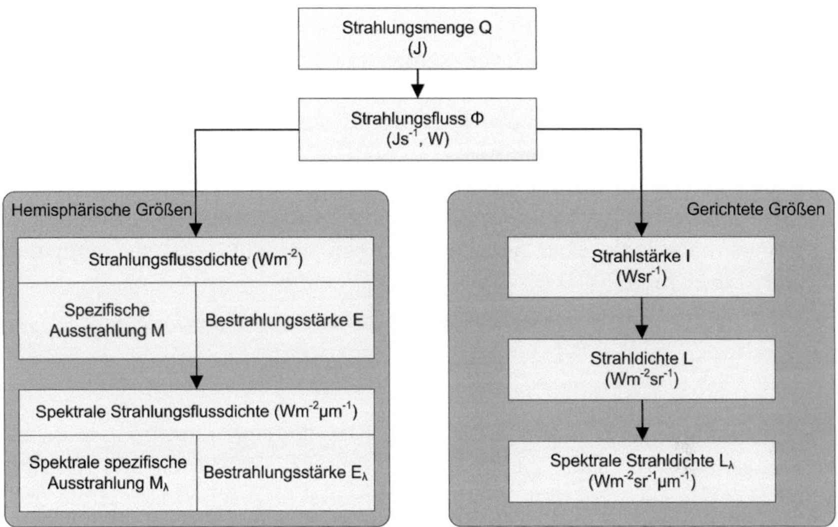

Abbildung A.8: Beziehungen zwischen den strahlungsphysikalischen Größen [69]

A.2.2 Wechselwirkungen von Strahlung mit Materie

In Abschnitt A.2.2 werden zunächst strahlungsphysikalische Größen definiert. Anschließend wird auf die Transmission (Abschnitt A.2.2)sowie die Emission und Absorption (Abschnitt A.2.2) elektromagnetischer Strahlung eingegangen. Abschnitt A.2.2 behandelt die Streuung elektromagnetischer Strahlung. Bei der Erstellung von Abschnitt A.2.2 wurde u. a. auf Literatur von [9, 33, 58] zurückgegriffen, die auch für weiterführende Informationen empfohlen werden.

Strahlungsphysikalische Größen

Jeder Körper sendet bei jeder Temperatur (und zu jedem Zeitpunkt) elektromagnetische Strahlung in allen Wellenlängen aus. Es handelt sich hierbei um eine inhärente Eigenschaft von Körpern und liegt nicht in einer externen Strahlungsquelle begründet. Nach dem Energieerhaltungssatz kühlt sich ein Körper durch die Emission von Strahlung ab. Abhängig von der Temperatur des Körpers ändert sich die abgegebene Strahlungsintensität und deren spektrale Verteilung. Die maximale spektrale Strahldichte $L_\lambda\,(\lambda, T)$ kann für einen Körper der Temperatur T im thermischen Gleichgewicht mit seiner Umgebung mittels einer spektralen Verteilungsfunktion, dem PLANCKschen Strahlungsgesetz, bestimmt werden (Abb. A.9 und Gleichung (A.34)). Eine idealisierte Strahlungsquelle, welche diesen Maximalwert der Strahldichte richtungsunabhängig über alle Wellenlängen erreicht, wird als *schwarzer Körper*[1] bezeichnet.

$$L_\lambda^S\,(\lambda, T) = \frac{2hc_0^2}{\lambda^5} \frac{1}{\exp\left(\frac{hc_0}{\lambda k_B T}\right) - 1} \tag{A.34}$$

Die Konstante h mit dem Wert $6.625 \cdot 10^{-34}$ J s ist das sogenannte PLANCKsche Wirkungsquantum. Der Wert der BOLTZMANN-Konstanten k_B beträgt $1.38 \cdot 10^{-23}$ J/K. Die über den gesamten Halbraum abgegebene spektrale spezifische Ausstrahlung eines schwarzen Körpers ist bei vorausgesetzter Richtungsunabhängigkeit der Strahldichte nach Gleichung (A.33) die Strahldichte multipliziert mit π.

$$M_\lambda^S\,(\lambda, T) = \frac{2\pi hc_0^2}{\lambda^5} \frac{1}{\exp\left(\frac{hc_0}{\lambda k_B T}\right) - 1} \tag{A.35}$$

Das PLANCKsche Strahlungsgesetz kann für hohe Wellenlängen $\frac{hc}{\lambda} \ll k_B T$ mit dem Gesetz von RAYLEIGH-JEANS approximiert werden (A.36). Für den kurzwelligen Bereich liefert das WIENsche Strahlungsgesetz (A.37) gute Näherungswerte.

$$M_{\lambda,\text{Rayleigh-Jeans}}^S\,(\lambda, T) = \frac{2\pi c_0 k_B T}{\lambda^4} \tag{A.36}$$

$$M_{\lambda,\text{Wien}}^S\,(\lambda, T) = \frac{2\pi hc^2}{\lambda^5} \frac{1}{\exp\left(\frac{hc}{\lambda k_B T}\right)} \tag{A.37}$$

Durch Integration von Gleichung (A.35) über der Wellenlänge ergibt sich das STEFAN-BOLTZMANN-Gesetz

$$M^S(T) = \int_0^\infty M_\lambda^S\,(\lambda, T)\,d\lambda = \sigma T^4 \tag{A.38}$$

mit der STEFAN-BOLTZMANN-Konstanten σ ($5.67\ \mathrm{W\,m^{-2}\,K^{-4}}$). Die spezifische Ausstrahlung eines schwarzen Körpers ist daher proportional zur vierten

---

[1] Im Folgenden werden alle Größe, die sich auf einen schwarzen Körper beziehen, mit einem hochgestellten *S* gekennzeichnet.

Ordnung seiner Temperatur. Die Wellenlänge $\lambda_{\max}$, bei welcher die PLANCK-Funktion maximal wird, lässt sich aus Gleichung (A.35) herleiten:

$$\lambda_{\max} = \frac{w}{T} \qquad (A.39)$$

Dieser Zusammenhang ist als WIENsches Verschiebungsgesetz bekannt. Die Konstante w ($2.898 \cdot 10^{-3}$ m K) wird als WIENsche Verschiebungskonstante bezeichnet. In Abb. A.9 ist die Planck-Funktion eines schwarzen Körpers bei unterschiedlichen Temperaturen dargestellt. Es zeigt sich, dass die integrale spezifische Ausstrahlung bei höheren Temperaturen zunimmt und sich das Maximum der Funktion in Richtung kürzerer Wellenlängen verschiebt. Erst ab Temperaturen um 1000 K beginnt ein größerer Anteil der Strahlung in den sichtbaren Teil zwischen 400 nm und 750 nm zu fallen. Ein Körper mit dieser Temperatur ist dann dunkelrot leuchtend sichtbar. Die Sonne kann näherungsweise als ein schwarzer Körper mit einer Temperatur von 6000 K betrachtet werden. Es ist zu erkennen, dass der größte Anteil der spezifischen Ausstrahlung der Sonne im Bereich des für den Menschen sichtbaren Spektrums emittiert wird.

Reale Körper besitzen eine geringere spektrale spezifische Ausstrahlung als ein schwarzer Körper. Der *Emissionsgrad* $\varepsilon(\lambda)$ spiegelt das Verhältnis der spektralen spezifischen Ausstrahlung eines realen Körpers zur spektralen spezifischen Ausstrahlung eines schwarzen Körpers bei gleicher Temperatur wider. Er kann daher Werte von 0 bis 1 annehmen.

$$\varepsilon(\lambda) = \frac{M_\lambda(\lambda)}{M_\lambda^S(\lambda)} \qquad (A.40)$$

Im thermischen Gleichgewicht muss gelten, dass die absorbierte Strahlung eines Körpers seiner emittierten Strahlung entspricht. Daraus folgt der als KIRCHHOFFsches Gesetz bekannte Zusammenhang

$$\alpha(\lambda) = \varepsilon(\lambda). \qquad (A.41)$$

Reale Körper absorbieren daher die auftreffende Strahlung auch nicht vollständig, sondern nur mit einem *Absorptionsgrad* $\alpha(\lambda) < 1$. Der nicht absorbierte Anteil der auftreffenden Strahlung wird reflektiert oder durch den Körper hindurch gelassen. Der *Reflexionsgrad* $\rho(\lambda)$ bestimmt den Anteil der einfallenden Strahlung, der an der Oberfläche reflektiert wird. Der *Transmissionsgrad* $\tau(\lambda)$ charakterisiert die Strahlung, die den Körper durchdringt. Festkörper absorbieren Strahlung bereits in einer sehr dünnen Schicht, daher ist

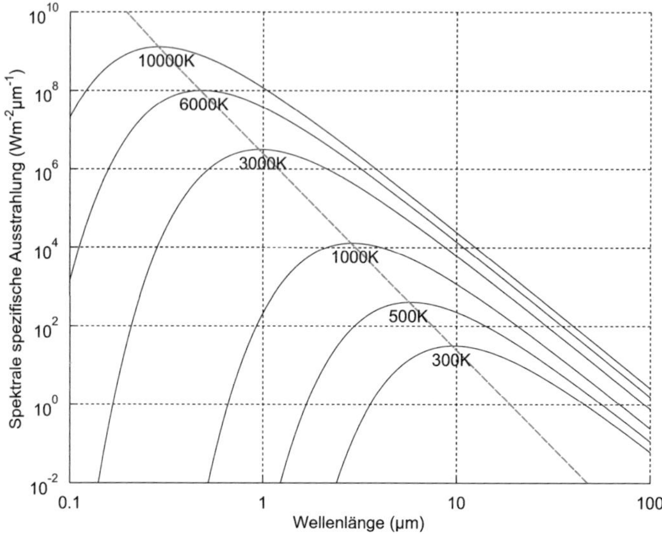

Abbildung A.9: Spektrale spezifische Ausstrahlung eines schwarzen Körpers bei verschiedenen Temperaturen in doppelt-logarithmischer Darstellung. Die jeweiligen Wellenlängen maximaler Ausstrahlung liegen auf der grau gestrichelten Linie.

der Transmissionsgrad bei Festkörpern meist zu vernachlässigen. Die Forderung nach Energieerhaltung bei der Wechselwirkung zwischen dem Körper und der einfallenden Strahlung führt zu Gleichung (A.42).

$$\alpha\,(\lambda) + \rho\,(\lambda) + \tau\,(\lambda) = 1 \tag{A.42}$$

Körper mit wellenlängenabhängigem Emissionsgrad $\varepsilon(\lambda)$ werden *selektive Strahler* genannt. Sie absorbieren und emittieren Strahlung nur in bestimmten Wellenlängenbereichen. Im Gegensatz dazu werden Körper mit wellenlängenunabhängigen Emissionsgrad $\varepsilon(\lambda) = \varepsilon = $ const. < 1 als *graue Körper* bezeichnet. Da bei einem grauen Körper der Emissionsgrad ε nicht von der Wellenlänge abhängt, hat die thermische Emission die gleiche spektrale Verteilung wie die eines schwarzen Strahlers, sie ist jedoch um den Faktor ε verringert. *Opake Körper* sind undurchsichtig. Auftreffende Strahlung wird von ihnen absorbiert oder reflektiert. Im Gegensatz dazu ist ein *transparenter Körper* durchlässig für Strahlung aller Wellenlängen. Seine Temperatur

Strahlungsquellentyp	Emissionsgrad	Reflexionsgrad	Transmissionsgrad
Schwarzer Körper	$\varepsilon = 1$	$\rho = 0$	$\tau = 0$
Grauer Körper	$\varepsilon = \text{const.} < 1$	-	-
Weißer Körper	$\varepsilon = 0$	-	-
Selektiver Strahler	$\varepsilon(\lambda) \leq 1$	-	-
Opaker Körper	-	-	$\tau = 0$
Transparenter Körper	$\varepsilon = 0$	$\rho = 0$	$\tau = 1$
Idealer Spiegel	$\varepsilon = 0$	$\rho = 1$	$\tau = 0$

Tabelle A.1: Definition von Strahlungsquellentypen

ist strahlungsphysikalisch nicht messbar, da keine Eigenemission statt findet. Das gleiche gilt für einen *idealen Spiegel*. Er reflektiert die auftreffende Strahlung vollständig. In Tabelle A.1 ist eine Übersicht über die beschriebenen Strahlungsquellentypen gegeben.

Transmission

Neben des Strahlungsverhaltens an Oberflächen/Grenzflächen zweier Medien ist auch eine Beschreibung des Strahlungsverhaltens innerhalb eines Mediums, insbesondere bei nicht-opaken Medien wie Gasen und Flüssigkeiten, von Interesse. So hat die Übertragungsstrecke zumeist einen nicht unerheblichen Einfluss auf die Strahlungsmessung, da sich bei praktischen Anwendungen nur in seltenen Fällen ein Vakuum zwischen Sender und Empfänger befindet. Je nach Konzentration und Zusammensetzung des Mediums aus Molekülen[2] und Partikeln können Absorptions-/Emissions- und Streuungseffekte das vom Detektor empfangene Spektrum unterschiedlich stark beeinflussen. Die ganzheitliche Untersuchung der strahlungsphysikalischen Eigenschaften eines Systems verlangt daher auch die Berücksichtigung der Wechselwirkungen elektromagnetischer Strahlung mit Molekülen und Partikeln auf der Übertragungsstrecke zwischen Strahlungsquelle und Detektor. Zunächst soll das Transmissionsverhalten von Strahlung in einem Medium allgemein betrachtet werden. Im Anschluss daran werden die einzelnen Effekte auf molekularer Ebene genauer dargestellt. Aufgrund der Komplexität dieses Themas wird hier nur in dem Maße darauf eingegangen, wie es für das Verständnis der vorliegenden Arbeit notwendig ist.

Strahlung, die ein Medium durchquert, erfährt entlang ihres Weges eine kontinuierliche Abschwächung (Extinktion) in Folge von Absorption- sowie Streuungseffekten. Diese ist von Eigenschaften des Mediums, aber auch

---

[2] Mit Molekülen sind auch bindungsfreie Atome gemeint

von der Wellenlänge der Strahlung abhängig. Die Abnahme der Strahlstärke entlang eines Streckenteils $\mathrm{d}x$ lässt sich mit Hilfe von Gleichung (A.43) ermitteln.

$$\mathrm{d}I(\lambda, x) = -I(\lambda, 0)\kappa(\lambda, x)\mathrm{d}x \tag{A.43}$$

Die einzelnen Effekte, die zur Abschwächung führen, werden im Extinktionskoeffizienten $\kappa(\lambda)$ (alternativ: K) mit der Einheit m^{-1} berücksichtigt. Der Extinktionskoeffizient κ ist die Summe aus dem Absorptionskoeffizienten α, der die Absorptionseigenschaften des Mediums widerspiegelt, und dem Streukoeffizienten β, der das Streuungsverhalten charakterisiert.[3]

$$\kappa(\lambda) = \alpha(\lambda) + \beta(\lambda) \tag{A.44}$$

Mittels Integration von Gleichung (A.43) und unter Annahme eines homogenen Mediums ergibt sich Gleichung (A.45), die auch als LAMBERT-BEERsches Gesetz bekannt ist.

$$I(\lambda, x) = I(\lambda, 0)\exp\left(-\kappa(\lambda)x\right) \tag{A.45}$$

Nach einer Strecke von $1/\kappa$, die auch als Absorptionslänge bezeichnet wird, besitzt die Strahlstärke nur noch den Anteil $1/e$ ihres Ausgangswertes. Moleküle weisen eine sehr charakteristische Wellenlängenabhängigkeit ihrer Extinktion auf. Bei Mehrstoffgemischen lässt sich daher die Extinktion in bestimmten Wellenlängenbereichen meist auf das strahlungsphysikalische Verhalten einzelner Stoffe zurückführen. Dadurch ist es über optische Messungen prinzipiell möglich, Stoffe zu identifizieren bzw. deren Konzentration in Gemischen zu ermitteln. Das Verhältnis von durchgelassener (transmittierter) Strahlung zur Eingangsstrahlung wird analog zum vorangegangenen Abschnitt als Transmissionsgrad τ bezeichnet.[4]

$$\tau(x, \lambda) = \frac{I(\lambda, x)}{I(\lambda, 0)} = \exp\left(-\kappa(\lambda)x\right) \tag{A.46}$$

Der Wirkungsquerschnitt σ ist ein Maß für die Wahrscheinlichkeit einer Interaktion zwischen einer elektromagnetischen Welle/Photon und einem Partikel oder Molekül. Er ist definiert als der Quotient aus beeinflusstem/reagiertem Strahlungsfluss ϕ zum einfallenden Strahlungsfluss ϕ_0 multipliziert mit der geometrischen Querschnittsfläche πr^2 des Moleküls/Partikels.

$$\sigma = \frac{\phi}{\phi_0}\pi r^2 \tag{A.47}$$

---

[3] Da in einigen Fällen Streueffekte vernachlässigbar sind, wird in der Literatur teilweise der Extinktionskoeffizient auch als Absorptionskoeffizient bezeichnet.

[4] Hier stellt der Transmissionsgrad keine Eigenschaft der Oberfläche dar, sondern ist auf ein Medium/Körper/Volumen bezogen und daher von der Wegstrecke x durch das Medium abhängig.

Wird die einfallende Strahlung vollständig absorbiert oder gestreut, dann entspricht der Wirkungsquerschnitt der geometrischen Querschnittsfläche ($\sigma = \pi r^2$). Üblicherweise ist der Wirkungsquerschnitt aber viel kleiner als der geometrische Querschnitt. Mit Hilfe der Teilchenanzahldichte N im Medium lässt sich aus dem Wirkungsquerschnitt wiederum der Extinktionskoeffizient κ bestimmen.

$$\kappa = N\sigma \tag{A.48}$$

Der Wirkungsquerschnitt lässt sich daher entsprechend Gleichung (A.44) auch als Summe aus Absorptionsquerschnitt σ_A und Streuquerschnitt σ_S schreiben.

$$\sigma = \sigma_A + \sigma_S \tag{A.49}$$

Die in diesem Abschnitt vorgestellten Gleichungen stellen eher makroskopische Beschreibungen für das Transmissionsverhalten elektromagnetischer Strahlung in einem Medium dar. In den nächsten Abschnitten werden die zugrunde liegenden molekularen Prozesse, die zur Extinktion führen, näher beschrieben.

Emission und Absorption

Absorption ist die Umwandlung von Strahlungsenergie in andere Energieformen. Es handelt sich dabei um den inversen Prozess zur Emission, bei dem elektromagnetische Strahlung erzeugt wird. Beide Prozesse können daher nicht getrennt voneinander betrachtet werden. Elektromagnetische Strahlung wird bei allen Vorgängen erzeugt bzw. vernichtet, bei denen elektrische Ladungen beschleunigt bzw. abgebremst werden. Die Betrachtung eines Moleküls als quantenmechanisches Systems führt dazu, dass Energien und Energieübergänge nur in diskreten (gequantelten) Werten existieren.

Eine Möglichkeit bei der Emission und Absorption von Strahlung in einem Molekül erfolgen kann, sind *Elektronenübergänge* der Valenzelektronen nach dem BOHRschen Atommodell. Beim Auftreffen von elektromagnetischer Strahlung bzw. eines Photons, dessen Energie nach $E = h\nu$ genau dem Energiebetrag entspricht, um ein Elektron in eine höhere Schale anzuheben, kommt es zur Absorption. Umgekehrt kann elektromagnetische Strahlung emittiert werden, wenn ein Elektron aus einer höheren/angeregten Schale in eine Schale mit niedrigerem Energieniveau zurückfällt. Die Energie des emittierten Photons entspricht wiederum der Differenz der Energieniveaus im Molekül. Elektronenübergänge benötigen vergleichsweise viel Energie. Zur

Anregung von Valenzelektronen sind Photonen mit Wellenlängen, die sich im visuellen und UV-Bereich befinden, notwendig.

Weniger Energie als Elektronenübergänge erfordern Änderungen des Schwingungs-/Vibrationszustands eines Moleküls. Ein Molekül kann als quantenmechanischer Oszillator betrachtet werden, der unter Anregung von Resonanzfrequenzen in Schwingungen versetzt werden kann. Damit das Molekül dabei elektromagnetische Strahlung emittiert, ist ein elektrisches Dipolmoment Voraussetzung[5]. Anregungen der Vibrationszustände erfordern Energien, die Photonen mit einer Wellenlänge im infraroten Bereich entsprechen. Moleküle, die aufgrund ihres permanenten Dipolmoments bei Änderungen ihres Vibrations-Energieniveaus Strahlung absorbieren und emittieren, werden daher IR-aktiv genannt. Alle anderen Moleküle werden als IR-inaktiv bezeichnet.

Vibrationsübergänge sind dicht verzahnt mit sogenannten Rotationsübergängen in Molekülen. Bei einem Rotationsübergang handelt es sich um eine Veränderung des Drehimpulses (der Rotationsenergie). Dieser kann wie bei allen anderen Energieübergängen wiederum nur in bestimmten diskreten Werten erfolgen. Jede Änderung des Vibrationszustands wird von einer Änderung des Rotationsenergieniveaus begleitet. Aufgrund dessen werden die gemessenen Absorptionsspektren auch als Vibrations-Rotationsspektren bezeichnet. Energien, die zur Änderung des Rotationsenergieniveaus benötigt werden, sind vergleichsweise gering (Faktor 1/1000 zu Vibrationsübergängen).

Insgesamt betrachtet hat jedes Molekül ein spezifisches Absorptionsspektrum. Dabei handelt es sich um Wellenlängen, bei denen das Molekül aufgrund seiner Struktur Photonen absorbieren und emittieren kann (vgl. selektiver Strahler). Das Absorptionsspektrum im Infrarot-Bereich eines Moleküls setzt sich aus mehreren Spektralbereichen hoher Absorption, verursacht durch Vibrationsübergänge und den umgebenden Rotationsübergängen, zusammen. Im visuellen Bereich können gegebenenfalls auch Spektralbereiche hoher Absorption aufgrund von Elektronenübergängen beobachtet werden. In der Spektroskopie werden sich die spezifischen Absorptionsspektren

---

[5] Bei einem elektrischen Dipolmoment handelt es sich um eine räumliche Ladungstrennung. Dies ist bei einem Molekül der Fall, wenn der Schwerpunkt der negativen nicht dem Schwerpunkt der positiven Ladungen entspricht. Sogenannte polare Moleküle, wie z. B. H_2O und CO_2, besitzen ein permanentes Dipolmoment. Im Gegensatz dazu besitzen homonukleare Moleküle wie O_2 oder N_2 kein permanentes Dipolmoment und können (falls kein Dipolmoment induziert wird) nur in unerheblichem Maße bei Vibrationsübergängen elektromagnetische Strahlung emittieren und absorbieren.

zu Nutze gemacht, um z. B. Materialien zu identifizieren. Durch den Dopplereffekt und Stöße von Molekülen untereinander werden die scharfen Absorptionslinien bei der Betrachtung von Gasen in die Breite gezogen. Mehrere Absorptionslinien können dann zusammengefasst und als Bande betrachtet werden. Bei flüssigen und festen Materialien dominieren die intermolekularen Kräfte, wodurch deren Absorptionsspektren kaum noch Ähnlichkeit zum gasförmigen Material besitzen. Sie besitzen ein kontinuierliches Absorptionsspektrum und können gegebenenfalls näherungsweise als graue oder schwarze Strahler betrachtet werden.

Die Simulation des Emissions-/Absorptionsverhalten bestimmter Materialien unter gegebener Temperatur, Druck und Dichte entlang einer Wegstrecke kann auf Basis spektroskopischer Datenbanken erfolgen. Die bekannteste Vertreter ist die Datenbank HITRAN (High Resolution Transmission) [95].

Streuung

Streuung bedeutet die Ablenkung der einfallenden elektromagnetischen Strahlung an einem Molekül oder Partikel. Im Gegensatz zur Absorption, bei der Strahlung in andere Energieformen umgewandelt wird, geht gestreute Strahlung nicht verloren.[6] Durch Mehrfachstreuung ist es auch möglich, dass ein gestreutes Photon wieder in seine ursprüngliche Richtung eintritt. Dennoch ist die am Detektor empfangene Strahldichte aufgrund der Streueffekte auf der Übertragungsstrecke reduziert. Analog zur Absorption der Strahlung lässt sich daher auch die Abschwächung der Strahlung durch Streuung beschreiben.

$$I_\lambda(x) = I_\lambda(0) \exp\left(-\beta(\lambda)\,x\right) \tag{A.50}$$

Der Streuquerschnitt σ_S eines Partikels oder Moleküls mit der geometrischen Querschnittsfläche πr^2 spiegelt das Verhältnis von gestreutem Strahlungsfluss zu einfallendem Strahlungsfluss wider und ist wie folgt definiert [58]:

$$\sigma_S = \frac{\phi_S}{\phi_0}\pi r^2 \tag{A.51}$$

---

[6] Hier wird von sogenannter elastischer Streuung ausgegangen, d. h. die Energie des auftreffenden Photons ist gleich der des gestreuten Photons. Bei inelastischer Streuung (Raman-Streuung, Compton-Streuung) wird ein Teil der vorhandenen Strahlungsenergie an das Molekül abgegeben. Das gestreute Photon hat anschließend eine geringere Energie und damit eine größere Wellenlänge. Inelastische Streuung tritt jedoch sehr viel seltener auf und wird daher hier nicht weiter berücksichtigt.

Ist die Teilchendichte ρ (Anzahl Teilchen pro Einheitsvolumen) bekannt, so lässt sich der Streukoeffizient β aus dem Streuquerschnitt σ_S bestimmen:

$$\beta = N\sigma_S \tag{A.52}$$

Abhängig von der Wellenlänge und der Größe der Moleküle bzw. Partikel können unterschiedliche Streuungseffekte auftreten, die im Folgenden beschrieben werden.

Rayleigh-Streuung Das Streuungsverhalten elektromagnetischer Strahlung an Molekülen und Partikeln, deren geometrischer Umfang sehr klein im Verhältnis zur Wellenlänge der Strahlung ist ($2\pi r \ll \lambda$), wird als RAYLEIGH-Streuung bezeichnet. RAYLEIGH zeigte 1871, dass die Intensität der gestreuten Strahlung I_S in diesem Fall proportional zu λ^{-4} ist. Die hohe Wellenlängenabhängigkeit bewirkt, dass langwellige Strahlung deutlich weniger gestreut wird als kurzwellige (Eine Verdopplung der Wellenlänge führt zu einer 16× so hohen RAYLEIGH-Streuung). Durch diese Eigenschaft lässt sich auch die Blaufärbung des Himmels erklären. Das kurzwelligere blaue Licht wird in der Atmosphäre stärker gestreut als die anderen Bestandteile des Sonnenlichts, was dazu führt, dass der Himmel außer im Bereich der direkten Sonneneinstrahlung durch die RAYLEIGH-Streuung blau erscheint. Die Berechnung des Streuquerschnitts für die RAYLEIGH-Streuung zeigt Gleichung (A.53).

$$\sigma_S = \frac{128\pi^5}{3}\frac{r^6}{\lambda^4}\left(\frac{n^2-1}{n^2+2}\right)^2 \tag{A.53}$$

n ist der Brechungsindex des Mediums. Diese beträgt im Vakuum genau 1, für Luft gilt ein Brechungsindex von ≈ 1.0003.

Mie-Streuung Mit Hilfe der MIE-Theorie lässt sich die Streuung an sphärischen Partikeln, deren Umfang in der Größenordnung der Wellenlänge liegt, berechnen. Während RAYLEIGH-Streuung eine näherungsweise isotrope Streuung ist (d. h. die Streuung ist in alle Winkel konstant), ist die Intensität der gestreuten Strahlung bei der MIE-Streuung stark winkelabhängig. Mit steigender Teilchengröße nimmt die Streuung in Vorwärtsrichtung stärker zu als in Rückwärtsrichtung. Den höchsten Streuquerschnitt hat ein Partikel mit der gleichen Größe der Wellenlänge. Die Streuung nimmt mit sinkender Wellenlänge auch zu. Die Wellenlängenabhängigkeit ist jedoch geringer als bei der RAYLEIGH-Streuung. So wird Sonnenlicht an Wassertropfen in Wolken, deren Größe vergleichbar zur Wellenlänge der einfallenden Strahlung ist, im visuellen Spektrum annähernd wellenlängenunabhängig gestreut. Aufgrund dessen erscheinen uns Wolken weiß. Die Berechnung der MIE-Streuung ist sehr komplex und lässt sich z. B. in [10] nachlesen.

Für Partikel, deren Umfang viel größer als die Wellenlänge der einfallenden Strahlung ist ($2\pi r \gg \lambda$), gelten bei der Berechnung von Streuungseigenschaften die Gesetze der geometrischen Optik .

Symbolverzeichnis

α	Absorptionsgrad
α_{FA}	Auslenkung des Feststoffaustrags
β	Füllwinkel
β_{Ks}	Füllwinkel eines Kreissegments
δ	Delta-Distribution
δ_{FA}	Öffnungswinkel des Feststoffaustrags
Γ	Menge der Kantenpunkte
$\gamma_1, \dots \gamma_3$	Gewichtungsfaktoren
κ	Absorptionskoeffizient
$\kappa_{\text{Ruß}}$	Absorptionskoeffizient von Ruß
λ	Wellenlänge [µm]
$\mathbf{x}$	Zweidimensionale Koordinaten in einem Bild (dreidimensional bei mehrkanaligen Bildern)
μ	mittlerer Intensitätswert
ν	Frequenz
Ω	Definitionsbereich eines Bildes; in Abschnitt 2.3 und Abschnitt A.2 Raumwinkel
$\Omega_{\text{FA},1}$	Ergebnisregion der intensitätsbasierten Segmentierung des Feststoffaustrags
$\Omega_{\text{FA},2}$	Ergebnisregion der dynamikbasierten Segmentierung des Feststoffaustrags
Ω_{FA}	Ergebnisregion der Segmentierung des Feststoffaustrags
Ω_{Fb}	Region des Feststoffbetts
Ω_{Fehler}	Region des Fehlers
Ω_{G}	Segmentierte Gebinderegion
Ω_{Ks}	Region des Kreissegments
$\Omega_{\text{P},1}$	Region der Hauptbrennzone zur Abschätzung der Partikelkonzentration

$\Omega_{P,2}$	Referenzregion zur Abschätzung der Partikelkonzentration
$\Omega_{ROI,FA}$	ROI zur Segmentierung des Feststoffaustrags
$\Omega_{T,ROI}$	ROI des transformierten Bildbereichs
Ω_T	Transformierter Bildbereich
$\Omega_{UB,1}$	Region in Zwischenschritt zur Segmentierung ungezündeten Brennstoffs
$\Omega_{UB,ROI}$	ROI für die Segmentierung ungezündeten Brennstoffs
$\overline{y}_{UB}$	Mittlere y-Positionen des ungezündeten Brennstoffs
Φ	Strahlungsfluss
ϕ	Level-Set-Funktion
ψ	Level-Set-Funktion basierend auf Formvorwissen
ρ	Reflexionsgrad; in Abschnitt 2.2 Partikeldichte
ρ_O	Reflexionsgrad des untersuchten Objekts
σ	Wirkungsquerschnitt; in Abschnitt A.2 STEFAN-BOLTZMANN-Konstante
σ_A	Absorptionsquerschnitt
σ_S	Streuquerschnitt
τ_F	Gefilterter spektraler Transmissionsgrad
$\tilde{\nu}$	Wellenzahl
ε	Emissionsgrad
ε_O	Emissionsgrad des untersuchten Objekts
ε_U	Emissionsgrad der Umgebung
$\mathbf{\Theta}$	Hilfsvektor zur Bestimmung der Koordinaten einer Anbackung
$\mathbf{A}$	Hilfsmatrix zur Bestimmung der Koordinaten einer Anbackung
$\mathbf{a}$	Hilfsvektor zur Bestimmung der Koordinaten einer Anbackung
$\mathbf{b}$	Hilfsvektor zur Bestimmung der Koordinaten einer Anbackung
$\mathbf{p}_k$	Bildkoordinaten einer Anbackung
ξ	Dynamischer Schüttwinkel
ξ_{Flamme}	Raumwinkel der Flamme
ξ_{Ks}	Schüttwinkel eines Kreissegments

a	Position der Formvorgabe in x-Richtung; in Abschnitt 2.2 beliebige Konstante
A_{FA}	Fläche des Feststoffaustrags
A_{G}	Fläche des Gebindes
A_K	Kalottenfläche
$b_{\mathrm{Fehler}}(\mathbf{x})$	Binärbild des Fehlers
b_{UB}	Binärbild in Zwischenschritt zur Segmentierung ungezündeten Brennstoffs
c	Partikelkonzentration
c_0	Lichtgeschwindigkeit
$c_{\mathrm{Ruß}}$	Partikelkonzentration von Ruß
d_{Bild}	Bildweite
d_{Flamme}	Abstand Flamme zum Feststoffbett
d_{Kamera}	Abstand Kamera zum Drehrohrende
E	Bestrahlungsstärke
$E_{\mathrm{A,geom}}$	Geometrisches Gütefunktional zur Bestimmung der Parameter einer Anbackung
E_{A}	Algebraisches Gütefunktional zur Bestimmung der Parameter einer Anbackung
E_{CV}	CHAN-VESE-Energiefunktional
E_{Form}	Energiefunktional basierend auf Formvorwissen
E_{ges}	Gemessene Gesamtstrahlung eines Objekts
E_{MS}	MUMFORD-SHAH-Energiefunktional
f	Funktion; in Abschnitt 1.2.1 Füllgrad
g	Intensitätswert eines Bildes
g_{diff}	Differenzbild
g_{T}	Transformiertes Intensitätsbild
g_x	Gradient eines Bildes in horizontaler Richtung
g_y	Gradient eines Bildes in vertikaler Richtung
g_{min}	Ergebnisbild nach einer Minimumfilterung
H	Heaviside-Funktion
h_{A}	Höhe einer Anbackung
h_{Fb}	Füllhöhe des Feststoffbetts
I	Strahlstärke
J_W	Strukturtensor

K	Spezifischer Absorptionskoeffizient
k	Absorptionskoeffizient eines Teilchens
k_{TP}	Faktor für Tiefpassfilter
L	Strahldichte
L^S	Strahldichte eines schwarzen Körpers
l_{Drehrohr}	Länge des Drehrohrs
M	Spezifische Ausstrahlung
m	Steigung in Geradengleichung
M^S	Spezifische Ausstrahlung eines schwarzen Körpers
M_O	Spezifische Ausstrahlung des untersuchten Objekts
M_U	Spezifische Ausstrahlung der Umgebung
m_x	x-Wert des Mittelpunkts einer Kreisbewegung
m_y	y-Wert des Mittelpunkts einer Kreisbewegung
N	Teilchenanzahldichte
n	Brechungsindex
n	y-Achsenabschnitt in Geradengleichung
n_{Kreise}	Anzahl Kreise im Originalbild
N_{min}	Anzahl Bilder für eine Minimumfilterung
n_{Winkel}	Anzahl Winkelpositionen auf Kreisen im Originalbild
N_B	Anzahl Bilder
N_F	Filterlänge
N_p	Anzahl aller detektierten Positionen einer Anbackung
N_R	Anzahl Bildregionen
Q	Strahlungsmenge
r	Radius
r_A	Radius der durch den höchsten Punkt einer Anbackung beschriebenen Kreisbahn
r_{Drehrohr}	Innenradius Drehrohr
R_{FA}	Austrittsrate des Feststoffs
r_{Flamme}	Radius der Flamme
$r_{\text{KR,außen}}$	Außenradius eines Kreisrings
$r_{\text{KR,innen}}$	Innenradius eines Kreisrings
r_a	Radius des unteren Drehrohrendes in Bildkoordinaten
r_F	Größe der Filtermaske

r_i	Radius des oberen Drehrohrendes in Bildkoordinaten
$s_{FA,1}$	Schwellwert zur Segmentierung des Feststoffaustrags auf Basis der Intensität
$s_{FA,2}$	Schwellwert zur Segmentierung des Feststoffaustrags auf Basis der Dynamik
$s_{G,m}$	Schwellwert m zur Segmentierung von Gebinden
T	Temperatur
t	Zeit
T_{FA}	Mittlere Temperatur des Feststoffaustrags
T_{Mess}	Gemessene Temperatur
T_O	Temperatur des untersuchten Objekts
T_U	Temperatur der Umgebung
t_k	Abtastzeitpunkt
u	stückweise glatte Funktion zur Approximation von g
$u_{Fb,TP}$	Tiefpassgefilterte Geschwindigkeitskomponente
v	Geschwindigkeit zur Modifikation der Level-Set-Funktion
W	Fensterfunktion für Strukturtensor
w	Breite der Formvorgabe; in Abschnitt A.2 WIENsche Verschiebungskonstante
x_{LO}	Horizontale Position des linken oberen Randbildpunkts der Region des Feststoffaustrags
$x_{m,a}$	x-Wert des Mittelpunkts des Drehrohrendes in Bildkoordinaten
$x_{m,i}$	x-Wert des Mittelpunkts des Drehrohranfangs in Bildkoordinaten
x_{OR}	Horizontale Position des oberen rechten Randbildpunkts der Region des Feststoffaustrags
x_{SP}	Horizontale Position des Schwerpunkts der Region des Feststoffaustrags
y_G	Vertikale Position des Gebindes
$y_{m,a}$	y-Wert des Mittelpunkts des Drehrohrendes in Bildkoordinaten
$y_{m,i}$	y-Wert des Mittelpunkts des Drehrohranfangs in Bildkoordinaten
z	Tiefe im Drehrohr (vom unteren Drehrohrende aus betrachtet)

Literaturverzeichnis

[1] ALSHUT, R.; MIKUT, R.; LEGRADI, J.; LIEBEL, U.; STRÄHLE, U.; BRETTHAUER, G.; REISCHL, M.: Automatische Klassifikation von Bildzeitreihen für toxikologische Hochdurchsatz-Untersuchungen. *at-Automatisierungstechnik* 59 (2011) 5, S. 259–268.

[2] ARANSON, I.; TSIMRING, L.: Dynamics of Axial Separation in Long Rotating Drums. *Physical Review Letters* 82 (1999) 23, S. 4643–4646.

[3] ARFKEN, G. B.; WEBER, H. J.; HARRIS, F. E.: *Mathematical Methods for Physicists, Sixth Edition: A Comprehensive Guide*. Academic Press, 6. Aufl., 2005.

[4] BAHLMANN, C.; ZHU, Y.; RAMESH, V.; PELLKOFER, M.; KOEHLER, T.: A System for Traffic Sign Detection, Tracking and Recognition using Color, Shape, and Motion Information. In: *IEEE Intelligent Vehicles Symposium, 2005. Proceedings.*, S. 255–260, 2005.

[5] BAKER, S.; SCHARSTEIN, D.; LEWIS, J.; ROTH, S.; BLACK, M.; SZELISKI, R.: A Database and Evaluation Methodology for Optical Flow. *International Journal of Computer Vision* 92 (2011), S. 1–31, 10.1007/s11263-010-0390-2.

[6] BHAN, R.; SAXENA, R.; JALWANI, C.; LOMASH, S.: Uncooled Infrared Microbolometer Arrays and their Characterisation Techniques. *Defence Science Journal* 59 (2009) 6, S. 580–589.

[7] BISHOP, C.: *Pattern Recognition and Machine Learning*, Bd. 2. Springer, 2007.

[8] BOATENG, A. A.: *Rotary Kilns: Transport Phenomena and Transport Processes*, Bd. 1. Butterworth-Heinemann, 2008.

[9] BOHREN, C. F.; CLOTHIAUX, E. E.: *Fundamentals of Atmospheric Radiation*. Wiley-VCH, 2006.

[10] BOHREN, C. F.; HUFFMAN, D. R.: *Absorption and Scattering of Light by Small Particles*. John Wiley & Sons, 1998.

[11] BROX, T.: *From Pixels to Regions: Partial Differential Equations in Image Analysis.* Phd thesis, Faculty of Mathematics and Computer Science, Saarland University, Germany, 2005.

[12] BROX, T.; BRUHN, A.; PAPENBERG, N.; WEICKERT, J.: High Accuracy Optical Flow Estimation Based on a Theory for Warping. In: *Computer Vision - ECCV 2004*, Bd. 3024 von *Lecture Notes in Computer Science*, S. 25–36, Springer, 2004.

[13] BROX, T.; CREMERS, D.: On Local Region Models and a Statistical Interpretation of the Piecewise Smooth Mumford-Shah Functional. *Int. J. Comput. Vision* 84 (2009) 2, S. 184–193.

[14] BROX, T.; WEICKERT, J.; BURGETH, B.; MRÁZEK, P.: Nonlinear Structure Tensors. *Image and Vision Computing* 24 (2006) 1, S. 41–55.

[15] BRUHN, A.; WEICKERT, J.; SCHNÖRR, C.: Lucas/Kanade meets Horn/Schunck: combining local and global optic flow methods. *Int. J. Comput. Vision* 61 (2005) 3, S. 211–231.

[16] DU BUF, J.; KARDAN, M.; SPANN, M.: Texture Feature Performance for Image Segmentation. *Pattern Recognition* 23 (1990) 3-4, S. 291–309.

[17] BUS ZINKRECYCLING FREIBERG GMBH: Nachhaltige Entwicklung am Standort Freiberg: Firmeninformation. 2000.

[18] CANADELL, J. G.; LE QUÉRÉ, C.; RAUPACH, M. R.; FIELD, C. B.; BUITENHUIS, E. T.; CIAIS, P.; CONWAY, T. J.; GILLETT, N. P.; HOUGHTON, R. A.; MARLAND, G.: Contributions to Accelerating Atmospheric $CO2$ Growth from Economic Activity, Carbon Intensity, and Efficiency of Natural Sinks. *Proceedings of the National Academy of Sciences* 104 (2007) 47, S. 18866–18870.

[19] CHAN, T.; ESEDOGLU, S.; NIKOLOVA, M.: Algorithms for Finding Global Minimizers of Image Segmentation and Denoising Models. *SIAM Journal on Applied Mathematics* 66 (2006) 5, S. 1632–1648.

[20] CHAN, T.; VESE, L.: An Active Contour Model without Edges. In: *Scale-Space Theories in Computer Vision*, Bd. 1682 von *Lecture Notes in Computer Science*, S. 141–151, Springer, 1999.

[21] CHAN, T.; VESE, L.: A Level Set Algorithm for Minimizing the Mumford-Shah Functional in Image Processing. In: *IEEE Workshop on Variational and Level Set Methods in Computer Vision*, S. 161–168, 2001.

[22] CHAN, T.; ZHU, W.: Level Set Based Shape Prior Segmentation. In: *Proceedings of the 2005 IEEE Computer Society Conference on Computer Vision and Pattern Recognition (CVPR'05)*, Bd. 2., S. 1164–1170, IEEE Computer Society, 2005.

[23] CHAN, T. F.; SANDBERG, B. Y.; VESE, L. A.: Active Contours without Edges for Vector-Valued Images. *Journal of Visual Communication and Image Representation* 11 (2000) 2, S. 130–141.

[24] CHANG, K.; BOWYER, K.; SIVAGURUNATH, M.: Evaluation of Texture Segmentation Algorithms. In: *Computer Vision and Pattern Recognition, 1999. IEEE Computer Society Conference on.*, Bd. 1, S. 294–299, 1999.

[25] CLOUGH, S.; SHEPHARD, M.; MLAWER, E.; DELAMERE, J.; IACONO, M.; CADY-PEREIRA, K.; BOUKABARA, S.; BROWN, P.: Atmospheric Radiative Transfer Modeling: a Summary of the AER Codes. *Journal of Quantitative Spectroscopy and Radiative Transfer* 91 (2005) 2, S. 233–244.

[26] COMANICIU, D.; MEER, P.: Mean Shift: A Robust Approach Toward Feature Space Analysis. *IEEE Transactions on Pattern Analysis and Machine Intelligence* 24 (2002), S. 603–619.

[27] CREMERS, D.; ROUSSON, M.; DERICHE, R.: A Review of Statistical Approaches to Level Set Segmentation: Integrating Color, Texture, Motion and Shape. *International Journal of Computer Vision* 72 (2007) 2, S. 195–215.

[28] CREMERS, D.; SOCHEN, N.; SCHNÖRR, C.: Towards Recognition-Based Variational Segmentation Using Shape Priors and Dynamic Labeling. In: *Scale Space Methods in Computer Vision* (GRIFFIN, L.; LILLHOLM, M., Hg.), Bd. 2695 von *Lecture Notes in Computer Science*, S. 388–400, Springer Berlin / Heidelberg, 2003.

[29] CURRENTA: Verbrennungsanlagen - Sonderabfallverbrennung, Abwasserverbrennung, Klärschlammverbrennung. 2010.

[30] DAUGMAN, J. G.: Uncertainty relation for resolution in space, spatial frequency, and orientation optimized by two-dimensional visual cortical filters. *Journal of the Optical Society of America A: Optics, Image Science, and Vision* 2 (1985) 7, S. 1160–1169.

[31] DIAS INFRARED GMBH: PYROVIEW 380 compact - Infrarotkameras für universelle Anwendungen. http://www.dias-infrared.de/pdf/pyroview380compact_ger.pdf, Abruf: 21.10.2013.

[32] Strahlungsphysik im optischen Bereich und Lichttechnik. DIN 5031, 1982.

[33] DRURY, S.: *Image Interpretation in Geology*, Bd. 3. Routledge, 2004.

[34] DUDA, R. O.; HART, P. E.; STORK, D. G.: *Pattern Classification (2nd Edition)*, Bd. 2. Wiley-Interscience, 2000.

[35] EDER, K.: *Berührungslose Temperaturmessung an Flüssigkeiten in geschlossenen Behältern*. Dissertation, Technische Universität München, 2003.

[36] ENZWEILER, M.; GAVRILA, D. M.: Monocular Pedestrian Detection: Survey and Experiments. *IEEE Transactions on Pattern Analysis and Machine Intelligence* 31 (2009), S. 2179–2195.

[37] DE LA ESCALERA, A.; MORENO, L.; SALICHS, M.; ARMINGOL, J.: Road Traffic Sign Detection and Classification. *IEEE Transactions on Industrial Electronics* 44 (1997) 6., S. 848–859.

[38] FISCHLER, M. A.; BOLLES, R. C.: Random Sample Consensus: a Paradigm for Model Fitting with Applications to Image Analysis and Automated Cartography. *Commun. ACM* 24 (1981), S. 381–395.

[39] GEHRIG, J.; REISCHL, M.; KALMAR, E.; FERG, M.; HADZHIEV, Y.; ZAUCKER, A.; SONG, C.; SCHINDLER, S.; LIEBEL, U.; MÜLLER, F.: Automated High Throughput Mapping of Promoter-Enhancer Interactions in Zebrafish Embryos. *Nature Methods* 6 (2009) 12, S. 911–916.

[40] GEHRMANN, H.-J.; KOLB, T.; SEIFERT, H.; WAIBEL, P.; MATTHES, J.; KELLER, H.: Coverbrennung von Low Rank Fuels in Kraftwerksfeuerungen. In: *25. Deutscher Flammentag Verbrennung und Feuerung*, Bd. 2119 von *VDI-Berichte*, S. 247–252, Karlsruhe: VDI-Verlag, 2011.

[41] GEHRMANN, H.-J.; NOLTE, M.; KOLB, T.; SEIFERT, H.; WAIBEL, P.; MATTHES, J.; KELLER, H. B.: Biomass Combustion in Power Plants. In: *Bioenergy NoE Final Seminar*, Bruxelles (Belgium), 2009.

[42] GÜNTHER, R.: *Verbrennung und Feuerungen*. Springer-Verlag, 1974.

[43] GOMMLICH, A.: *Infrarotthermographie bei industriellen Verbrennungsprozessen*. Diplomarbeit, Hochschule für Technik und Wirtschaft Dresden (FH), 2002.

[44] GONZALEZ, R. C.; WOODS, R. E.: *Digital Image Processing*, Bd. 3. Prentice Hall International, 2008.

[45] GÖRNER, K.: *Technische Verbrennungssysteme: Grundlagen, Modellbildung, Simulation*. Springer, 1991.

[46] HARALICK, R.: Statistical and Structural Approaches to Texture. *Proceedings of the IEEE* 67 (1979) 5, S. 786–804.

[47] HARALICK, R. M.; STERNBERG, S. R.; ZHUANG, X.: Image Analysis Using Mathematical Morphology. *IEEE Trans. Pattern Anal. Mach. Intell.* 9 (1987) 4, S. 532–550.

[48] HE, M.; ZHANG, J.; LIU, X.: Determination of the Repose Angle of Stuff in Rotary Kiln based on Imaging Processing. In: *9th International Conference on Electronic Measurement & Instruments (ICEMI) 2009*, S. 4-97–4-101, 2009.

[49] HENEIN, H.: *Bed Behavior in Rotary Cylinders with Applications to Rotary Kilns*. Phd dissertation, University of British Colombia, Vancouver, 1980.

[50] HENEIN, H.; BRIMACOMBE, J.; WATKINSON, A.: Experimental Study of Transverse Bed Motion in Rotary Kilns. *Metallurgical and Materials Transactions B* 14 (1983) 2, S. 191–205.

[51] HERSEL, O.: Zemente und ihre Herstellung. Techn. Ber., Verein Deutscher Zementwerke e.V., 2006.

[52] HEYDENRYCH, M.: *Modelling of Rotary Kilns*. Dissertation, Department of Chemical Engineering, University of Twente, Niederlande, 2001.

[53] HOLST, G.: *CCD arrays, cameras, and displays*. JCD Publishing, 1998.

[54] HORN, B.; SCHUNCK, B.: Determining Optical Flow. *Artificial Intelligence* 17 (1981), S. 185–203.

[55] HU, M.-K.: Visual Pattern Recognition by Moment Invariants. *IRE Transactions on Information Theory* 8 (1962) 2, S. 179–187.

[56] INTERNATIONAL LEAD AND ZINC STUDY GROUP: Lead and Zinc Statistics. `http://www.ilzsg.org/static/statistics.aspx?from=1`, Zugriff am 21.10.2013.

[57] IZA-EUROPE: Zinc Recycling - The General Picture. Brüssel, 1999.

[58] JÄHNE, B.: *Digitale Bildverarbeitung.* Berlin Heidelberg: Springer Verlag, 6. Aufl., 2005.

[59] JAIN, A.; FARROKHNIA, F.: Unsupervised Texture Segmentation using Gabor Filters. In: *IEEE International Conference on Systems, Man and Cybernetics,* S. 14–19, 1990.

[60] JOHNSON, T. R.: *Application of the Zone Method of Analysis to the Calculation of Heat Transfer from Luminous Flames.* Dissertation, University of Sheffield, 1971.

[61] JORDAN, C.: Sur la série de Fourier. *C.R. Acad. Sci. Paris Sér. I Math.* 92 (1881) 5, S. 228–230.

[62] KANUNGO, T.; MOUNT, D. M.; NETANYAHU, N. S.; PIATKO, C. D.; SILVERMAN, R.; WU, A. Y.: An Efficient k-Means Clustering Algorithm: Analysis and Implementation. *IEEE Transactions on Pattern Analysis and Machine Intelligence* 24 (2002) 7, S. 881–892.

[63] KELLER, H.; KUGELE, E.; JAESCHKE, A.; ALBERT, F.: Ein Videobildgestütztes System zur Ausbrandoptimierung in der thermischen Abfallbehandlung. *Wasser und Boden* 49 (1997) 6, S. 15–17.

[64] KELLER, H.; MATTHES, J.; WAIBEL, P.: Method for detecting and assessing the firebed in torque tube reactors. European Patent EP 2 055 376 B1, 2010.

[65] KELLER, H.; MATTHES, J.; ZIPSER, S.; SCHREINER, R.; GOHLKE, O.; HORN, J.; SCHÖNECKER, H.: Kamerabasierte Feuerungsregelung bei stark schwankender Brennstoffzusammensetzung. *VGB PowerTech* 3 (2007), S. 85–92.

[66] KOSCHACK, R.; PASSMANN, N.; IMHOF, R.; HOFFMANN, B.; HOVEN, G.; GRABIG, J.: Infrared Furnace Cameras for Detection of Slag Deposits at Furnace Walls and for Lifetime Monitoring of Membrane Walls (Creep Strength). *VGB PowerTech* 88 (2008) 9, S. 104–110.

[67] LAWS, K. I.: Textured Image Segmentation. Technical Report usccipi-940, University of Southern California Los Angeles, Image Process. Inst., 1980.

[68] LI, W.; MAO, K.; ZHOU, X.; CHAI, T.; ZHANG, H.: Eigen-Flame Image-based Robust Recognition of Burning States for Sintering Process Control of Rotary Kiln. In: *Proceedings of the 48th IEEE Conference on Decision and Control 2009*, S. 398–403, 2009.

[69] LILLESAND, T.; KIEFER, R.; CHIPMAN, J.: *Remote Sensing and Image Interpretation*. John Wiley & Sons, 6. Aufl., 2008.

[70] LIM, J. S.: *Two-dimensional signal and image processing*. Prentice-Hall, Inc., 1990.

[71] LITWILLER, D.: CCD vs CMOS: facts and fiction. *Photonics Spectra* 1 (2001), S. 154–158.

[72] LUCAS, B. D.; KANADE, T.: An Iterative Image Registration Technique with an Application to Stereo Vision. *Proceedings of Imaging Understanding Workshop* (1981), S. 121–130.

[73] MALLADI, R.; SETHIAN, J.; VEMURI, B.: Shape modeling with front propagation: a level set approach. *IEEE Transactions on Pattern Analysis and Machine Intelligence* 17 (1995) 2, S. 158–175.

[74] MATTHES, J.; WAIBEL, P.; KELLER, H.: A new Infrared Camera-based Technology for the Optimization of the Waelz Process for Zinc Recycling. *Minerals Engineering* 24 (2011) 8, S. 944–949.

[75] MATTHES, J.; WAIBEL, P.; KELLER, H.: Detection of Empty Grate Regions in Firing Processes using Infrared Cameras. In: *11th International Conference on Quantitative Infrared Thermography (QIRT)*, 2012.

[76] MELLMANN, J.: The Transverse Motion of Solids in Rotating Cylinders - Forms of Motion and Transition Behaviour. *Powder Technology* 118 (2001), S. 251–270.

[77] MELLMANN, J.; SPECHT, E.; LIU, X.: Prediction of Rolling Bed Motion in Rotating Cylinders. *AIChE Journal* 50 (2004) 11, S. 2783–2793.

[78] MIKUT, R.: *Data Mining in der Medizin und Medizintechnik*. Universitätsverlag Karlsruhe, 2008.

[79] MIKUT, R.; BURMEISTER, O.; BRAUN, S.; REISCHL, M.: The Open Source Matlab Toolbox Gait-CAD and its Application to Bioelectric Signal Processing. In: *Proc., DGBMT-Workshop Biosignalverarbeitung, Potsdam*, S. 109–111, 2008.

[80] MUMFORD, D.; SHAH, J.: Boundary Detection by Minimizing Functionals, I'. In: *IEEE Conference on Computer Vision and Pattern Recognition*, S. 22–26, 1985.

[81] MUMFORD, D.; SHAH, J.: Optimal Approximations by Piecewise Smooth Functions and Associated Variational Problems. *Communications on Pure and Applied Mathematics* 42 (1989) 5, S. 577–685.

[82] NISTER, D.: Preemptive RANSAC for Live Structure and Motion Estimation. In: *Ninth IEEE International Conference on Computer Vision, 2003. Proceedings*, Bd. 1., S. 199–206, 2003.

[83] N.N.: Mitverbrennung von Abfällen in Zement- und Kohlekraftwerken in Baden-Württemberg. In: *Industrie und Gewerbe*, 7, Landesanstalt für Umweltschutz Baden-Württemberg, 2003.

[84] OJALA, T.; PIETIKÄINEN, M.; HARWOOD, D.: A Comparative Study of Texture Measures with Classification based on Featured Distributions. *Pattern Recognition* 29 (1996) 1, S. 51–59.

[85] OSHER, S.; FEDKIW, R.: *Level Set Methods and Dynamic Implicit Surfaces*. Springer, Berlin, 1. Aufl., 2002.

[86] OTSU, N.: A Threshold Selection Method from Gray-Level Histograms. *IEEE Transactions on Systems, Man and Cybernetics* 9 (1979) 1, S. 62–66.

[87] PAL, N.; PAL, S.: A Review on Image Segmentation Techniques. *Pattern Recognition* 26 (1993) 9, S. 1294, 1277.

[88] PARAGIOS, N.; DERICHE, R.: Geodesic Active Regions for Supervised Texture Segmentation. In: *The Proceedings of the Seventh IEEE International Conference on Computer Vision*, Bd. 2, S. 926–932, 1999.

[89] PARAGIOS, N.; DERICHE, R.: Geodesic Active Contours and Level Sets for the Detection and Tracking of Moving Objects. *IEEE Transactions on Pattern Analysis and Machine Intelligence* 22 (2000) 3, S. 266–280.

[90] PARAGIOS, N.; DERICHE, R.: Geodesic Active Regions: A New Framework to Deal with Frame Partition Problems in Computer Vision. *Journal of Visual Communication and Image Representation* 13 (2002), S. 249–268.

[91] PARKER, J.: *Algorithms for Image Processing and Computer Vision*. John Wiley & Sons, 2010.

[92] PLANCK, M.: Ueber das Gesetz der Energieverteilung im Normalspectrum. *Annalen der Physik* 309 (1901) 3, S. 553–563.

[93] REITER, B.; STROH, R.: *Behandlung von Abfällen in der Zementindustrie.* Umweltbundesamt Wien, 1995.

[94] RICHERS, U.: Thermische Behandlung von Abfällen in Drehrohröfen. Wissenschaftliche Berichte FZKA 5548, Forschungszentrum Karlsruhe, 1995.

[95] ROTHMAN, L.; JACQUEMART, D.; BARBE, A.; BENNER, D. C.; BIRK, M.; BROWN, L.; CARLEER, M.; CHACKERIAN, J.; CHANCE, K.; COUDERT, L.; DANA, V.; DEVI, V.; FLAUD, J.; GAMACHE, R.; GOLDMAN, A.; HARTMANN, J.; JUCKS, K.; MAKI, A.; MANDIN, J.; MASSIE, S.; ORPHAL, J.; PERRIN, A.; RINSLAND, C.; SMITH, M.; TENNYSON, J.; TOLCHENOV, R.; TOTH, R.; AUWERA, J. V.; VARANASI, P.; WAGNER, G.: The HITRAN 2004 Molecular Spectroscopic Database. *Journal of Quantitative Spectroscopy and Radiative Transfer* 96 (2005) 2, S. 139–204.

[96] RÜTTEN, J.: Application of the Waelz Technology on Resource Recycling of Steel Mill Dust. *SEAISI Quarterly (South East Asia Iron and Steel Institute)* 35 (2006), S. 13–19.

[97] RÜTTEN, J.: Application of Pyro-Metallurgical Processes on Resource Recycling of Steel Mill Dust. In: *55. Tagung des Zinkfachausschusses der GDMB,* 2007.

[98] RÜTTEN, J.: Ist der Wälzprozess für EAF-Staub noch zeitgemäß? Stand der Technik und Herausforderungen. In: *2. Seminar Vernetzung von Zink und Stahl,* 2009.

[99] RUSS, J. C.: *The Image Processing Handbook.* CRC Press LLC, 5. Aufl., 2007.

[100] SAIDUR, R.; HOSSAIN, M. S.; ISLAM, M. R.; FAYAZ, H.; MOHAMMED, H. A.: A Review on Kiln System Modeling. *Renewable and Sustainable Energy Reviews* 15 (2011) 5, S. 2487–2500.

[101] SCHINKEL, A.-P.; KLOSE, W.: Wärmetransportbestimmte Carbonisierung von Biomasse im Drehrohrreaktor. *Chemie Ingenieur Technik* 74 (2002), S. 350–355.

[102] SCHMIDT, D.: Highly Efficient Burning of Clinker using Flame Analysis and NMPC. In: *IEEE Cement Industry Technical Conference Record, 2007*, S. 140–146, 2007.

[103] SCHOLZ, R.; BECKMANN, M.; SCHULENBURG, F.: *Abfallbehandlung in thermischen Verfahren: Verbrennung, Vergasung, Pyrolyse, Verfahrens- und Anlagenkonzepte.* Teubner Verlag, 2001.

[104] SCHOLZ, W.; HIESE, W.: *Baustoffkenntnis*, Bd. 15. Werner Verlag, 2003.

[105] SERRA, J.: *Image Analysis and Mathematical Morphology.* Orlando, FL, USA: Academic Press, Inc., 1983.

[106] SHEIKH, H.; SABIR, M.; BOVIK, A.: A Statistical Evaluation of Recent Full Reference Image Quality Assessment Algorithms. *IEEE Transactions on Image Processing* 15 (2006) 11, S. 3440–3451.

[107] SHI, J.; MALIK, J.: Normalized Cuts and Image Segmentation. *IEEE Trans. Pattern Anal. Mach. Intell.* 22 (2000) 8, S. 888–905.

[108] STILLER, C.; KONRAD, J.: Estimating Motion in Image Sequences. *IEEE Signal Processing Magazine* 16 (1999) 4, S. 70–91.

[109] SUN, P.; CHAIA, T.; JIE ZHOU, X.: Rotary Kiln Flame Image Segmentation based on FCM and Gabor Wavelet based Texture Coarseness. In: *7th World Congress on Intelligent Control and Automation (WCICA) 2008.*, S. 7615–7620, 2008.

[110] SURVEY, U. G.: Mineral Commodity Summaries 2013. Techn. Ber., U.S. Geological Survey, 2013.

[111] SZELISKI, R.: *Computer Vision: Algorithms and Applications.* Springer, 2010.

[112] TIETZE, H.: *Strahlungsverhalten von Gas- und Ölflammen: Messung und Berechnung.* Dissertation, Universität Karlsruhe (TH), 1978.

[113] UMWELTBUNDESAMT: Abfallwirtschaft – Entsorgungsverfahren. `http://www.umweltbundesamt.de/abfallwirtschaft/entsorgung/`, 2012.

[114] DEUTSCHER ZEMENTWERKE E. V., V. (Hg.): *Zement-Taschenbuch*, Bd. 51. Verlag Bau+Technik, 2008.

[115] VARGAS, F. E. S.: *Zur katalytischen Vergasung von Biomasse*. Dissertation, Universität Kassel, 2006.

[116] VESE, L. A.; CHAN, T. F.: A Multiphase Level Set Framework for Image Segmentation Using the Mumford and Shah Model. *International Journal of Computer Vision* 50 (2004) 3, S. 271–293.

[117] VOGELBACHER, M.: *Ermittlung und Analyse neuer bildbasierter Prozesskenngrößen aus Infrarotaufnahmen für die thermische Sondermüllbehandlung in Drehrohröfen*. Diplomarbeit, Karlsruher Institut für Technologie, 2011.

[118] WAIBEL, P.: *Ermittlung und Analyse neuer bildbasierter Prozesskenngrößen aus Infrarot-Aufnahmen für industrielle Anwendungen des Wälzrohrverfahrens*. Diplomarbeit, Universität Karlsruhe (TH), 2007.

[119] WAIBEL, P.; MATTHES, J.; KELLER, H.: Messkampagne CURRENTA. Interner Bericht, Karlsruher Institut für Technologie, 2010.

[120] WAIBEL, P.; MATTHES, J.; KELLER, H.: Segmentation of the Solid Bed in Infrared Image Sequences of Rotary Kilns. In: *Proceedings of the 7th International Conference on Informatics in Control, Automation and Robotics (ICINCO)*, S. 217–220, 2010.

[121] WAIBEL, P.; MATTHES, J.; KELLER, H.; GEHRMANN, H.-J.; KOLB, T.; SEIFERT, H.: Kamerabasierte Analyse von Mehrstoffbrennern. In: *25. Deutscher Flammentag Verbrennung und Feuerung*, Bd. 2119 von *VDI-Berichte*, S. 421–426, Düsseldorf: VDI-Verlag, 2011.

[122] WAIBEL, P.; MATTHES, J.; KELLER, H. B.: Kamerabasierte Messverfahren zur Bestimmung neuartiger Prozesskenngrößen bei thermischen Prozessen. In: *24. Deutscher Flammentag - Verbrennung und Feuerung* (VDI WISSENSFORUM GMBH, Hg.), Bd. 2056 von *VDI-Berichte*, S. 543–546, 2009.

[123] WAIBEL, P.; VOGELBACHER, M.; MATTHES, J.; KELLER, H.: Infrared Camera-based Detection and Analysis of Barrels in Rotary Kilns for Waste Incineration. In: *11th International Conference on Quantitative Infrared Thermography (QIRT)*, 2012.

[124] WALTER, M.: *Untersuchung von Verfahren zur kontinuierlichen Analyse der Müllverbrennung in Rostfeuerungen mit Hilfe der Infrarotthermographie*. Dissertation, Ruhr-Universität Bochum, 1996.

[125] WANG, J.-S.; ZHANG, L.; GAO, X.-W.; SUN, S.-F.: Intelligent Control Method of Rotary Kiln Process based on Image Processing Technology: A Survey. In: *29th Chinese Control Conference (CCC) 2010*, S. 2930–2935, 2010.

[126] WEINGARTNER, E.; SAATHOFF, H.; SCHNAITER, M.; STREIT, N.; BITNAR, B.; BALTENSPERGER, U.: Absorption of Light by Soot Particles: Determination of the Absorption Coefficient by Means of Aethalometers. *Journal of Aerosol Science* 34 (2003) 10, S. 1445–1463.

[127] WILCOX, R. R.: *Introduction to Robust Estimation and Hypothesis Testing*. Statistical Modeling and Decision Science, Academic Press, 2 Aufl., 2004.

[128] ZAKHARENKO, V. A.; NIKONENKO, V. A.: Temperature Measurement and Thermal Imaging of the Casing of a Rotary Kiln. *Refractories and Industrial Ceramics* 43 (2002), S. 154–156.

[129] ZHANG, H.; CHEN, X.; ZOU, Z.; LI, J.: Content-Based Rotary Kiln Flame Image Retrieval. In: *Congress on Image and Signal Processing (CISP) 2008*, Bd. 2, S. 490–494, 2008.

[130] ZHANG, H.-L.; ZOU, Z.; LI, J.; CHEN, X.-T.: Flame Image Recognition of Alumina Rotary Kiln by Artificial Neural Network and Support Vector Machine Methods. *Journal of Central South University of Technology* 15 (2008), S. 39–43.

[131] ZHANG, X.; CHEN, H.; ZHANG, J.: The Predictive Control of Sintering Temperature in Rotary Kiln Based on Image Feedback and Soft Computing. In: *Third International Conference on Natural Computation (ICNC) 2007*, Bd. 3, S. 39–43, 2007.

[132] ZIPSER, S.: *Beitrag zur modellbasierten Regelung von Verbrennungsprozessen*. Dissertation, Fakultät für Elektrotechnik und Informationstechnik der Otto-von-Guericke-Universität Magdeburg, 2004.

[133] ZIPSER, S.; GOMMLICH, A.; MATTHES, J.; FOUDA, C.; KELLER, H. B.: Anwendung des Inspect-Systems zur kamerabasierten Analyse von Verbrennungsprozessen am Beispiel der thermischen Abfallbehandlung. Wissenschaftliche Berichte FZKA 7014, Forschungszentrum Karlsruhe, 2004.

[134] ZIPSER, S.; MATTHES, J.; KELLER, H.: Kamerabasierte Regelung von Feuerungsprozessen mit dem Software-Werkzeug INSPECT. *at - Automatisierungstechnik* 54 (2006), S. 574–581.

Bereits veröffentlicht wurden in der Schriftenreihe des Instituts für
Angewandte Informatik / Automatisierungstechnik bei KIT Scientific Publishing

---

1 BECK, S.
Ein Konzept zur automatischen Lösung von Entscheidungsproblemen bei Unsicherheit
mittels der Theorie der unscharfen Mengen und der Evidenztheorie, 2005

2 MARTIN, J.
Ein Beitrag zur Integration von Sensoren in eine anthropomorphe künstliche Hand mit
flexiblen Fluidaktoren, 2004

3 TRAICHEL, A.
Neue Verfahren zur Modellierung nichtlinearer thermodynamischer Prozesse in einem
Druckbehälter mit siedendem Wasser-Dampf Gemisch bei negativen Drucktransienten, 2005

4 LOOSE, T.
Konzept für eine modellgestützte Diagnostik mittels Data Mining am Beispiel der
Bewegungsanalyse, 2004

5 MATTHES, J.
Eine neue Methode zur Quellenlokalisierung auf der Basis räumlich verteilter,
punktweiser Konzentrationsmessungen, 2004

6 MIKUT, R.; Reischl, M.
Proceedings – 14. Workshop Fuzzy-Systeme und Computational Intelligence
Dortmund, 10. - 12. November 2004, 2004

7 ZIPSER, S.
Beitrag zur modellbasierten Regelung von Verbrennungsprozessen, 2004

8 STADLER, A.
Ein Beitrag zur Ableitung regelbasierter Modelle aus Zeitreihen, 2005

9 MIKUT, R.; REISCHL, M.
Proceedings – 15. Workshop Computational Intelligence
Dortmund, 16. - 18. November 2005, 2005

10 BÄR, M.
µFEMOS – Mikro-Fertigungstechniken für hybride mikrooptische Sensoren, 2005

11 SCHAUDEL, F.
Entropie- und Störungssensitivität als neues Kriterium zum Vergleich
verschiedener Entscheidungskalküle, 2006

12 SCHABLOWSKI-TRAUTMANN, M.
Konzept zur Analyse der Lokomotion auf dem Laufband bei inkompletter
Querschnittlähmung mit Verfahren der nichtlinearen Dynamik, 2006

13 REISCHL, M.
Ein Verfahren zum automatischen Entwurf von Mensch-Maschine-Schnittstellen
am Beispiel myoelektrischer Handprothesen, 2006

14   KOKER, T.
Konzeption und Realisierung einer neuen Prozesskette zur Integration von
Kohlenstoff-Nanoröhren über Handhabung in technische Anwendungen, 2007

15   MIKUT, R.; REISCHL, M.
Proceedings – 16. Workshop Computational Intelligence
Dortmund, 29. November - 1. Dezember 2006

16   LI, S.
Entwicklung eines Verfahrens zur Automatisierung der CAD/CAM-Kette
in der Einzelfertigung am Beispiel von Mauerwerksteinen, 2007

17   BERGEMANN, M.
Neues mechatronisches System für die Wiederherstellung der
Akkommodationsfähigkeit des menschlichen Auges, 2007

18   HEINTZ, R.
Neues Verfahren zur invarianten Objekterkennung und -lokalisierung
auf der Basis lokaler Merkmale, 2007

19   RUCHTER, M.
A New Concept for Mobile Environmental Education, 2007

20   MIKUT, R.; Reischl, M.
Proceedings – 17. Workshop Computational Intelligence
Dortmund, 5. - 7. Dezember 2007

21   LEHMANN, A.
Neues Konzept zur Planung, Ausführung und Überwachung von
Roboteraufgaben mit hierarchischen Petri-Netzen, 2008

22   MIKUT, R.
Data Mining in der Medizin und Medizintechnik, 2008

23   KLINK, S.
Neues System zur Erfassung des Akkommodationsbedarfs im menschlichen Auge, 2008

24   MIKUT, R.; REISCHL, M.
Proceedings – 18. Workshop Computational Intelligence
Dortmund, 3. - 5. Dezember 2008

25   WANG, L.
Virtual environments for grid computing, 2009

26   BURMEISTER, O.
Entwicklung von Klassifikatoren zur Analyse und Interpretation zeitvarianter
Signale und deren Anwendung auf Biosignale, 2009

27   DICKERHOF, M.
Ein neues Konzept für das bedarfsgerechte Informations- und Wissensmanagement
in Unternehmenskooperationen der Multimaterial-Mikrosystemtechnik, 2009

28 MACK, G.
Eine neue Methodik zur modellbasierten Bestimmung dynamischer Betriebslasten
im mechatronischen Fahrwerkentwicklungsprozess, 2009

29 HOFFMANN, F.; HÜLLERMEIER, E.
Proceedings – 19. Workshop Computational
Intelligence Dortmund, 2. - 4. Dezember 2009

30 GRAUER, M.
Neue Methodik zur Planung globaler Produktionsverbünde unter BerücKsichtigung
der Einflussgrößen Produktdesign, Prozessgestaltung und Standortentscheidung, 2009

31 SCHINDLER, A.
Neue Konzeption und erstmalige Realisierung eines aktiven Fahrwerks mit
Preview-Strategie, 2009

32 BLUME, C.; JAKOB, W.
GLEAN. General Learning Evolutionary Algorithm and Method
Ein Evolutionärer Algorithmus und seine Anwendungen, 2009

33 HOFFMANN, F.; HÜLLERMEIER, E.
Proceedings – 20. Workshop Computational
Intelligence Dortmund, 1. - 3. Dezember 2010

34 WERLING, M.
Ein neues Konzept für die Trajektoriengenerierung und -stabilisierung in
zeitkritischen Verkehrsszenarien, 2011

35 KÖVARI, L.
Konzeption und Realisierung eines neuen Systems zur produktbegleitenden
virtuellen Inbetriebnahme komplexer Förderanlagen, 2011

36 GSPANN, T. S.
Ein neues Konzept für die Anwendung von einwandigen Kohlenstoff-
nanoröhren für die pH-Sensorik, 2011

37 LUTZ, R.
Neues Konzept zur 2D- und 3D-Visualisierung kontinuierlicher,
multidimensionaler, meteorologischer Satellitendaten, 2011

38 BOLL, M.-T.
Ein neues Konzept zur automatisierten Bewertung von Fertigkeiten in der minimal
invasiven Chirurgie für Virtual Reality Simulatoren in Grid-Umgebungen, 2011

39 GRUBE, M.
Ein neues Konzept zur Diagnose elektrochemischer Sensoren
am Beispiel von pH-Glaselektroden, 2011

40 HOFFMANN, F.; Hüllermeier, E.
Proceedings – 21. Workshop Computational Intelligence
Dortmund, 1. - 2. Dezember 2011

41   **KAUFMANN, M.**
Ein Beitrag zur Informationsverarbeitung in mechatronischen Systemen, 2012

42   **NAGEL, J.**
Neues Konzept für die bedarfsgerechte Energieversorgung
des Künstlichen Akkommodationssystems, 2012

43   **RHEINSCHMITT, L.**
Erstmaliger Gesamtentwurf und Realisierung der Systemintegration
für das Künstliche Akkommodationssystem, 2012

44   **BRÜCKNER, B. W.**
Neue Methodik zur Modellierung und zum Entwurf keramischer Aktorelemente, 2012

45   **HOFFMANN, F.; Hüllermeier, E.**
Proceedings – 22. Workshop Computational
Intelligence Dortmund, 6. - 7. Dezember 2012

46   **HOFFMANN, F.; Hüllermeier, E.**
Proceedings – 23. Workshop Computational
Intelligence Dortmund, 5. - 6. Dezember 2013

47   **SCHILL, O.**
Konzept zur automatisierten Anpassung der neuronalen Schnittstellen
bei nichtinvasiven Neuroprothesen, 2014

48   **BAUER, C.**
Neues Konzept zur Bewegungsanalyse und -synthese für Humanoide
Roboter basierend auf Vorbildern aus der Biologie, 2014

49   **WAIBEL, P.**
Konzeption von Verfahren zur kamerabasierten Analyse und Optimierung
von Drehrohrofenprozessen, 2014

Die Schriften sind als PDF frei verfügbar, eine Nachbestellung der Printversion ist möglich. Nähere Informationen unter www.ksp.kit.edu.